70

新知
文库

XINZHI

The Book Nobody Read:
Chasing the Revolutions
of Nicolaus Copernicus

无人读过的书

哥白尼《天体运行论》追寻记

[美] 欧文·金格里奇 著
王今 徐国强 译

生活·讀書·新知 三联书店

图书在版编目（CIP）数据

无人读过的书：哥白尼《天体运行论》追寻记 /（美）金格里奇著；王今，徐国强译．—北京：生活 · 读书 · 新知三联书店，2017.1 （2021.4 重印）
（新知文库）
ISBN 978－7－108－05709－9

Ⅰ．①无… Ⅱ．①金… ②王… ③徐… Ⅲ．①日心地动说－普及读物 ②哥白尼，N.（1473 ～ 1543）－生平事迹
Ⅳ．① P134-49 ② K835.136.14

中国版本图书馆 CIP 数据核字（2016）第 111539 号

责任编辑　孙　玮
装帧设计　陆智昌　刘　洋
责任印制　卢　岳
出版发行　生活 · 讀書 · 新知　三联书店
（北京市东城区美术馆东街 22 号 100010）
网　　址　www.sdxjpc.com
经　　销　新华书店
图　　字　01-2016-8687
印　　刷　北京市松源印刷有限公司
版　　次　2017 年 1 月北京第 1 版
2021 年 4 月北京第 3 次印刷
开　　本　635 毫米 × 965 毫米　1/16　印张 21.25
字　　数　300 千字　图 75 幅
印　　数　12,001－15,000 册
定　　价　45.00 元
（印装查询：01064002715；邮购查询：01084010542）

新知文库

出版说明

在今天三联书店的前身——生活书店、读书出版社和新知书店的出版史上，介绍新知识和新观念的图书曾占有很大比重。熟悉三联的读者也都会记得，20 世纪 80 年代后期，我们曾以“新知文库”的名义，出版过一批译介西方现代人文社会科学知识的图书。今年是生活·读书·新知三联书店恢复独立建制 20 周年，我们再次推出“新知文库”，正是为了接续这一传统。

近半个世纪以来，无论在自然科学方面，还是在人文社会科学方面，知识都在以前所未有的速度更新。涉及自然环境、社会文化等领域的新发现、新探索和新成果层出不穷，并以同样前所未有的深度和广度影响人类的社会和生活。了解这种知识成果的内容，思考其与我们生活的关系，固然是明了社会变迁趋势的必需，但更为重要的，乃是通过知识演进的背景和过程，领悟和体会隐藏其中的理性精神和科学规律。

“新知文库”拟选编一些介绍人文社会科学和自然科学新知识及其如何被发现和传播的图书，陆续出版。希望读者能在愉悦的阅读中获取新知，开阔视野，启迪思维，激发好奇心和想象力。

生活·讀書·新知三联书店

2006 年 3 月

目　录

译者序

1618年4月，耶稣会传教士金尼阁从里斯本出发，第二次前往中国，次年7月抵达澳门。同行的有新招募的二十余名传教士，其中邓玉函、罗雅谷、汤若望、傅汎际等人都是饱学之士，日后成为传播西学的栋梁。艰苦的旅行使七名传教士染病去世，但幸运的是，船上的图书完好无损。值得指出的是，这些书中就有两本《天体运行论》：罗雅谷私人携带的第二版（巴塞尔，1566）和金尼阁所募集的大批图书中的第三版（阿姆斯特丹，1617）。

秉承学术传教精神的金尼阁此行为中国带来了整整一个图书馆，“图书七千余部，重复者不入，纤细者不入”——即使在当时的欧洲，这样的规模也可以算是大型图书馆。当金尼阁把利玛窦的意大利文回忆录《基督教远征中国史》（中译本取名为《利玛窦中国札记》）译成拉丁文后，该书在欧洲引起巨大轰动，掀起了到中国传教的热潮。教皇保罗五世向中国耶稣会赠送了五百多部图书，其余部分，则由金尼阁和同伴邓玉函精心挑拣，从各国收集而来，堪称各个领域的经典之作。

这些图书首先落脚澳门，然后有一部分被带到北京耶稣会图书馆，1773 年耶稣会遭罗马教皇解散，1785 年法国政府委派“遣使会”来京取代其工作，同时将图书划归北堂（1703 年建成于中海西畔，1887 年改迁，即今日的西什库堂）图书馆收藏。1938 年，北堂在整理藏书楼时发现了“七千部”中残余的数百部。解放后，北堂藏书并入中国国家图书馆。

如今这两部《天体运行论》静静地躺在国家图书馆的善本特藏部里，蓝布函套，柔软的犊皮封面。第二版的扉页上有罗雅谷的拉丁名字“Jacobus Rhaudensis”，还有耶稣会图书馆的圆形红色图章：“Bibliotheca Domus S.S. Salvatoris Peking”，后面有作为附录重印的雷蒂库斯的《首次报告》，雷蒂库斯作为路德宗的教徒其名字被画掉了，但书还在。第三版的扉页上写着：“Missonis Sinensis”（中国传教团），和它装订在一起的还有尼古拉·穆莱里乌斯（Nicolaus Mulerius，1564—1630）的《弗里西星表》（*Tabulae Frisicae*，阿姆斯特丹，1611），里面题写着罗雅谷父亲的名字“Alex[and]ri Rhaud[ensi]s”。罗马教廷 1616 年宣布审查哥白尼的著作，但 1620 年审查方案才出台，而此时两本书已经上路了。所以第二版中没有评注也未经过审查，第三版中只是在第一卷第八章《驳地心说》前面写着“non legatur hoc cap（不要阅读这一章）”，这很可能是金尼阁凭直觉加上去的。

这两本《天体运行论》是幸运的，经过长途颠沛和数百年的时局动荡依然保存完好。但也是不幸的，它们静静地沉睡在函中，真的成为一本没人读的书。这不禁令人想起金尼阁的初衷，来华之初，他拟定了一个庞大的翻译计划，联络了艾儒略、徐光启、杨廷筠、李之藻、王徵、李天经等中外人士共同翻译出版这些书籍。如果这七千部书全被翻译过来，中国文化会呈现出什么面貌，将超乎我们的想象。但是由于金尼阁在杭州的早逝，以及康熙年间朝廷对天主教的禁制，最终除了一小部分被李之藻和王徵等人翻译成中文外，大部分书籍蒙上尘埃，下落不明。

那么，其他的《天体运行论》会遭受怎样的命运呢，会成为没人读过的书吗？著名作家阿瑟·克斯特勒在其《梦游者们》一书中想当然地将《天体运行论》称为“无人读过的书”。别人也许一笑了之，但金格里奇教授却较起了真儿。

欧文·金格里奇（Owen Gingerich，1930— ）是哈佛－史密森天文台退休高级天文学家，哈佛大学天文学及科学史双料教授。他曾任哈佛科学史系的主任、美国哲学协会的副主席和国际天文学联合会美国委员会的主席。他的研究兴趣包括恒星光谱的分析、哥白尼著作的研究和16世纪宇宙学家的研究。除了近六百篇专业论文和评论外，他的主要著作有《哥白尼大追寻与其他天文学史探索》（*The Great Copernicus Chase and Other Adventures in Astronomical History*）、《天眼：托勒密、哥白尼和开普勒》（*The Eye of Heaven: Ptolemy，Copernicus，Kepler*）和《上帝的宇宙》（*God's Universe*）。

提起自己学术兴趣的转移，金格里奇总是会告诉你：“这都是周年纪念惹的祸！”1973年的哥白尼诞辰五百周年庆典是世界性的盛事（中国科学院和中国天文学会也于1973年6月22日举行了“纪念哥白尼诞辰五百周年座谈会”）。从20世纪60年代起，天文学界和科学史界就开始酝酿这次庆典（同时还有1971年的开普勒诞辰四百周年纪念），考虑到自己届时将无法避免地要做一场演讲，这种困扰和期待成为金格里奇寻找突破口的动力。但是他没有想到，权宜之计竟使他成为哥白尼研究的权威，他在天文学史上的发展由此便一发而不可收。

从1970年在爱丁堡图书馆偶然发现了一本《天体运行论》的详尽批注本开始，金格里奇对克斯特勒的质疑之火被点燃了。在前后三十余年间，金格里奇行程数十万英里，亲自阅读了《天体运行论》第一版和第二版的几乎所有现存本，为六百余本《天体运行论》拷贝记录了图书的物理描述、传承渊源和评注考察，最终他汇编而成了《哥白尼〈天体运行论〉评注普查》（*An Annotated Census of Copernicus'* De revolutionibus *[Nurumberg, 1543 and Basel, 1566]*）一书，有趣的是，这本《普查》在尺寸、页数和印数上都与《天体运行论》原书相仿，作者原本估计它也像原书一样要花二十年才能卖完，但意想不到的是，书一出来就几乎脱销了。

于是，精明的纽约沃克出版公司随即意识到这数十年的追踪过程本身就是一个精彩的故事，于是，金格里奇教授用扣人心弦的侦探小说式的语言，凭借他作为杰出历史学家的无比热忱，以完美流畅的文笔讲述了一个个长达四百五十年之久的谜团。这本《无人读过的书——哥白尼〈天体运行论〉追寻记》一经问世，就广受好评，成为当年亚马逊网络书店的科学类图书十大畅销书之一，两年间几经再版并译成多种语言行销于世。

乍看起来，金格里奇的工作似乎都是些琐碎的细节问题。其实不然，正是经过系统的追踪才能取得用其他方法所无法取得的重要成果，正是经过对细枝末节的刨根问底才会揭示大量以其他方法根本无从发现的重要事实。书中揭示了《天体运行论》出版前后的一些重要内幕；揭示了几个重要的被称为“无形学院”的研读群组；揭示了“本轮上叠加本轮”的说法只不过是谬种流传；揭示了哥白尼的小本轮思想很可能源自阿拉伯天文学家之手；揭示了布鲁诺并未真正读过哥白尼的著作，只是对他的思想进行了不切实际的宣扬。此外，他还从四本批注本中发现了一位不留著述、不见经传的天文学家保罗·维蒂希，此人极有可能是所谓第谷体系的原创者，因为第谷长期将维蒂希挽留在文岛，并在他死后四处打听其三本

《天体运行论》批注本的下落，而那些批注在第谷发表其体系的十多年前，就写有一种极为类似的假说并为第谷所知。而对数思想最早也是由这位天才的维蒂希提出的，并通过他的批注本辗转传入苏格兰，为数学家约翰·内皮尔所知，并加以系统地发展。

当然，这种种发现说来容易，但在当时往往并不是仅仅靠勤奋就能够成就的，除了作为一名高水准学者所具备的理论水平、专业素养以及敏锐的眼光与洞察力外，最需要的就是机遇。有时候事情就是那样无止境地搁置下来，然后忽然某本书或某件事就浮出水面，成为解决问题的关键，这就是“妙手”加“偶得”了。但是没有智慧、胆量和热忱，有机会也未必能把握住，毕竟这机会在同行面前是大致平等的。金格里奇数次提心吊胆地穿越冷战的边界线去创造机会，又数次卷入珍本书失窃的调查案成为“侦探”。他所与之打交道的人既有历史学家、藏书家和图书馆工作人员，又有古书商、造假者、窃书贼，甚至联邦调查局和国际刑警组织的官员。

三十多年来四处“追踪哥白尼”的斩获不仅使金格里奇成为近代天文学史的权威，而且使他与妻子米里亚姆（Miriam）成为旅游爱好者，成为古书鉴赏家与收藏家。他拥有丰富的古籍知识，在本书中他将娓娓道来：从纸张的制作到印刷机的开工，从书籍贸易的历史到不同时代和地区的书籍装帧工艺，从书籍保存的虫害火灾到图书馆的变迁倒卖，从古书的生意到古籍的拍卖等等，让你在不经意间学到不少西文古籍的文献学知识。为了使读者能更好地理解这些内容，下面我结合译名做一些补充。

在 1453 年，德意志人古腾堡在美因茨制造出使用合金活字的印刷机，并研制出油墨和铸字的字模，从此图书告别了效率低下、往往费力不讨好的手抄本时代，数量迅速激增起来。但直到 17 世纪，印刷者自己用便宜的纸封皮进行装订的做法才盛行起来。此前二百年间，印刷和装订则是两个完全不同的职业，印刷者印出一摞摞的书页，然后购买者根据自己的品位，请装订匠或自己动手制作出形态各异的装订，因此作者对这些书的调查之旅显得丰富多彩，而不像西语“荚中之豆”般千篇一律。对于每个印刷本，中译本仍然采用“拷贝”（copy）来称呼，这样做可以使这个内涵丰富的词语保持与原文相当，并且显得更为醒目。

在装订时，有时候几本比较薄的书就装订在一起，因此就会出现一卷（volume，源自拉丁语 volūmen，意为纸张等的卷，其词根 vol 来自拉丁语 volvere，意为滚动）包含几本著作（title）的情况，例如雷蒂库斯就把带给哥白尼的五本书装订成三卷。而有时一本较大的著作也被装订为几卷，例如赫维留斯的《天文仪器》就分为上下卷装订。

《天体运行论》全书虽然大多装订在一起，但其内容可以分为六个部分，因为彼此间独立性较强，所以称之为六部书（拉丁语 libri，意为书）也无妨。但我们仍然将之译为六卷，这主要是因为传统的影响，印刷术出现之前书卷容量较小，现在的一卷书当时往往要抄成多卷。我国的古籍经历了竹简丝帛的卷轴阶段，而 volume 在西方历史上也曾指草纸、羊皮纸等书写的书卷或卷轴，这在双方是共通的，因此译成“卷”更符合中国读者的理解习惯。此外，《天体运行论》原书约 400 页，共分六卷 181 章（chapter，本意指小的开头），考虑到其中有大量星表和插图，因此每章其实很短，同时它们也就不另起一页，而是接着排印了，这同样有些类似于我国古籍中短小并接排的“章”。

《天体运行论》的初版采用平版印刷，印刷商把书印在长 40 厘米、宽 28 厘米的纸张上，就是当时壶纸（pot paper，最初产自荷兰，因有壶形水印而得名）的标准尺寸上，当然，经过装订剪裁后，每本书大致有今天的A4纸大小。每版只印两个页面（page），反面再印两个，然后对折，两张一组地插起来，每组就是一个书帖（signature），于是每个书帖包含四张书页（leaf，包括正反两个页面，如书之叶）。每个书帖上都有相同的按字母顺序排列的标记以便于整理，这些记号称为折标（signature），事实上，书帖的含义正是由折标引申而来的。

由于《天体运行论》页面大小只有印张大小的一半，因此可以称为对开本（folio）。每面所印的两个页面均为左边的页眉印有作者全名（NICOLAI COPERNICI），右边的页眉印有书名、卷数和页数（如“REVOLUTIONUM LIB. Ⅳ. 118”），因此对折起来，就形成了每两面一个页码的情况，我们称之为对开页（folio，也称双面页），页码位于书页的正面，该页面可称为右页（recto，正面之意），反面则称为左页（verso，翻转之意），因此书中会有“第81对开页左页”的说法。

最后，应该指出，《天体运行论》的原书并没有书名，现在的全名“De revolutionibus orbium coelestium libri sex”是印刷商当时所加的，它的字面意思是“论天球运行的六卷本集”，这是因为哥白尼继承古希腊人的思想，认为天体是镶嵌在透明天球层上随天球一起运转的，因此该书应译作《天球运行论》，或像早期译法一样笼统地称之为《天旋论》，但金格里奇此书并非十分专业的学术著作，故仍取此译以照顾广大读者的习惯，同时希望读者明鉴其本来的含义。

此外，《天体运行论》出版时的种种不完善状态以及哥白尼手稿直到出版的前两年还在删改的情况表明，哥白尼自称花费了他

“不是九年的时间，而是四个九年的时间”绝非虚言和戏言。哥白尼的一生（1473—1543）既可以说是时逢盛世，也可以说是时逢乱世。《无人读过的书》也为我们展现了那个中世纪行将结束，民族、宗教、社会矛盾激流荡涤的欧洲。

在波兰的“光辉年代”，波兰和立陶宛组立了联合王国，首都克拉科夫的大学成为波兰的最高学府和欧洲重要的学术中心之一，哥白尼在此学习之后，又赴文艺复兴的中心意大利继续深造。他先后在博洛尼亚大学、帕多瓦大学和费拉拉大学学习，并获得教会法学博士。前后近十三年的学习使他得以成为日后的博学者，因精湛的医术被教区的民众称为“阿卡拉斯（希腊神医）第二”，因最先发现劣币驱逐良币的规律而使该规律被后人命名为“哥白尼-格雷欣定律”。但与此同时，条顿骑士团打着教皇的旗帜在波罗的海沿岸开疆拓土，与波兰王国连年征战，哥白尼所在的瓦尔米亚教区处于普鲁士公国的三面包围之中，成为双方争夺的重点，在战情紧急的时候，哥白尼甚至曾在弗劳恩堡和奥尔什丁披挂上阵，亲自指挥应战，成为了战斗英雄。

所以，哥白尼并不是养尊处优地在一个象牙塔的顶层逍遥自在，与此相反，他的成年时代都是在繁忙的行政生涯中度过的，而一大帮凶恶骑士的蹂躏更是让他疲于奔命。《天体运行论》也并不是在哲学家所钟爱的那种不受干扰的平和宁静的环境中写出来的，而是一个供职于大教堂的时常担心被人非议和嘘下台的忠于职守者利用点滴的时间间隙写成的。为了避免不必要的麻烦和干涉，哥白尼还使用了很多缩写和天文学、数学符号以使外行望而却步，最终雷蒂库斯决定将其全部转换为通俗语言。

1973 年波兰科学院决定首次出版三卷本的《哥白尼全集》，第一卷是《天体运行论》手稿的摹写本，第二卷是拉丁文版《天体运行论》的订正本，第三卷则收录哥白尼的短篇天文学论文和其他学科的著作。本书中多次提到的“细节大师”爱德华·罗森翻译出了第二卷的英译本，此书曾成为中译本的蓝本，为我们一睹天文学家的风采提供了便利。希望今天作为经典的《天体运行论》能有更多中国读者领略其风采，不致成为没人阅读的书。

本书由王今译出第一稿，我在此基础上经大量修订和润色（如将译诗按原韵处理）而完成第二稿。在此过程中，我订正了原书的个别错误，为全书酌情增补了全部四十六条译者注和四幅插图，并起草了本篇译者序。对于一些疑难问题，我的导师方在庆先生和我的朋友李石博士均提出了很好的意见，在此谨表示感谢。译本保留了原书的附录Ⅰ和附录Ⅱ，并将后者按汉语音序进行了重排，而延伸阅读和索引部分均略去，有兴趣进一步研读的读者可以翻阅原书，另外，作为追踪成果的《普查》一书则可以在中国国家图书馆借阅到。限于水平，错误在所难免，恳请读者批评指正。

徐国强

2007 年 1 月于北京朝内

此次再版由我对译文进行了修订，改正了若干错误。我还写信向作者询问修订意见，并请他专门为中文版补写了后续进展。正文插图采用外方出版社提供的电子文件替换扫描文件，以求更加清晰；并尽可能减少裁切，以展现更多原貌。原书延伸阅读部分则作为附录 III 影印出版，以满足部分读者的需求。

徐国强

2016 年 7 月于北京美术馆东街

作者序

1543年春，乱世欧洲。德意志诸侯们从逐渐老去的马丁·路德（Martin Luther）那里接过了新教的旗帜，而此时的欧洲正悬于战争的边缘。当尼古拉·哥白尼（Nicolaus Copernicus）在弗劳恩堡[①]大教堂的教士同人给他捎来企盼已久的包裹时，哥白尼正处于弥留之际。从数百英里外的纽伦堡，从德国印刷商约翰内斯·佩特赖乌斯（Johannes Petreius）那里，一束珍贵的印刷品终于被送达了这个波兰最北部的天主教区，而它正是16世纪最伟大的科学著作的非正文全页（却是最后被付印的）。在第一张纸上，书名赫然在目——天体运行论。尼古拉教友几乎没有意识到，在他的手中握着的是一件划时代的珍宝。

时光飞逝，四个半世纪之后，那位波兰天文学家的著作已被奉为“科学革命”的经典。在我的桌子上有一则多格漫画，画中一位少年向其父亲汇报他正在学校中学习哥白尼的《天体运行论》。父

① Frauenburg，即今日波兰北部的弗龙堡（Frombork）；在本书中，作者将根据地理位置所处的时代分别使用不同的称呼，书中类似的情况还有圣彼得堡和列宁格勒、布雷斯劳和弗罗茨瓦夫等。——译者注

亲显然为之动容，于是在第二幅图上少年用一句妙语加以确认："是的，我们正在学习如何正确地 pronounce[①]它！"

这本身绝非易事，但它却是后面故事的核心。"Day-revoluty-OWN-ibus"是一个不错的近似发音。但完整印出的标题应该是"De revolutionibus orbium coelestium libri sex"，字面意思是"论天球运行的六卷本集"，但有证据表明哥白尼想要用作标题的只是一个简短的形式："De revolutionibus"（论运行）。所以，人们几乎总是习惯用这个简称来指那本书，只有在极少数的情况下，天文学家的名字本身被用作指代，"a Copernicus"就是一本《天体运行论》。

阿瑟·克斯特勒（Arthur Koestler）在他最畅销的早期天文学史著作《梦游者们》（*The Sleepwalkers*）中，把《天体运行论》打上了"无人读过的书"的烙印。那本书出版于1959年，书中颇具争议的叙述极大地激发了我本人对科学史的兴趣。当时，我们没有人能够证明或推翻他有关哥白尼著作的观点。以引人入胜的《正午的黑暗》（*Darkness at Noon*）一书而著名的克斯特勒是位手法高超的小说家，但很显然，他总是以对立的方式看待世界。在他的历史视野中，开普勒被塑造为一个英雄的形象，英雄需要有邪恶与之对立，而克斯特勒就让哥白尼和伽利略担任那些反派角色。于是，哥白尼成为了倒霉的牺牲品。

就我个人而言，与哥白尼的最初关联开始于1946年6月20日凌晨的那几个小时——尽管我当时并没有意识到——"马洛里"号（Stephen R. Mallory）货轮驶离美国弗吉尼亚州的纽波特纽斯港码头，后来证明这是一次曲折而又令人难忘的航行。"马洛里"号是

① 此"pronounce"有双关之妙，除了"发音，读出"之意外，还有就是"宣告，断言"，少年所理解的自然是前者，而父亲则误作后者，下段开头也是以后者为基础展开的。——译者注

一艘整修完好的“自由轮”[1]，配备有足够装载847匹马的隔栏，它的目的地是饱受战火蹂躏的波兰。那是第二次世界大战结束一年之后，联合国善后救济总署（UNRRA）制订了一个大规模的援助计划，作为计划的一部分，他们要为几乎成为废墟的东欧输送数以千计的马匹。而教友服务会（Brethren Service Commission）作为具有历史影响的和平教派之一的一个分支组织，也有其自身的“小母牛援助”计划。他们同联合国善后救济总署达成协议：假如联合国可以为运送小母牛提供船只，他们就会帮助联合国为运送马匹的船只寻找牛仔。因此在那年夏天，我的父亲，一所小型门诺派学院的历史教授，就召集了包括我在内的32名有能力成为牛仔者前往纽波特纽斯，而我们大多数人实际上还是生手。我是船上出国的牛仔中第二年轻的人，刚刚度过我的十六岁生日，就因为这点擦边获得的资格，我有幸得到了一张商船海员证。时光的流逝已经使我模糊了对那次跨洋旅程的印象，但那废墟中的波兰，以及随之而来的黑市交易和卖淫活动，却在我的记忆中留下了难以磨灭的印象。

二十年后，刚刚成为天体物理学博士的我，开始为天文学史所吸引。在一次国际天文学研讨会上，我遇到了与我志趣相投的波兰天文学家耶日·多布任斯基（Jerzy Dobrzycki）。我向他谈到了我早年同马匹的那次冒险经历，他听后迫切地希望我再次造访他的祖国，特别是在1965年第十一届国际科学史学大会[2]召开的时候。于是我去了，并且很快，我就深深卷入了庆祝哥白尼诞辰五百周年

---

① liberty ship，“二战”期间，由于大量运输船被轴心国击沉，美国便着手快速建造了一种简易慢速的大型货轮以向欧洲运送物资。从1941年9月到战争结束共建造了2700多艘。这里这艘“自由轮”的名字源于美国内战中的南方海军部长马洛里（Stephen R . Mallory, 1813—1873）。——译者注

② 国际科学史界的最高会议，第一届于1929年在巴黎召开，1977年以后固定为四年一届，第二十二届于2005年7月在北京召开。——译者注

（1473—1973）的盛大的世界性准备工作中，而这使我得以频繁地访问波兰。

对自己的期待一直困扰着我。我已经是哈佛大学的天文学和科学史双料教授，因此在五百周年的纪念活动上我如果不做一场关于哥白尼的演讲似乎是说不过去的。但是，在对哥白尼学及其学说研究了数百年之后，还有什么有待我们发现呢？在即将来临的五百周年纪念中，我又能够提出什么新颖的见解呢？而克斯特勒所说的真的是对的吗？《天体运行论》真的是如此专业和枯燥以至于没有人读过它吗？

就在我对答案几乎不抱什么希望的时候，事情的本质却开始显现。1970 年 11 月，当我在爱丁堡皇家天文台装满珍本天文学书籍的巨大保险库中，一卷卷地仔细翻阅时，我找到了一本第一版的《天体运行论》。而令人惊奇的是，这本书从头到尾，字里行间，都有十分丰富的评注。我感到疑惑，如果说几乎没有人读过这本书，那么为什么我所翻阅过的少数拷贝之一却被如此彻底地研究过呢？而奇怪的是，阐述日心说宇宙论的部分几乎没有评注，而后面那些技术性极强的段落，却在页边上写得满满当当。是谁做了这些呢？如果再看到这本书的其他拷贝，我又能发现什么呢？

我做了一些“侦察”工作，终于找出了爱丁堡哥白尼拷贝的匿名注释者，他叫伊拉斯谟·赖因霍尔德（Erasmus Reinhold），是16 世纪 40 年代北欧数一数二的天文学教授。他注释的这本拷贝成了催化剂，令我开始像着魔一样地去探察每一本现存的《天体运行论》拷贝。这样的追寻引导我遍行世界数十万英里，从丹麦的奥胡斯到中国的北京、从葡萄牙的科英布拉到爱尔兰的都柏林、从澳大利亚的墨尔本到俄罗斯的莫斯科、从瑞士的圣加仑到智利的圣地亚哥，就连爱丁堡也不断给人带来新的神奇。

现在，我可以愉快地向您报告，克斯特勒所宣称的“《天体运行论》是一本无人读过的书”这一观点是极为错误的。我花了七八年的时间确认了这个结论，又用了三十年的时间认真地论证这本书的影响。最终，我找到了许多拷贝，其拥有者包括圣徒、异教徒、无赖汉、音乐家、电影明星、医药人以及藏书家。而最有趣的还是那些曾经被天文学家们拥有并评注的本子，它们展现了日心说宇宙论作为一种在物理上真实的对世界的描述被接受的漫长过程。这里既有天文学家之间的地盘之争（turf battles），也有教会与新的现实达成妥协的艰难历程，它们同样是引人入胜的。

接下来的故事，是关于这本16世纪的高度专业化的著作如何引发了一场甚至比宗教改革更为意义深远的革命，以及那些拷贝又是如何发展成为价值上百万美元的文化象征的。更确切地说，它是一本关于我的《哥白尼〈天体运行论〉的评注普查》一书形成过程的个人回忆录。这本《普查》出版于2002年2月，是一份长达400页的参考资料，它逐一描述了大约600本哥白尼巨著的印刷拷贝。我把这些成果献给佩特赖乌斯学会的会员们，这个学会完全是一个假想的组织，它的名字来自于《天体运行论》最初的印刷商约翰内斯·佩特赖乌斯。学会会员的资格限定是：会员必须看到过至少100本这部著作的16世纪拷贝，可以是1543年的第一版，也可以是1566年的第二版。作为我多次实地考察中的同行者，我的妻子米里亚姆也与我分享了许多奇遇，她无疑符合佩特赖乌斯学会会员的标准。另外，曾经邀请我重访波兰的耶日·多布任斯基是我这项事业中非常宝贵的同盟者，他对于哥白尼生平行状的博学以及他的语言技能，都为这项计划提供了最基本的资源。在旷日持久的调查年头中，他逐渐成为教授，并最终担任了波兰科学院科学史研究所的所长。这个限制严格的学会还有另一位会员，他是加利福尼亚大学圣地亚哥分校的历史学教授罗伯特·韦斯特曼（Robert S. Westman），最初我们是竞争对手，他对哥白尼著作有着自己独立的研究，而最终我们成为相互信任的合作伙伴。

还有另外两个人，如果他们还活着，我想他们也应该是佩特赖乌斯学会的名誉会员。一位是哈里森·霍尔布利特（Harrison Horblit），他是珍本科学著作的主要收藏家，曾经拥有《天体运行论》最重要的拷贝——哥白尼唯一的弟子送给维滕堡[①]大学校长的题赠本，下面的故事中也将述及这本书的情况。霍尔布利特是我遇到的第一位这样的收藏者，他对早期科学著作的狂热也诱使我染上了这可爱的陋习；而我现在的收藏中就有一定数量的图书曾经为他所有。另外一位名誉会员是爱德华·罗森（Edward Rosen），纽约城市学院的历史学教授，在我调查之初，他是研究哥白尼及其著作的重要权威。尽管本书清楚地表明，我最终并不同意他所持有的一些观点，但我仍然会经常查阅他的许多著作和翻译。

在大约半个世纪的时间里，我每周都会事无巨细地写信给我的父母或是孩子，这种无所不包的通信被证实是非常有价值的，因为它们准确地记录了很多在其他方式中被遗忘的细节，并且为我在这里所叙述的种种情节确立了一个可靠的年表。那些谈话和法庭陈词都基于当时鲜活的记忆，我相信它们准确地反映了事件的历史进程。

我对佩特赖乌斯学会的会员们怀有无上的谢意，此外，我还要向达瓦·索贝尔（Dava Sobel）、基蒂·弗格森（Kitty Ferguson）、马克·金格里奇（Mark Gingerich）和丹尼斯·丹尼尔森（Dennis

---

① 本书中所有的“维滕堡”均指德国萨克森－安哈尔特州的维滕贝格（Wittenberg），而非梅克伦堡－前波美拉尼亚州的维滕堡（Wittenburg），但鉴于前者也多译为维滕堡并为人们所习惯，本书仍从此译。——译者注

Danielson）表示感谢，感谢他们对本书初稿的全文或部分章节的批评性阅读。对于建议我写作此书的爱德华·滕纳（Edward Tenner），我要特别提出感谢。而我最为感激的是沃克出版公司（ Walker & Company）的出版人乔治·吉布森（George Gibson），他热情地接受了这个计划，而他敏锐细致的编辑工作则令我赞赏不已。

结束之前，我还要说几句有关插图的话。这本书中的大多数照片是我自己拍摄的，我十分感谢世界各地为我提供拍摄许可的那些图书管理员和收藏家。另外，本书中的几幅照片出自著名的设计师兼摄影家查尔斯·埃姆斯（Charles Eames）之手，我要感谢他授权我使用它们。斯特拉斯堡大教堂的天文钟上有托比亚斯·斯蒂默（Tobias Stimmer）所作的哥白尼肖像，而制作它的彩色复制品被证实是一项不寻常的计划，这幅肖像距地面有 20 英尺，而要使用它必须得到斯特拉斯堡市长、古文物委员会、大教堂执事长和地区行政长官四方的首肯，为此，我要感谢乔治斯·弗里克（Georges Frick）和威廉·谢伊（William Shea）卓有成效的外交工作。最后，我还欠蒂泽尔·缪尔－哈莫尼（Teasel Muir-Harmony）一份人情，她为书中图片的版权事宜没少劳心费神。

欧文·金格里奇

2003 年 7 月于马萨诸塞州坎布里奇

第一章

法庭上的一天

“你能否确认你所说的都是事实，全部的事实，并且除了事实别无其他？”

我以前从未参加过带有陪审团的庭审，更不用说坐在证人席上了。保守的宗教信仰令我在这种场合保持慎重，特别是对于誓言的宣誓[①]。1984年8月开庭的那天，法官应允了联邦调查局的要求，不但接受了我的宗教特质，而且答应所有证人都不必起誓，只要保证如实作答即可。被告曾经是一个神学院的学生，被控在穿越州界时携带了价值超过5000美元的被窃财产——确切地说，那是一本哥白尼《天体运行论》的拷贝。

窃书案在法庭中非常少见。大多数窃书案是通过达成辩诉交易[②]

---

① 作者出身于一个基督教门诺宗（Mennonite）世家。门诺宗是产生于16世纪宗教改革运动中的激进再洗礼派的一个派别，由荷兰教士门诺·西门（Menno Simons）得名，目前信徒主要集中在北美和加拿大。该派有不从世俗、不起誓、不服兵役、不以恶制恶等戒规。——译者注

② 辩诉交易（plea bargaining）是英美法系国家颇为流行的一种制度，是指检察官与被告人及其辩护律师经过谈判和讨价还价来达成由被告人认罪换取不起诉或者较轻刑罚的协议，主要方式有罪名交易、罪数交易和刑罚交易三种。检察官选择辩诉交易，其一是为了在对其他更严重罪犯的起诉中获得该交易对象的证言或其他合作，其二是为了在有罪证据不够充分的情况下避免在法庭上败诉的风险。——译者注

而解决的，即便在审判开始之前没有解决的话，在起诉已经通过选定陪审团而昭示其严肃性之后，也就马上得以解决了。然而，在这个案例中，被告的工作需要有一份安全验证（security clearance），如果他接受了辩诉交易，那么他这个基本的社会标志就会立即被剥夺。

我一直关注着华盛顿地方法院对陪审团成员的选择，这个进程令我好奇而且越来越感到吃惊。到处都充满了可疑，一位仪表堂堂的退休黑人警官草草地就被拒绝了，他长期在大陪审团的经历没有起到丝毫的作用，而一位小学图书管理员也不在考虑之列。总之任何有可能了解此书价值的人都被排除了。很明显，辩方希望陪审团成员的受教育程度尽可能地低，这样他们就会拥有最多的同情心。

接下来发生的事情使我几乎陷入恐慌。辩方律师提议：证人应被隔离。我只是从报纸上了解到这个词的意味：当陪审团被隔离时，只要他们离开法庭，就会被关在饭店的房间里。而我当然不希望审讯期间被困在华盛顿的饭店里。当我发现，在这个案子中隔离仅仅意味着证人不能够听到彼此的证词，我虽然感到放心，但仍然气恼。然而，这种策略最终弄巧成拙，因为我们独立的陈述印证了彼此的证词，并且连陪审团也知道，我们不可能事先串通。

首先是开庭陈述，这一环节禁止我旁听，但我后来仍然有所耳闻。然后，我作为第一个专家证人被带进了法庭。政府律师埃里克·马西（Eric Marcy）开始向我发问："哥白尼是谁，为什么他很重要？"

我解释道：哥白尼是一个伟大的天文学家，有时他被认为是现代科学之父。他 1473 年出生于波兰，在哥伦布准备起航去发现新大陆的同时，也就是 1492 年，哥白尼在克拉科夫开始了他的学业，但

尼古拉 • 哥白尼像。出自皮埃尔 • 伽桑狄（Pierre Gassendi）《哥白尼的一生：1473—1543》（*The Life of Copernicus: 1473—1543*，巴黎，1654），肖像据说是基于哥白尼的传统自画像

他重要的天文学著作《天体运行论》是在16世纪上半叶写成的。在这部巨著中，他反对当时人们所持有的地球稳固地居于宇宙中心的观念。取而代之，他提出太阳才是不可动摇的中心，而地球与其他的行星一起围绕着太阳运转。也就是说，他提出的太阳系布局与我们今天所知道的几乎一样。这正是为什么这部在他去世之年才首次出版的著作成为了一座里程碑，并且令收藏家们如饥似渴地搜求。

我可以提供大量有关哥白尼的信息，让那些陪审团成员听一个上午。可是我还没来得及继续下去，马西突然强行将物证A——一本《天体运行论》的拷贝——塞在我手里，问我以前是否见过这本拷贝。

我告诉陪审团，我从事哥白尼这本书的研究已经有十余年的光景，我曾经亲自审查过几百本拷贝，寻找那些早期拥有者们在页边留下的笔记。我接着指出，这些书最初是以散页的形式卖出的，而每一个拥有者都会根据自己的品位去装订它。现代的书长得差不多，而那时的书不同，每一本16世纪的书都会因分别装订而各具特色。最流行的装订方式采用了与制作各种证书和文状的“羊皮纸”类似的柔软犊皮纸，这特别见于在法国和意大利。在德意志，则将猪皮蒙在橡木板上，通常还会施以较大的压力将个性化的图案轧制其上。英国流行用小牛皮蒙在厚纸板上装订，通常还带有某种图案的花边矩形框，这在欧洲大陆也很常见。我仔细地检查了那本拷贝，仿佛多年未见的老朋友（尽管联邦调查局在几个小时之前就曾经把它展示给我，已经勾起了我对它的回忆），然后，我拿出自己随身携带的一叠纸，它们是用打字机打好的。

我指出：“这本拷贝两侧装订的纸纹样式很不寻常，似乎是费城富兰克林学会目前丢失的那一本。根据我的记录，这本书是从一家专营珍本书籍的瑞士‘古艺术’（Ars Ancienne）公司那里购买的，并且这里用铅笔标注的‘AA’标志，正好与此相符。我的记录还提到，在扉页上曾有一枚早期的印章被抹掉了，你可以在这里看到一些痕迹。另外，似乎封面内有两枚藏书票被人取走了。其中一枚是水平的，这很罕见。我正好带来了富兰克林学会藏书票的样张。”

我夸张地把手一扬，向大家展示我带来的藏书票，一枚是垂直的，一枚是水平的，它们就像钥匙嵌在锁眼中一样与书上的两个长方形胶水痕迹相吻合。随后，书被传递给陪审团。

我还未继续陈述，马西又转而呈示出物证B，一小本黄色的书商目录，是华盛顿古旧出版物书店（Old Printed Word）发行的。我见过这本目录吗？

“很多人都知道我正在搜寻每一本可能找到的哥白尼著作，所以，事实上，早在三年前，也就是1981年的夏天，一位朋友就曾经送给我一本这个目录。我立刻就发现了其中列有一本哥白尼的《天体运行论》。它之所以那么快地就被我的眼睛捕捉到，是因为目录上的大部分书标价只是50或100美元，而哥白尼那本却是8750美元。”

“然后你做了什么？”马西问道。

我回答，1971年我曾对费城富兰克林学会的第一版和第二版拷贝做过记录，但是当我四年后回去再次核查一些细节时，那本第二版就找不到了。黄色目录上那本拷贝的描述看起来正是我所了解的费城丢失的那一本，于是我打电话给富兰克林学会的图书管理员，建议他与联邦调查局取得联系。

我还向陪审团提供了此后发生的一些细节。那个图书管理员埃默森·希尔克（Emerson Hilker）给费城的联邦调查局打了电话，但在获悉书已经失踪了超过七年之后，调查局立刻对此失去了兴趣。法律诉讼的时限已经超过了，也就不能以窃书罪起诉嫌犯。希尔克给我回电话告知了这个坏消息，他也不知道然后该怎么做。他问道："你能百分之百确定那本书就是我们丢的那本吗？"

我告诉他我可以打电话给那个书店，请求他们把书寄来验货。一些额外的细节可能更具有决定性。于是我打电话给古旧出版物书店询问如何能得到那本书。

然而书店的主人德昂·德罗什（Dean Des Roches）给我的答复却是"抱歉"。他解释说，书店并非真正拥有那本书，而是别人在那里寄售的，所以他不能把书寄来验货。

但我又了解到，那本书虽非书店拥有，但当时确实就在书店中，于是我又请求他更准确地描述一下该书扉页的情况。他找到那本书，告诉我书的扉页上有一个虫蛀的小洞，然后他又补充说，似乎扉页上有一个椭圆形的图书馆印章被清除掉了。

这与我的记录——一个虫蛀小孔和一枚椭圆形的图书馆印章——完全吻合。于是我给希尔克回电话，说我有绝对的把握认定那本书就是富兰克林学会丢失的那一本。

那个电话之后不久，我就从华盛顿联邦调查局那里得知，事情走漏了消息。希尔克先生头脑简单地给古旧出版物书店去了个电话，宣称那本书为他们所有，并且要求原物奉还。这令德罗什感到非常害怕，因为他其实已经对委托者产生了怀疑，他也不知道这本书最初究竟是如何得到的。而另一方面，如果这本书的委托人确实合法地拥有它，那么德罗什要是把它寄回费城，他就将面临数千美元的赔偿。于是他打电话到当地的联邦调查局，说明了事情原委，并且提到了委托人约翰·布莱尔（John Blair），说他位于马里兰州的家中显然还有大量其他的书籍。

尽管最初的偷窃已经安全度过了法律追诉期，但跨越州界运送赃物是联邦重罪，而且这件事很可能就发生在最近。如果是这样，那么法律的时钟将重新运转。

感到一项重罪正在进行，联邦探员们化装成购书者对布莱尔先生进行了造访。他们在其家中查抄出数百本美国工业化早期以来的小型商业目录，这些一度被认为几乎是用后即扔的短命蜉蝣，现在却极富价值。其中许多目录仍然标有富兰克林学会图书馆的印章。最令人感兴趣的是，还查抄出一份由英殖民地时期费城著名医生兼《独立宣言》的签署者本杰明·拉什（Benjamin Rush）所留下的医学手稿。

此外，约翰·布莱尔被证实曾经是富兰克林学会的一名雇员。图书馆圈子里的人们都知道，富兰克林学会有一段时间陷入低潮，据传，那时的图书馆处于一种相当混乱的状态，且疏于防范。比如，那些商业目录曾被扎成捆后堆放在书库的走廊上，读者取书时还得迈过它们才行。很多成捆的目录都破散开了，数以百计的目录散落一地。布莱尔声称那些商业小册子完全是被学会扔掉的，这个辩解可能令图书馆感到极为困窘。但不管怎么说，这些书册名现在仍然列于图书馆的藏书目录之上，并没有证据表示它们曾经被丢弃，同时很显然，像本杰明·拉什的手稿这样的东西是绝对不会被丢弃的。

在联邦调查局看来，除了一个细节外，案子已经很清楚了，而这个细节就是：他们还不能确定哥白尼的著作是何时从马里兰州进入哥伦比亚特区的。但是辩方律师在开庭陈述时，曾承认这只是最近的事，这令走廊里的联邦探员非常高兴。很明显，辩方将不得不采用另外的策略。

辩方列出了另一位书商作为证人，因此控方估计辩方律师安德鲁·格雷厄姆（Andrew Graham）将打算证明这本哥白尼著作的价值不会超过5000美元，这样，被告将被判为轻罪而不是重罪。如果书是第一版的，那就没必要辩护了，因为价值将在4万美元左右。而如果像本案中的一样是第二版，情况就复杂多了。由于此前我就留心到书价可能会成为一个关键问题，所以在审判开始之前，我就打电话给伦敦的一位正在出售第二版《天体运行论》的书商，向他打听此书的现价。

埃里克·马西突然打断了我，他向我询问物证A，也就是那本被盗的《天体运行论》价值如何。

格雷厄姆立刻跳了起来："反对！这位教授在书的价格方面并不是一位专家！"

"反对无效。"法官宣布，他无疑和陪审团一样好奇地关注着那本旧书的价格。

为了让人们对书的价格有一个概念，我引证了几条近期的拍卖记录。1978年在鹿特丹，一本第二版拷贝拍到了6500美元，三年后在慕尼黑，一本拷贝卖到了9000美元。而几个月前，我自己刚以6800美元的价格将一本拷贝卖给了圣地亚哥州立大学图书馆。格雷厄姆再次反对，认为现在的价格与几年前（假定的盗窃发生时间）的价格并无关系，但他的反对再次被驳回。随后，我又提到现在正在伦敦出售的一本拷贝，标价为12500美元。但我承认，被盗的这本拷贝品相上不如伦敦的那本。最后，辩方还特意向陪审团展示了这本拷贝上的蛀洞，格雷厄姆再次当场提出反对，理由是我没有资格为书定价，这一次法官告诉他不要打断我的叙述。我说，也许古旧出版物书店的目录索价8750美元有些高，但可以说基本上是正常的。

现在该进行交叉询问[1]了，辩方律师问我是否曾经被告知，这

---

[1] 交叉询问是指对抗制庭审中控辩双方从相对立场上对对方证人进行的询问，这往往是法庭上最精彩的阶段。与我国所采用的大陆法系不同的是，在英美法系国家，证人的范围除了包括知晓案情而向司法机关陈述的第三人外，还包括当事人和鉴定人。——译者注

本书至少价值5000美元以上才能以重罪进行审判。是的，我是知道的，我回答，因为在审判之初我听到了指控的宣读。

我感到他大概就要使出撒手锏了，果然，格雷厄姆问道："在你论述不同的拍卖时，你并没有谈到所有的拍卖，对吧？比如，三年前，苏富比（Sotheby's，旧译索斯比）拍卖行拍卖的那一本只叫到了2200美元，是吧？而1979年4月30日他们所拍的那一本拷贝也只卖到了3500美元，这又如何解释？"他看起来有点得意，好像他的反戈一击刺到了我的痛处。

我说，确实是这样，可是一个巴掌拍不响。如果在某个拍卖会上，只有一个有意出手的买家，那么他就很容易以低于真正市价的价格得到物品，做一笔合算的交易。我指出，我最近曾经见到格雷厄姆刚才所提到的第一本拷贝，那是意大利的一本私人藏品，上面的手写评注非常有趣。如果是由商家出售，那么它的价格将比拍卖价高出几倍。至于他提到的第二本拷贝，它已经非常破旧，纸页呈棕褐色，而且被水泡过，这都会使它极大地贬值。

作为一个称职的辩方律师，格雷厄姆仍在困境中寻求突破。他没有退缩，而是勇敢地继续着："你学过书籍鉴定方面的课程吗？"

"不，我从没有上过这类课程。而我同样也没有上过科学史课，但我现在仍然是哈佛大学的科学史教授。"

"我只要你回答我的问题！"他大声呵斥着，但已经太晚了。庭上现出法官低沉的声音："他正在努力回答。"

我即将走下证人席时，控方站起身，做最后的质询。马西问道："你曾经和辩方人员沟通过吗？你是否曾拒绝帮助他们？"

我回答，我确实曾和格雷厄姆先生谈过，并且回答了他的一些问题。他问我，我是怎么确定那本书就是富兰克林学会丢失的那本，我为他做了详细的解释。说完我就离开了证人席。对于马西灵活应变，所杀的这招回马枪，着实让我刮目相看。

无疑，我对接下来将要发生的事充满了好奇，但按照隔离要求，我必须离开法庭。不久之后，我就从其他证人和我的妹妹贝齐（Betsy）那里知道了详情。贝齐是个华盛顿人，她饶有兴致地观看了全天的开庭过程。下一个走上证人席的是古旧出版物书店的所有者，绰号为“博士”的德罗什。他也被问及了一些与我相同的问题，包括那个是否学过书籍鉴定课程的问题，而他告诉陪审团，根本就没有这类课程。他对这本书价值的评估与我的观点基本吻合，当然，他讲了大量有关这本书是如何委托他出售的细节，此外还有约翰·布莱尔如何委托他出售数百本 19 世纪的商业目录的情况。布莱尔曾告诉德罗什，这些目录是他和父亲花了很长时间在宾夕法尼亚州东部各地的跳蚤市场中淘来的，当时德罗什曾经询问，为什么这么多的目录好像都有着统一规制的图书馆标记呢？于是第二批被送来的书，标记都被擦掉了，而很多则带有“周六午后俱乐部图书馆”的标签，布莱尔说，这是个短暂的私人组织，已经不存在了。但联邦调查局的说法是，这个组织存在的时间确实太短暂了，短到除了在布莱尔的想象中，根本就没有存在过。

布莱尔为自己辩护，声称他是在兰开斯特附近的伦宁格跳蚤市场买到这本《天体运行论》，卖家的名字他已经记不清了，而那些商业目录则完全是被富兰克林学会丢弃的。他的故事并不是很有说服力。有一大盒子的商业目录被作为物证 C 呈现出来，这是联邦调查局查抄物品的一部分。富兰克林学会的图书管理员埃默森·希尔克解释说，这些小册子上的编号与学会的分类体系正好匹配，事实上，它们仍然列于学会的目录卡片上。看起来约翰·布莱尔对富兰克林学会的一捆捆商业目录所做的工作还是很有系统的，他只选择了那些最有价值的小册子。

我在星期二晚上离开了华盛顿，那时审判还没有结束，在接下来的几天里，我的好奇和担心与日俱增，因为我还没有得到任何有关审判结果的消息。终于忍不住，我在星期五中午左右打电话到控方办公室，发现马西还在法庭上。大约三点半，他给我回了电话。他告诉我，这个星期四下午，陪审团的讨论几乎陷入了僵局，他甚至担心必然要重审了。然而，星期五早上，陪审团又向法官问了很多问题，然后重新听取了布莱尔的证词录音。几个小时后，他们做出了裁定：被告有罪。

尽管法官给了布莱尔缓刑，但判决仍然是毁灭性的。被告随即丢了工作。后来，联邦调查局告诉我，他的妻子也弃他而去了。布莱尔贪婪的计划完全被挫败了，因为他偷错了书。

第二章

开始追踪

格奥尔格·约阿希姆·雷蒂库斯（Georg Joachim Rheticus，1514—1574）和伊拉斯谟·赖因霍尔德（Erasmus Reinhold，1511—1553）绝对不是家喻户晓的名字。只有少数几个专家知道雷蒂库斯是哥白尼唯一的门徒，而赖因霍尔德则是那个根据哥白尼天文学编制实用星表的人。但在16世纪中期，赖因霍尔德是欧洲数一数二的数学天文学家，他还是德意志教育体系的中心维滕堡大学的天文学教授，而雷蒂库斯则是那里的数学教授。

维滕堡大学——在莎士比亚的剧作中，丹麦王子哈姆雷特曾就读于这里——建于1502年[①]，最初是一所宁静的萨克森地方学校，每年只招收大约四十名学生，而就在三十年之间，它逐渐成为路德教派宗教改革的热火朝天的大本营。1517年，马丁·路德（1508年开始于此任教）曾在维滕堡大教堂的大门上张贴了他著名的《九十五条论纲》，从而掀起了新教的宗教剧变。维滕堡及其大

① 1502年由萨克森选帝侯腓特烈三世（Friedrich Ⅲ）所建，1813年被拿破仑关闭，1817年与哈雷大学合并，成为哈雷-维滕堡大学，又称马丁·路德大学。——译者注

学成为路德反抗罗马教皇和神圣罗马帝国皇帝的司令部，学生和全体教员都成为改革的热心支持者。[①]到了1527年，路德教派已经从异端变成德意志的正统。

路德的首席教育副职菲利普·梅兰希通（Philipp Melanchthon，1497—1560）管理着维滕堡大学。他的敬佩者尊称他为“德意志的导师”。路德写道：“我为战斗而生……而菲利普大师则平和沉静地前行，默默地播种，上帝所赋予他的才能是如此丰厚。”梅兰希通热衷于天文学，当维滕堡大学长期任职的天文学教授去世，而数学教授又转投哲学系时，他就委任两名年轻的研究生接任空缺。

得到高等任命的赖因霍尔德来自于莱比锡和纽伦堡之间的萨菲尔德小镇，他1530年进入维滕堡大学，几年后在那里得到硕士学位[②]。此后，他出众的能力几乎使他一毕业就赢得了一个教员职位。所有的叙述都表明他是一位治学扎实而深受爱戴的老师。那时，教员们轮值文学院院长，赖因霍尔德曾在1540年和1549年分别就任，并在1549—1550年短暂地担任过校长。甚至当他不是院长时，因为书法清晰有力，也常被请来书写正式的入学许可名册的标题。

雷蒂库斯是在1532年夏天与其他130名学生一起进入维滕堡大学的。在他的同学中，几乎不再有人具有足够的影响能位列于

---

① 中世纪的大学作为一种行业公会，是一种独立自主的机构，完全实行自治。它既不受任何上级的管辖，也不受所在地方的限制。大学的自治性还表现在它享有其他一些特权，如免纳捐税，平时免服兵役，不受普通司法机关管辖等，这有助于理解本书中大学的独特地位和作用。——译者注

② 中世纪大学的硕士和博士学位并无程度上的差别，它们的区别是：硕士考试不公开，合格者发给证书，取得教学资格；博士考试则公开举行，有隆重仪式和宴会，通过考试者，到主教所辖的地区，由副主教赐给学位。但博士考试所需的一切费用要由答辩者负担，因此大多数人都只要了硕士学位，如梅兰希通、雷蒂库斯、开普勒及其老师梅斯特林等。——译者注

克里斯蒂安·约赫尔（Christian Jöcher）所编的《通俗学术词典》（*Allgemeines Gelehrten-Lexicon*）之中，这本词典是德意志文艺复兴时期人物传记的权威资料。但雷蒂库斯的出色足以引起梅兰希通的注意，在1536年刚刚得到硕士学位时，二十二岁的他就被聘为“初等数学”讲师。同年，赖因霍尔德也成为天文学讲师。

雷蒂库斯和赖因霍尔德显然不是一类人。事实上，“雷蒂库斯”并不是他的原姓，因为他的一些同事把大家的德文名字都进行了风雅的希腊语翻译。比如施瓦策特（Schwarzerdt）就成了梅兰希通，尽管大家还是习惯简单地称呼他为菲利普。约阿希姆·卡梅拉留斯（Joachim Camerarius）是一位有影响的人文主义者，是他最终劝说年轻的雷蒂库斯转到莱比锡去的，他的姓原本叫作卡默迈斯特（Kammermeister）。然而，“雷蒂库斯”并不是在他最初的姓上翻译过来的，他以前就改过一次姓。年轻的雷蒂库斯在洗礼中被取名为格奥尔格·约阿希姆·伊塞林（Georg Joachim Iserin），但在他十四岁那年，他当内科医生的父亲因诈骗罪而被斩首。受到伤害的少年不得不另取一个名字。进入维滕堡大学后，他开始使用他母亲的娘家姓——德波里斯（de Porris），但很快他就以雷蒂库斯而为人所知了。这个名字源自地名雷蒂亚（Rhaetia），它是古罗马帝国边境上的一个行省，位于今日奥地利的西南部。

尽管他与赖因霍尔德是亲密的同事，赖因霍尔德也称他为“我们的约阿希姆”，但是并没有迹象表明他们是要好的朋友。除了对占星术极感兴趣之外（赖因霍尔德对此的态度就大不一样），雷蒂库斯还与一群浮躁而反传统的青年诗人过从甚密。他们中的一位还写了一篇讥讽大学领导的粗俗文章，其中含沙射影地提到了赖因霍尔德妻子的不忠。这个年轻人立刻就被解雇了，而团体中的其他年轻人大多也感到维滕堡对他们来说实在是不适合，就连雷蒂库斯也觉得是该做一次远行的时候了。于是，1538年，他带着梅兰希通的推荐信南下纽伦堡。

在纽伦堡，雷蒂库斯遇到了定居在那里的学者约翰·舍纳（Johann Schöner），后者忙于占星术，制作纸制的仪器[①]，并且整理出版前一世纪留下来的重要天文学手稿的档案，这是因为15世纪最重要的天文学家约翰内斯·雷吉奥蒙塔努斯（Johannes Regiomontanus）就生活在纽伦堡。想来雷蒂库斯正是从舍纳那里了解到在“地球遥远的一角”（哥白尼自己正是这样描述他所生活和工作的波兰最北部教区的）的尚在发展中的新宇宙学。[②]毫无疑问，是舍纳告诉他，在弗劳恩堡大教堂工作的教士，即那个波兰天文学家有一些令人难以置信的观点，他认为太阳是行星系统的中心，而看起来坚实而稳定的地球却在运动。舍纳究竟是如何知道哥白尼的呢？可谓众说纷纭。一些人推测，在1514年后，哥白尼已经散发了至少一份其日心说体系的初步介绍，即所谓的《纲要》（*Commentariolus*）[③]，而舍纳可能正好看到了一份。或者舍纳可能通过确实存在于16世纪天文学家之间的联系而听到了一些天文学的小道消息，从而得到了这个信息。关于这点，赖纳·杰马·弗里修斯（Reiner Gemma Frisius）的情况可以说明一些问题。他是一名荷兰医生兼数学家，早在1531年，杰马就从一位波兰名门那里了解

---

① 舍纳出版了一本有关行星定位仪（equatorium）的书，这本书附有一些活动的圆盘可以用来确定行星的位置。这些纸制的圆盘被称为转盘（volvelle），它们有时候被用作实际的计算设备，有时仅仅用于教学。例如，在1538年维滕堡大学所使用的入门天文学教科书萨克罗博斯科的《天球》（*Sphere*）中总是包含有三四个教学用的转盘，并且很快，在威尼斯、巴黎和安特卫普出版的教科书中就出现了这种转盘。

② 由于后来雷蒂库斯把他在拜访哥白尼时写下的有关日心说体系的《初讲》题献给了舍纳，所以我们猜测在雷蒂库斯到纽伦堡拜访舍纳期间，他一直在研究哥白尼。

③ 全称为《关于天体运动的假说，即地球绕日运动理论的初步纲要》。——译者注

到一些有关哥白尼的情况，这位名士叫作约翰内斯·丹蒂斯库斯(Johannes Dantiscus)，他曾经在低地国家（Low Countries）待了一段时间，后来成为杰马的庇护人。于是，有关哥白尼的消息不胫而走。

命途多舛的雷蒂库斯早已被塑造为一个叛逆者，与当时根深蒂固的观念相悖的日心说宇宙论，注定会激起他的想象。父亲的死刑令他受到心理上的伤害，他蔑视那个几乎不可能接受这个激进的宇宙论的保守社会。当纽伦堡再也找不到任何有关这些令人感到刺激的新事物的细节时，雷蒂库斯决定去追本溯源，寻找哥白尼的确切主张。或许他从舍纳和约翰内斯·佩特赖乌斯那里得到了鼓励，后者是纽伦堡的印刷商，他很有兴趣出版哥白尼的著作。于是，在1539年，雷蒂库斯开始了一次到波兰最北端的波罗的海沿岸的长途旅行。他决定绘一幅那个地区的详细地图，幸运的是，他所招揽的来自科隆的年轻学生海因里希·策尔（Heinrich Zell）也的确有一些绘制地图的经验。但遗憾的是，他们的旅行路线和交通方式已经迷失在历史的迷雾中了。[①]他们是徒步还是骑马？或者是乘坐四轮马车？由于去弗劳恩堡的路上，雷蒂库斯给哥白尼带了装订好的三大卷书，也许还有他自己的书和衣服，他很可能采用了某种运输方式。最大的可能就是采用了16世纪的“租车”方式，在德意志买一匹马，等到了波兰后再把它卖掉。

雷蒂库斯本想在弗劳恩堡作相对短暂的逗留，却不曾想到，他的造访延长了何止几个星期，而是若干年。在从博洛尼亚和帕多瓦的学校毕业后，哥白尼就再没有与学术界进行过正式的接触。没有

① 哥白尼本人也有类似的情况。1498年，哥白尼处于雷蒂库斯这样的年纪时，为了研究生学业，他从波兰旅行来到意大利。而到博洛尼亚的这段900英里的旅程，他是何时出发，又是何时到达，或者旅途中的情形如何，我们并没有发现准确的记录。

学生也没有同事能了解他所做的事情的技术细节。因而那个年轻的维滕堡数学家的到来，毫无疑问给弗劳恩堡大教堂逐渐老去的哥白尼带来了唯一的更是令人激动的好机会。波兰天文学家热烈欢迎他的来访者，渴望着让他了解自己宇宙理论的诸多先进之处。

回顾历史，六十六岁的哥白尼是弗劳恩堡大教堂的终身教士，这个职位为他的天文学研究提供了时间和经济支持，使他能够接受一个来自路德教派中心的二十五岁的年轻教师的长期造访。这似乎相当不可思议，但是，在天主教保守派在特伦托公会议（Council of Trent）上最终采取了反宗教改革的强硬路线之前，与新教的斗争看起来就像是一场家庭内部的争吵。

很多年来，哥白尼一直在撰写其日心说宇宙论的著作，这在他的《纲要》中很早就已经规划好了，而到此时，他已经有了一份厚厚的手稿。但是，他一直就没有一个学生，一个能让他讲授自己繁复的天文学理论的对象。于是，他们两人开始讨论他的那些“假设”，当时他们就是这样称呼的，事实上，这个“假设”与我们今天的“设计”（device）一词非常相近。哥白尼一定在两种层次上为雷蒂库斯讲述了他的假设——第一个层次是宏观的，他的宇宙论把太阳置于系统的中心，包括地球在内的行星则围绕它旋转；第二个层次更为技术化，大量的假设涉及行星运动细节的计算。就在这两个人坐在一起讨论日心说天文学的细节的过程中，年轻的维滕堡人越发感到，世界需要了解哥白尼的工作。

雷蒂库斯一定意识到，在波兰没有出版者可以承担一个如此庞大而繁复的著作。它需要一个具有跨国推销能力的印刷商来使出版在财政上变得可行。即使在拥有诸多忙碌的教科书印刷商的维滕堡，也几乎无人能应付这样一项工作。也许这就是雷蒂库斯给哥白尼带来装订好了的三大卷书作为礼物的原因。这里面所装订的五部

与哥白尼的生平和时代相关的欧洲地图

著作中的三部是由佩特赖乌斯印刷的[①]。这些书显然证明了纽伦堡的印刷商是有能力应付哥白尼那部巨著的。这是谁的主意呢？或许是纽伦堡的约翰·舍纳的提议，认为这些书也许可以说服哥白尼把他的手稿寄回德意志，当然，也可能是佩特赖乌斯自己的主意。舍纳和佩特赖乌斯的联系很多，关系不错，大约每年他都会送一份自己的新作或是整理一些纽伦堡档案馆的旧手稿到佩特赖乌斯那儿去印刷出版。

但奇怪的是，当时哥白尼并不情愿把他的版权交给印刷商。学者们推断，他是需要一些时间以便将雷吉奥蒙塔努斯的《三角学》（*De triangulis*）——雷蒂库斯带给他的礼物中的一本——中的三角学方法结合到自己论文的数学部分中。此外，雷蒂库斯还从舍纳那里带来了一些关于水星的观察资料，而哥白尼正需要以此来更新他有关水星部分的论述。然而，在更改一些行星理论的参数过程中，他没有时间使星表与那些修改过的数字完全符合，以致书中有些矛盾的地方至今仍未消除。[②]哥白尼很担心这本书会成为人们奚落和嘲笑的对象，或者只是成为一本根本没有人读的书。[③]

为了劝说哥白尼，雷蒂库斯需要进一步采取策略。他请求出版了一本哥白尼天文学的入门介绍，并且得到了允许。这本 70 页的

---

① 这装订好的三大卷书如彩图 4a 所示，它们共包含了五部书。托勒密的希腊文版的《至大论》（巴塞尔，1538）是单独的一本。维特罗的希腊文版的《光学》（佩特赖乌斯，1535）和彼得·阿皮安的《运动学的首要工具》（佩特赖乌斯，1534）共处一本。希腊文版的《欧氏几何》（巴塞尔，1533）则与雷吉奥蒙塔努斯的《三角学》（佩特赖乌斯，1533）装订在一起。

② 既然哥白尼的原始手稿幸存于世（这对于文艺复兴时期印刷的一本书来讲是不同寻常的），就有可能看到情况正是如此。

③ 在书的序言中，哥白尼对书的出版表现出不情愿，说他害怕会被“嘘下台去”，并且“害怕我的观点因新奇和难于理解而被人蔑视，这几乎迫使我完全放弃了我已经着手进行的工作”。

小册子于1540年春天在波兰的格但斯克附近印刷。在这本《初讲》（*Narratio prima*）[①]中，雷蒂库斯并没有开篇就用日心说宇宙论把读者吓倒。他帮助读者在看完若干页的论述，比如有关“太阳运动”的复杂细节之后，才揭示出令人震惊的结论：“正如我的老师所展现的，这些现象可以通过地球有规律的运动而加以解释，也就是说，太阳占据了宇宙的中心，是地球而非太阳在绕着大圈。”随后，他申述了他认为的日心说布局令人信服的原因。最后，他总结道：“所有这些现象看起来就像被一条金色的链条壮丽地联结在一起；而每一颗行星，通过其位置、次序以及运动的种种不规则之处提供了地球在移动的证据，而我们每一个身居地球这个球体之上的人却都相信行星们在按照各不相同的运动方式漫步，而不承认地球位置的变化。”他甚至还在其中加入了对普鲁士的赞美之词，或许这又是一种软化哥白尼在出此书时的不情愿之情的手段，也可能是为了保证普鲁士的阿尔布雷希特公爵（Duke Albrecht）加以赞助的一种努力。

《初讲》引起了人们的兴趣，第二年在巴塞尔获得了重印；与第一版不同的是，这一版在扉页上印了雷蒂库斯的名字。哥白尼仍然在犹豫，而雷蒂库斯也不愿离去。最终，在波兰逗留了28个月后[②]，雷蒂库斯终于得到了委托，将一份哥白尼的手稿送到了纽伦堡佩特赖乌斯的印刷厂，雷蒂库斯踏上了去往萨克森的沉闷的归乡之旅。

1541年，雷蒂库斯拿着哥白尼的手稿回到维滕堡，期待已久

---

① 全称为《致光荣的大师扬·绍内尔先生，一位年轻的数学爱好者谈托伦人、瓦尔米亚神父、学识渊博的大师、杰出的数学家尼古拉·哥白尼博士先生有关运行的几卷书，初讲》。这本书主要介绍了第一卷前十章的内容，本来雷蒂库斯还准备写第二讲，但因哥白尼同意刊印全书而作罢。——译者注

② 最近发现的证据表明，在1540年12月，雷蒂库斯还曾短暂地回到过维滕堡，并就萨克罗博斯科的《天球》开设了一个短期课程。那时他一定向赖因霍尔德、梅兰希通和舍纳等人谈及有关哥白尼那本书的情况。

AD CLARISSIMVM VIRVM
D. IOANNEM SCHONE-
RVM, DE LIBRIS REVOLVTIO
num eruditissimi viri, & Mathema
tici excellentissimi, Reuerendi
D. Doctoris Nicolai Co-
pernici Torunnæi, Ca-
nonici Varmien-
sis, per quendam
Iuuenem, Ma-
thematicæ
studio
sum
NARRATIO
PRIMA.

ALCINOVS.

[illegible]

雷蒂库斯《初讲》（格但斯克，1540）的扉页，这是有关哥白尼日心说宇宙论的宣告第一次被印刷出来的他终于得到了迟来的教授席位，这是一个被认可的标志，因为当时的文学院只有四位教授（包括赖因霍尔德）。由于当时的课程设置仍然受中世纪学科，即算术学、几何学、天文学和音乐理论所影响[①]，所以在数学方面有两位教授就很有意义。赖因霍尔德成为高等数学教授，这样，天文学就由他来教。雷蒂库斯是初等数学教授，也就是说，他教算术学、几何学和三角学。他找了一家当地的印刷厂，以《三角形的边与角》（*De lateribus et angulis triangulorum*）为题，出版了《天体运行论》中有关三角形的部分。那是一本拥有当时最新观点的数学教科书，因为其中包含了才第二次出版的正弦表。尽管雷蒂库斯本人已经对那些表格做了更充分的阐述，但扉页上还是清楚地标明了作者为哥白尼。

除教学之外，雷蒂库斯还在1541—1542年的冬季学期中当了半年的文学院院长。很显然，对于这个任命，更多地意味着官僚琐事而不是一种荣誉，系里的人也很少连续两个学期任职。然而雷蒂库斯在上次离开弗劳恩堡之前，就已经托普鲁士的阿尔布雷希特公爵（一位重要的庇护人）代他向萨克森选帝侯和维滕堡大学再次请假，这次则是带着哥白尼的手稿到纽伦堡佩特赖乌斯的印刷厂，并且要盯着它印刷出来。

在雷蒂库斯的出行期间，天文学教授赖因霍尔德则一直留在家里，他编写了一本新的注释版的传统天文学高等教科书，名为《行星的新理论》（*The New Theory of the Planets*）。梅兰希通的那篇精彩的序言十分博学，它旁征博引了色诺芬、荷马、维吉尔以及柏拉

---

① 这种数学学科的划分可以追溯到古希腊时代的毕达哥拉斯；在公元4世纪，罗马的百科全书编纂者马蒂亚努斯·卡佩拉（Martianus Capella）根据七门文科的划分方案为中世纪的课程奠定了基础：初级的三文科（语法、修辞和逻辑）以及高级的四文科（算术、几何、天文和音乐）。

图等人的阐述。但最有意义的还是来自赖因霍尔德自己所作的序言，其中提到了他知道“一位现代的天文学家，他具有超凡的技巧，令每个人充满热烈的期待；人们希望他将重建天文学”。如果这还说得不明白的话，那么在数年以后的第二版中，赖因霍尔德则明确地暗指：那位天文学家就是哥白尼。

赖因霍尔德的暗示和1540年雷蒂库斯的《初讲》引起了天文学家和占星学家团体的注意，这让他们意识到有一件不同寻常的事情即将发生。于是，那本16世纪最伟大的天文学著作，事实上也是历史上具有划时代意义的科学著作之一，就伴随着这些迹象走来了。最终，在1543年的春天，纽伦堡的佩特赖乌斯印刷厂一切就绪。书的扉页就像一张视力表[①]：

托伦城的
尼古拉·哥
白尼关于天体
运行的六卷本集

著作的前百分之五谈及了崭新的日心说宇宙论，令人“心神愉悦”。其余百分之九十五则是纯粹技术上的。它还包括一份平面及球面天文学指南，一份只比克劳狄·托勒密（Claudius Ptolemy）的《至大论》（*Almagest*，地心说天文学的经典之作，成书于约公元150年）中同样部分略有更新的冗长星表，一份关于如何从少量的观测报告中得到行星轨道参数的详细说明，以及所预测的行星位置的星表。在扉页正中的位置，方方正正地印着出版商的广告词，“好学的读者

① 这种为了美观而可以随意切断单词的排版方式可以参考本书的彩图4b。——译者注

们，在这本最新的杰作中，你可以了解到恒星和行星的运动情况，它们是利用古代和最新的观测数据，根据最为新奇而令人赞叹的假设确立的。你还可以获得最便捷的表格，据此轻松地计算出任何时间的行星位置。既然如此，那么赶快行动吧：购买、阅读、受益。”它的确是一本很值得研究的书，但读起来也确实并不轻松。

有什么人读过它吗？在 1970 年 10 月的一个周六晚上，科学史专家杰里·拉维茨（Jerry Ravetz）和我不断地以此自问。那是我们在约克镇的一次会面，它是位于英格兰最大的郡中的一座教堂城镇；当时我和家人正在去苏格兰的路上，而他则从附近的利兹赶过来。拉维茨和我都熟知哥白尼，究其原因在于我们都曾是波兰的朋友——说到这种联系，于他也许因为他是一个在麦卡锡时代曾经避走英格兰的社会主义者，于我则将追溯到 25 年前与联合国善后救济总署的那些马匹一起对波兰的那次造访。杰里在波兰度过了一段时间，在那里他撰写了一本引发争论的专著，名叫《尼古拉·哥白尼所完成的天文学与宇宙论》（*Astronomy and Cosmology in the Achievement of Nicolaus Copernicus*）。当国际科学史与科学哲学联合会委派一个委员会为 1973 年即将到来的哥白尼诞辰五百周年纪念庆典做筹划时，他是委员会当然的人选；最终，他成为委员会的秘书。他以高度的敏锐性带领委员会处理那些争论不休的议题，比如哥白尼是波兰人还是德意志人。作为一个天文学史学家，我也同样成为了那个委员会的成员，那时我正在剑桥度过轮休学期，所以在同家人一起从那里北上苏格兰旅行的旅途中，我们碰个头是再合适不过了。

当时，离庆典只有不到三年时间了，我们的谈话自然地转向了哥白尼和《天体运行论》。那是一本如此艰深而难以应付的专业著作，所以，我们推断，除了开始的有关宇宙论的章节，恐怕很少有读者能够真正理解多少其余的部分。我们记起了阿瑟·克斯特勒曾宣称“它是一本没有人读过的书”，同时我们也想到现代的各种巨著名著丛书的计划，更想到把这本书也收录在内的芝加哥大学百科全书式的“西方世界的伟大著作”系列丛书，所以，我们认定，在20世纪，一定有比这本书在出版的最初十年更多的读者。我们甚至列举了16世纪的读者中，谁有可能最终读完了这本书。

雷蒂库斯和赖因霍尔德位于我们的名单之首。安德烈亚斯·奥西安德尔（Andreas Osiander），那位纽伦堡的神学家和教士，在印刷机前完成了该书的校对，他是一位理所当然的读者。然后，我们加上了约翰内斯·开普勒（Johannes Kepler），那位杰出的德意志天文学家，他在1596年撰写了继《天体运行论》之后的第一本不加掩饰的日心说专著，还有米夏埃多·梅斯特林（Michael Maestlin），他是开普勒在蒂宾根大学的导师。第谷·布拉赫（Tycho Brahe），16世纪丹麦著名的观测家和仪器制造者，显然是另一个人选。

伽利略·伽利莱（Galileo Galilei），我们在这个名字上有些迟疑。他是一位物理学家，对天体力学涉猎很少；我们认为他可能曾经拥有这本书，但从头到尾读完却不大可能。（我的进一步研究证实了这一判断。）

然而，还有另一位在意大利工作的天文学家也在我们简短的名单之列：克里斯托弗·克拉维于斯（Christopher Clavius，1537—1612）[①]。他曾为格里高利历法改革提供了技术支持，1581年，克里斯托弗在其介绍性的天文学教科书的第三版中特别提到了哥白尼。[②]

---

① 明末时中译名作丁先生，他的学生利玛窦曾将他的很多著作和思想译介到中国来，促进了我国近代科学的启蒙。因本书所涉及的是他的西方角色，故仍以音译。——译者注

② 虽然题目是《萨克罗博斯科〈天球〉评注》，可克拉维于斯的这部书比起萨克罗博斯科在大约1215年写于巴黎的那一小本传统教科书还是要超出很多，以致它被认为是一本独立的著作。而在克拉维于斯做出巨大扩充之前的三个多世纪中，萨克罗博斯科的那本一版再版的《天球》一直是标准的天文学入门教科书。

然后，我们加上了英格兰的第一位哥白尼学者托马斯·迪格斯(Thomas Digges)，他曾经与莎士比亚住在同一个街区，并且他的藏书很可能对莎士比亚创作《哈姆雷特》时考察背景材料起到了作用。由于迪格斯曾经将哥白尼宇宙论的部分内容翻译为英文，所以他必然是一位读者。约翰·迪伊（John Dee）是伊丽莎白一世时代的一位怪才，他拥有当时英格兰最大的私人藏书，所以就算他没有读过哥白尼的书，在他的图书馆里也一定会有。

然而，在列出了这九个可能的读者之后，我们无以为继，我们的交谈也就渐渐转到了其他话题上，比如约克大教堂的辉煌壮丽等等。随后，我们互相道别，因为第二天一大早，我们一家就要前往爱丁堡。

在苏格兰，我的运气不错，得到了颇为意外的收获。19 世纪末，克劳福德伯爵（Earl of Crawford）收藏了一些罕见的天文学书籍，而这份惊人的收藏正由爱丁堡皇家天文台所持有。多年以来，这些珍贵的书籍一直与一些普通的天文学著作混杂在一起开架放置着，而就在我到那里的前不久，为安全起见，这些书被收集在一起，放在两只巨大的铁柜中。在这些珍品中，我竟偶然发现了一本第一版的，从头到尾都做了评注的《天体运行论》。

这样一个发现，除了对我们刚在两天以前所思考的“这本书在问世之初有过几个读者”这样的问题有所帮助外，对我来说，或许并没有太多的意义。但是，试想一下，如果这本书很少被读过，那么为什么我偶然发现的第二本拷贝就有充分的迹象表明，这是一个理解力很深的读者，他在书中标出了数不清的错误，并且一直钻研到书的最后，甚至包括这本约 400 页厚书的殿后部分，即关于行星黄纬的晦涩材料，这又如何解释呢?

此外，有一句用拉丁文书写成的令人神往的格言横过扉页：

爱丁堡的皇家天文台。1888年，克劳福德伯爵将他的天文仪器和藏书作为礼物赠给苏格兰，成就了这座宏伟的建筑

“天文学之公理：天界的运动不是匀速圆周运动，就是匀速圆周运动的组合。”（彩图4b）本来我认为会有诸如“这本疯狂的书把太阳固定起来，却让地球陷入令人眩晕的运动中”一类的东西，但没有。这位读者忽略了那个最重要的假设，却对那个次要的假设充满热情。那些大量的评注证实了他这样的兴趣——在书中有关宇宙论的章节几乎没有什么评注，但是每当哥白尼在想方设法用他的小本轮（epicyclet）来消除他所认为的托勒密最令人不快的一项设计[①]时，书页上则充满了密密麻麻的旁注。

忽然，我灵机一动：或许这本拷贝正是来自那九位读者中的一

① 托勒密的天文学著作《至大论》是地心说天文学的经典阐释之作。它是一部划时代的著作，因为它第一次向人们表明，行星运动的复杂现象是可以通过一系列相当简单的数学设计来解释的。然而，其中有一项设计，也就是所谓的“等分点”，在中世纪受到了猛烈的抨击，原因是，它似乎亵渎了匀速圆周运动的天界原则。更多的详细解释，包括一个小本轮的例子，可以在本书的附录I中找到。

位呢！但仔细一想我又告诉自己，不会的，如果是这样，那将是令人难以置信的巧合。现存至少有 100 本拷贝（当时我这样天真地认为，而实际上这是一个被严重低估的数字），这就是说，这本拷贝来自九位读者之一的机会大约是十分之一或者更少。而我刚刚发现了这九本拷贝之一的想法，似乎只是一个不可能长久成立的假设。但这本拷贝到底是谁的呢？

我对拥有者名字的查找毫无结果。在开头和结尾处的手写题字几乎没有提供任何线索。于是，我更加贴近地观察那个厚重的猪皮封皮。我发现那是一枚典型的盲印（blind-stamp）装订——称为“盲印”是因为上面压制的图案既无颜色也没有金粉金箔。围绕封皮边缘是《圣经》形象的细长图案。封皮中央的纸板是空白的，下面写着年代“1543”，在纸板上部我注意到了有词首大写字

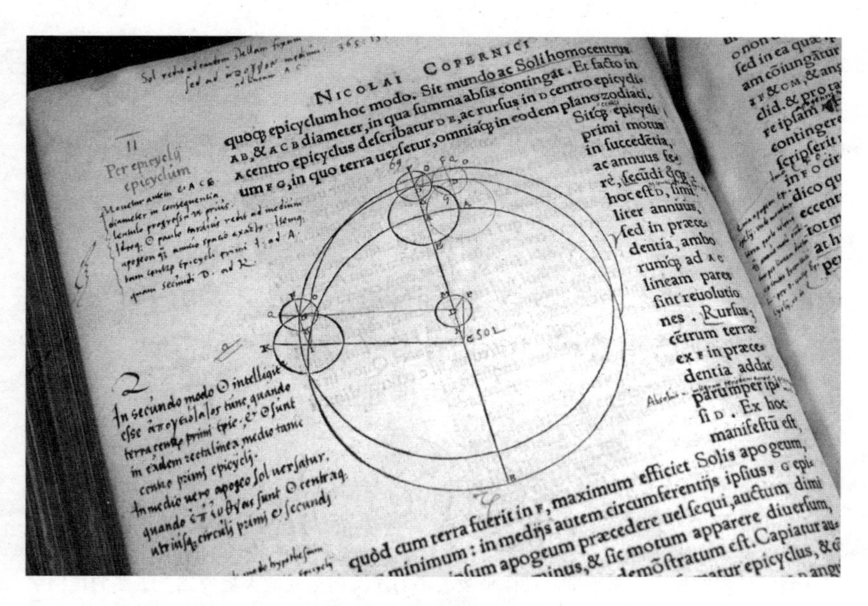

赖因霍尔德在《天体运行论》的高度技术性的章节中的评注，第 91 对开页左页

母“ER”的字样。

这令我感到一丝震惊。这些词首字母是否就代表着那位哥白尼下一代人中最重要的数学天文学家，即我们所开列的简短的评注者名单上的天文学家之一——伊拉斯谟·赖因霍尔德呢？我用铅笔和纸在那模糊的印字上仔细地拓出痕迹，令我感到沮丧的是，我看到的不是两个字母，而是三个：“ERS”。我的假想似乎在瞬间蒸发了。

回到剑桥，我花了数天时间去查找我的发现所代表的含义。很快，我就发现，那三个大写字母正好与“Erasmus Reinholdus Salveldiensis”相对应，因为在16世纪一个人的出生地——在这里就是萨菲尔德（Saalfeld）—— 被作为他正式名号的一部分。此外，封皮上的盲印早已记录在案，它是属于一个很可能在维滕堡工作的萨克森装订匠的。我开始查找赖因霍尔德的笔迹样品，取得的样品最终证实了我最初的判断。我开始思考这个发现所蕴含的意义：一个举足轻重的天文学教授忽略了日心说宇宙论而只接受小本轮理论，如果这本书显示出了这样的情况，那么更多的拷贝又会揭示出什么问题呢？

由此，我对哥白尼著作的伟大追寻就开始了。最初，我的寻找比较随意，首先是在剑桥、牛津和伦敦，这些地方藏有丰富的第一版哥白尼著作。牛津和剑桥对于我是个特别的挑战，因为那里总共有六十所学院，而每一所都有它们自己的图书馆。在剑桥找起来相对要容易一些，因为剑桥图书馆存有关于剑桥所藏的16世纪书籍的印刷本《亚当斯目录》；然而，花了几个月的时间，我才发现这本目录记载得并不全。圣三一学院是艾萨克·牛顿（Isaac Newton）的母校，也是剑桥最富有的学院，实际上它藏有三本第一版拷贝，而《亚当斯目录》上只列出其中两本。图书管理员说，那第三本拷贝是多余的，因此没有被列出，这似乎有些道理。但最终，圣三一学院的董事们意识到他们处于两难的抉择中。哥白尼著作的第一版拷贝当然是稀有的，但就算这样，他们也并不需要有第三本，可是，如果这本拷贝在苏富比拍卖的话，它的珍贵程度足以在新闻界引起骚动，人们会说圣三一学院在挥霍他们祖传的珍贵财物。所以，圣三一学院的人乖乖地放弃了任何拍卖这本拷贝的企图。①

圣三一学院始终打算保留的两本第一版拷贝被证实是我在剑桥找到的七本拷贝中最有趣的两本。其中一本早在 1570 年就被带到了英格兰，其最初的拥有者是曾与《天体运行论》第二版的印刷者合作过的一位巴塞尔书商。这本拷贝有大量细致的评注，评注者很可能是牛津学者爱德华·欣德马什（Edward Hindmarsh），他最终将自己的藏书遗赠给牛津的圣三一学院。而关于这本书是如何从牛津到了剑桥则有一个曲折动人的故事：这本拷贝在 1794 年由苏塞克斯郡特拉弗德的一位教区长斯蒂芬·斯特里特（Stephen Street）在一家书店购得，他在封面内侧写下了如下的告白："这很可能是一本第一版的拷贝，如果真是这样，那么它会值很多金币……但愿我不会被当作一个贼，因为我从怀特先生书店买下的这本书，并把他们所开的包裹单贴在了里面。"然而，斯特里特年迈的父亲将拷贝

① 也许这是个很好的选择，因为在出售收藏品时常常会有始料未及的风险。圣三一学院曾取消了一本笛卡儿《几何学》（*Geometry*）拷贝的出售，后来发现这本特别拷贝的页边各处竟然散布有牛顿手书的重要评论。然而，最令人瞩目的一个例子不是在剑桥而是在德国的哥廷根大学。该大学的图书馆曾拥有两本牛顿的《数学原理》拷贝，于是他们决定卖掉其中不太整洁的一个，那上面有某位前任拥有者的很多标记。就在第二本被让出之后，有人发现那个"弄脏"页面的评论者不是别人，正是牛顿的竞争对手莱布尼茨（Gottfried Wilhelm Leibniz）。现在，那本《数学原理》拷贝是日内瓦郊区博德梅里亚图书馆收藏的最伟大的珍品之一。

错给了剑桥的圣三一学院而不是牛津的圣三一学院，他或许认为儿子的那本书终于物归原主了。

圣三一学院的第二本第一版拷贝是在1843年纪念《天体运行论》出版三百周年的庆典中得到的，该学院的英国天文学家理查德·希普尚克斯（Richard Sheepshanks）把这本书作为礼物赠给了学院。这本书明显按照罗马教廷的修正指令被审查过，这在当时使我很迷惑，但是在书的最后部分上，集中有一些早期的似乎不怎么重要的笔记，这一点也许应该让我感到迷惑，在当时却没有。

在牛津找那些拷贝比在剑桥要困难一些，因为那里并没有出版过类似的指南。然而很快，我就在牛津大学图书馆主馆发现了一本私人索引，它引导我找到了四本分散在牛津各个学院图书馆的第一版拷贝，外加一本在牛津大学图书馆主馆里。

除了牛津和剑桥，我最初的考察地还包括伦敦，那里图书馆的数量惊人。谁能想到在“威廉斯博士图书馆”（Dr. Williams's Library）这样一个以神学藏书丰富而著称的地方也会有一本哥白尼第一版的拷贝呢？至于我是怎样找到它的，我已经记不起来了。我同样记不起来的还有，是谁告诉了我波兰协会图书馆及其拷贝，它虽有部分评注，但已经破旧得几乎无可救药。然而，对我来说，最难忘的体验并不是检视伦敦大学学院（University College，London）里的第一版拷贝，而是通向那里图书馆的路。

我在大学的哲学课上曾听说过19世纪初的功利主义哲学家杰里米·边沁（Jeremy Bentham），但从未想过还能见到他。在他死后，1832年，按照他的遗嘱，在有亲友在场的情况下，他的尸体被解剖，然后他的骨架被穿上了他生前的衣服，笔直地固定在一个密闭的玻璃罩中，这样他就可以被推到会议室中，也就可以继续参与学院的事务。被制成木乃伊的头部由一个蜡像代替。他静静地坐在伦敦大学学院正面的走廊上，玻璃双目凝视着前方，蜡制的脸上露出似笑非笑的表情。这次独特而令人难忘的邂逅，或许是对图书馆那本淡褐色的、因没有评注而难以给人留下印象的第一版《天体运行论》的一种补偿。

在追寻第一版拷贝的最初几个星期里，我对这种搜寻的远景几乎还没有什么设想。所以我只是检查这些拷贝，想知道有多少拷贝包含有严肃阅读的迹象，目的是要做一个有关存放位置的相当简明的清单，如果有评注，还要有一些关于评注程度的简要信息。我在剑桥、牛津和伦敦找到了 18 本第一版拷贝，其中只有一本从头到尾都做了评注，另外有两本在页边有一些旁注。很显然，爱丁堡的赖因霍尔德的拷贝是一个令人难以置信的幸运出发点，而评注丰富的拷贝看起来将不会有多少。也许，哥白尼这本艰深的书真的没有多少读者，甚至几乎就没有读者。

第三章

追寻哥白尼的足迹

哥白尼是什么样的人？他喜欢双关语游戏吗？他是否爱和同学或是他那些教士同事开玩笑？他喜欢音乐吗？或许他从来也没有享受过土豆、巧克力或是喝上一杯咖啡，在他的时代，这些食物几乎不会引起欧洲人味觉的兴奋，但是他是否对啤酒情有独钟呢？抑或他在意大利读研究生的那些日子喜欢上了红葡萄酒？

他是不是个子很高，皮肤黝黑，相貌英俊？他有过女朋友吗？他喜欢不喜欢孩子？唉，这些都是无法回答的问题。他没有自传流传下来，在他现存的17封书信中，有15封基本上是处理教堂的有关事务，第16封涉及货币改革，第17封则是长长的技术性的天文学论述，但遗憾的是，其中并未涉及他的宇宙论。哥白尼去世半个世纪以后，一位克拉科夫的教授开始为写哥白尼的传记收集材料，然而书始终没有写成，现在资料也遗失了。

在我开始对哥白尼著作的拷贝进行追寻之初，哥白尼其人对我来说只是一个模糊的影子。在他的出生地托伦，他锐利的目光从市政大厅里保存的肖像上射出，他的瞳孔里反射出家乡的哥特式彩窗，还有他的红色马甲，那比修道士单调的褐色装束要迷人得多。

不过，那时我对他的了解并不比对商店橱窗里的一个人形纸板多多少。但随着调查的逐步深入，通过许许多多的事情，这些最初的印象逐渐转化成了对这个人及其影响的理解。

1970 年，在我到爱丁堡的那次具有决定性的旅行之后的几个星期，我按计划又来到了乌普萨拉——瑞典最著名大学的所在地。在那里，当我看到哥白尼工作所用的藏书时，那些真实的、他所使用和评注的图书使我对他的模糊印象开始了转变。

乌普萨拉大学的天文学家们曾邀请我就我所从事的天体物理学研究进行过几次演讲。在以前的访问中，我得知这里的天文台拥有一个非常好的图书馆，于是，我在日程表中就安排了大量的时间，以独自在书架间逐本地查阅资料，不光是那些伟大的划时代的巨著，比如艾萨克·牛顿的第一版《数学原理》和约翰·内皮尔（John Napier）的《对数》（*Logarithmia*），也会眷顾许多次要却往往更为罕见的著作 ——正是它们构成了常规科学的架构。天文台图书馆有相当精彩的开普勒著作的收藏，此外，引人瞩目的是，这里还有一本难得的由哥白尼亲手做过笔记的书。在约翰·施特夫勒（Johann Stoeffler）的《大罗马历》（*Calendarium romanum magnum*）中日月食预测的插图页上，哥白尼记录了他在 16 世纪 30 年代和 40 年代初期的观测结果（彩图 1b）。

在乌普萨拉大学大量涉及哥白尼的书籍中，天文台的这一本只不过是冰山的一角。在哥白尼去世一个世纪以后，他撰写《天体运行论》主要章节时所在大教堂的图书馆，在“三十年战争”期间被瑞典人夺取，藏书被装船运往斯堪的纳维亚半岛。这些书中的绝大部分最终落到了乌普萨拉大学图书馆，在那里，它们得到了来自波兰的几代访问学者的系统查找。我去的时候，一位来自哥白尼故乡托伦的图书管理员正在大学图书馆的主馆工作，在他的办公桌上，

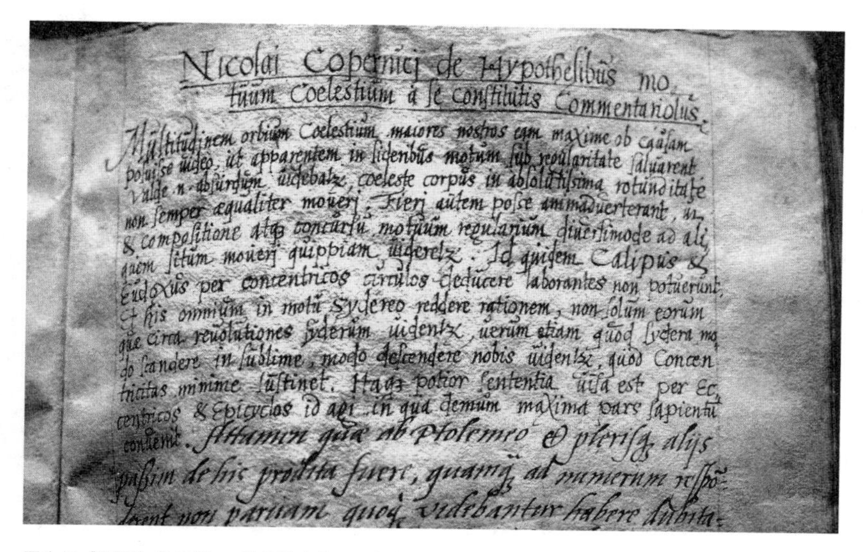

Nicolai Copernici de Hypothesibus mo-
tuum Coelestium à se constitutis Commentariolus.

Multitudinem orbium Coelestium maiores nostros eam maxime ob causam
posuisse video, ut apparentem in sideribus motum sub regularitate salvarent.
Valde n. absurdum videbatur, coeleste corpus in absolutissima rotunditate
non semper aequaliter moveri. Fieri autem posse animadverterant, ut
& compositione atque concursu motuum regularium diversimode ad ali-
quem situm moveri quippiam videretur. Id quidem Calipus &
Eudoxus per concentricos circulos deducere laborantes non potuerunt,
et his omnium in motu sydereo reddere rationem, non solum eorum
quae circa revolutiones siderum videntur, verum etiam quod sydera mo-
do scandere in sublime, modo descendere nobis videntur, quod Concen-
tricitas minime sustinet. Itaque potior sententia visa est per Ec-
centricos & Epicyclos id agi, in qua demum maxima pars sapientum
convenit. Attamen quae ab Ptolemeo & plerisque aliis
passim de his prodita fuere, quamquam ad numerum respon-
derent non parvam quoque videbantur habere dubita-

哥白尼《纲要》的三份 16 世纪抄本之一，保存于斯德哥尔摩瑞典皇家科学院的一本《天体运行论》拷贝之中

我一眼就看到了弗劳恩堡大教堂的收藏。从他那里我得到了一份哥白尼所拥有并使用过的图书的清单，并把它加入了我对天文台收藏所做的大量笔记中。[①]不过我当时实在是没有时间去查对哥白尼所用的书了。

为了继续探察哥白尼的著作，我会再去瑞典，但是当时我必须南行去哥白尼波兰的家乡，参加委员会的会议，这个会议将对即将到来的 1973 年哥白尼诞辰五百周年纪念活动做出计划。作为秘书，杰里·拉维茨主持了会议，大家评议了有关哥白尼天文学说接受史的研究进展，并且确定了一项被称为“追寻哥白尼的足迹”的旅行

① 弗劳恩堡大教堂图书馆一定曾经拥有一本哥白尼《天体运行论》的拷贝，但我们并没有找到这样一本拷贝。

考察计划。

“大会上的一些最重要的事情常常发生在旅行考察的汽车上，”在会议的一次休息时间，我的朋友和同事，天文学家耶日·多布任斯基和我闲聊，“如果没有1965年在这里召开国际科学史大会时公共汽车上的一次谈话，我们可能根本发现不了哥白尼《纲要》的第三份手抄本。”

《纲要》见证了哥白尼工作的一个早期阶段。在哥白尼的有生之年，它从未被印刷，很显然，它是一本只在哥白尼的少数几个密友之间流传的手抄本。很长时间以来，这项文献都在哥白尼专家的视野之外，直到大约1880年，一位瑞典学者才在斯德哥尔摩皇家科学院发现了第一份手抄本。几年以后，又在维也纳国家图书馆发现了第二份手抄本。最初，它被认为是《天体运行论》1543年首次出版的前十年，即16世纪30年代的产物。然而后来，研究者们发现了16世纪克拉科夫的一位来自梅胡夫的名叫马修的教授的一份藏书目录，其中的一个条目如下：“一份六页的手稿，作者在其中声称地球在运动而太阳保持静止。”当专家们注意到这个描述正是针对在斯德哥尔摩和维也纳所发现的文献时，他们认识到《纲要》出现的时间应该至少追溯到马修目录的编订日期：1514年5月。换句话说，《纲要》展现了哥白尼所构思的日心说布局的最初形式，其时间至少是在《天体运行论》正式出版的三十年前，其中还曾提出了一个与他最终在《天体运行论》中所采用的解释方法有所不同的双小本轮方案。

斯德哥尔摩和维也纳的《纲要》都不是哥白尼的亲笔手稿。它们都是出自他人之手的传抄本，并且两者之间有一些不一致之处，更别说维也纳的版本还缺失了数页。因此找到另一本更早的拷贝就会更有价值，而一次公共汽车的搭乘成为了催化剂。1965

年，一次会议期间从华沙到克拉科夫的短途旅行中，多布任斯基和苏格兰专家怀特曼（W. P. D. Wightman）在车上进行了一次偶然的谈话，后者谈到了在他家乡的阿伯丁大学所藏的一本《天体运行论》的拷贝中有几张插页，插页上的一些评注有些奇怪。评注者是16世纪的苏格兰人邓肯·利德尔（Duncan Liddel），他曾在欧洲北部的罗斯托克教书，回阿伯丁的时候，他收集了丰富的欧洲大陆的书籍。根据怀特曼对评注所做的部分描述，多布任斯基猜测利德尔的藏书中可能有《纲要》的另一份拷贝，这个直觉后来被证明是正确的。而这份拷贝就是20世纪60年代哥白尼研究中最重要的文献了。

有机会与多布任斯基讨论我在苏格兰的新发现，使得参加1970年的委员会会议变得非常难忘。那时，他正迅速地成长为一名重要的哥白尼权威；他特别专注地听取了我有关赖因霍尔德那本被详尽评注的拷贝的消息。

“如果你要对《天体运行论》拷贝进行研究，那么你就应该对待第二版像对第一版拷贝一样留心。”他这样建议道，“邓肯·利德尔把《纲要》抄到一本第二版拷贝中，而第谷·布拉赫对一本第二版拷贝做了评注，这本重要的拷贝现存于布拉格。在学者们普遍接受哥白尼体系的很早以前，第二版《天体运行论》就在1566年出版了，所以，如果你同时考虑两个版本，那么你发现有趣评注的机会就会翻倍。”

要使我相信他的建议是有益的，并不需要做太多的努力，因为在乌普萨拉大学天文台图书馆，我曾正好看到一本第二版的拷贝，其中包含有一份哥白尼的“反对沃纳的信”的早期手抄件。这封信哥白尼写于1524年，其实就是对数学家约翰·沃纳（Johann Werner）两年前在纽伦堡出版的一本书的评论。它是一篇很长而且技术性很强的评论，涉及我们当时称为“第八天球的运动”而现在称为“分点岁差”（precession of the equinoxes）的问题[①]，尽管信中根本没有谈到他的日心说，但它是哥白尼现存的唯一一封谈论天文学的信件。这封信的16世纪抄本，现在已知的只有四份。很显然，既然在《天体运行论》的第二版拷贝中有了这样重要的发现，那它们最好也应该都被检查一下。

所以我立刻就接受了多布任斯基的建议，在我的调查中把第二版涵盖在内，只是那次在华沙，因为停留时间过短而没有坚持这点。那次我只是看了那里唯一的一本第一版拷贝，它位于华沙大学图书馆。在堂堂波兰的首都，却只有唯一一本第一版拷贝，这看起来确实有点不太正常。其实，波兰国家图书馆还曾经有过一本拷贝，但在第二次世界大战期间图书馆关闭的那些日子里，收藏被肆意破坏，那本国宝级的拷贝也不幸遗失了。不管怎样，现存于华沙大学图书馆的这本拷贝评注还是很丰富的，包含有对开普勒和法国天文学家皮埃尔·伽桑狄（Pierre Gassendi）的引用，很显然这些评注来自17世纪。很久以后，我才发现其中大多数评注并不是在世上独来独往的，我在多伦多找到了一本第二版拷贝，它的旁注内容与华沙拷贝上的评注有着紧密的联系。

我很久没有再回到波兰，直到1972年的夏天。那时候，五百周年纪念活动的准备工作已经进入最后的阶段，我们到哥白尼待过的城市做了一次旅行考察，包括利兹巴克（Lidzbark）、奥尔什丁（Olsztyn）、弗龙堡，还有托伦。

---

① 分点岁差是指天文学上的春分点以每年约50.2秒的速度在黄道带上逆行的现象；在托勒密体系中，第八天球即恒星天球。——译者注

哥白尼的舅舅卢卡斯·华森罗德（Lucas Watzenrode）在1489年成为波兰最北部的瓦尔米亚（Varmia）天主教区的主教，他给他的侄子们（尼古拉和他的哥哥安德鲁[①]）提供了生计，委派他们到弗劳恩堡大教堂做教士，那里是这一教区的宗教首府。才接受了委派，尼古拉就赴意大利度过了几年的研究生生涯——事实上，他是在博洛尼亚才正式接受委派的。他在那里学习民法和教会法，以适应一个未来的教会管理者身份，同时他还寄宿在一位天文学教授家里，这使他对星空的兴趣更加浓厚。在1501年兄弟俩短暂地返回弗劳恩堡并宣誓成为教士，然后继续请假赴意大利完成学业。第二次逗留意大利期间，他又在以医学教育著称的古老的帕多瓦大学学习医学，而最终他在附近的费拉拉大学获得了教会法的博士学位。[②]

从意大利回国之后，在1503年到1510年，他主要是与舅舅一起居住在利兹巴克的主教宅邸。那高大而庄严的砖结构哥特式建筑至今仍旧给参观者留下深刻的印象。尽管缺少了有关哥白尼的痕迹和物什（后来我们在奥尔什丁找到了此类东西），它仍然在阳光下熠熠生辉，可以说是一个很上镜头的历史古迹。然而，很可能就是在这样的环境里，哥白尼决定避开教会政治，放弃成为他舅舅继任者的大好机会，而将精力逐渐转向了天文学。尽管1511年哥白尼将自己的主要居所确定在弗劳恩堡，但我们的旅途首先停留在了位于弗龙堡东南50英里的奥尔什丁。

从1516年到1519年，哥白尼在奥尔什丁城堡居住了大约三年时间。在1520年，他开始了第二段任期，成为主教教区南部分

---

① 他们名字的英语拼法是Nicholas和Andrew，而拉丁语拼法是Nicolaus和Andreas。——译者注

② 专家们推测节俭的哥白尼在费拉拉得到了他的学位，但他并没有真正在那里学习过。因为在那里他一个人也不认识，因此他还省下了一笔奢侈的毕业派对开销。

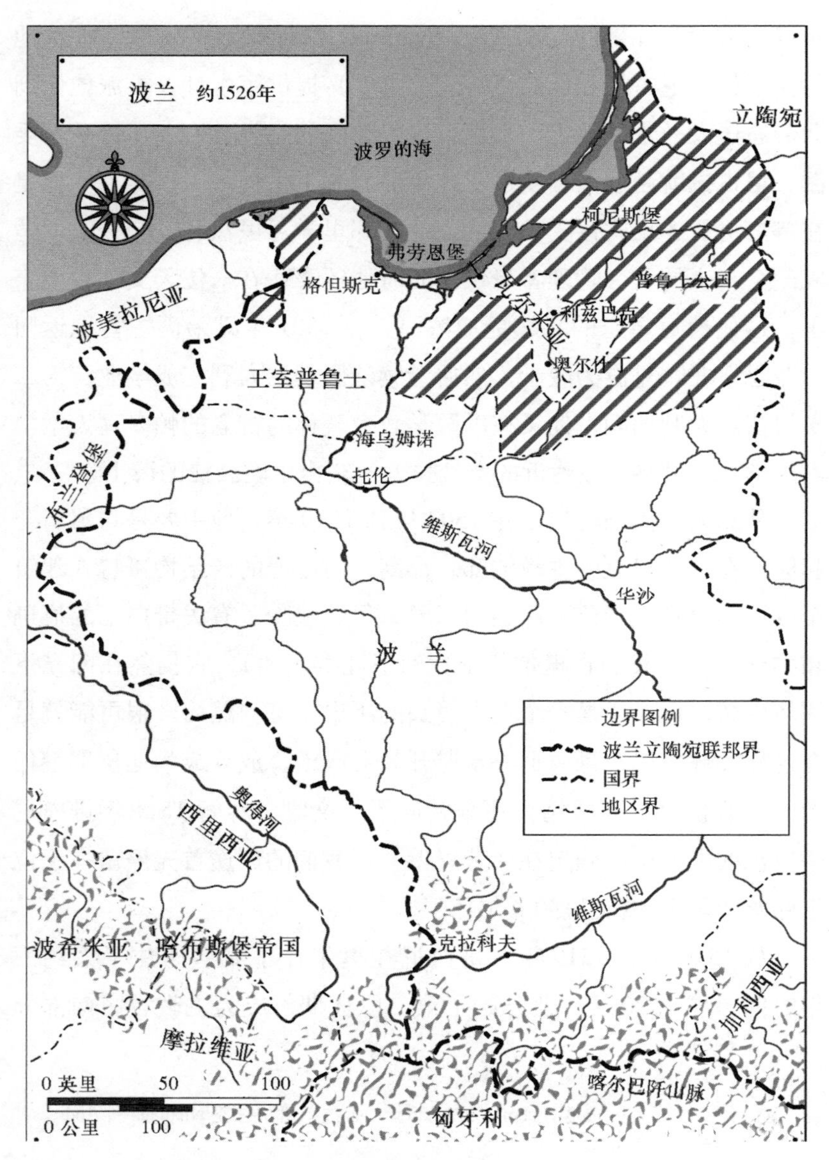

波兰最北部的瓦尔米亚主教教区，四周围绕着条顿骑士团的领地

位于弗龙堡大教堂的哥白尼塔楼。哥白尼曾在此生活和工作了近三十年，但是由于纬度较高和临近海滨水汽较大，这里并不是一个良好的天文观测场所（译者补图）

区的行政主管后，仍断断续续地在那里居住。当他们委任哥白尼为行政主管时，他作为瓦尔米亚大教堂教士中的一员已接近二十年时间。作为一个大教堂的教士，行政主管是他所担任的最重要的职位之一。他游历了自己辖区的各处，到过一百多个村庄，征缴税收，主持公道。而在我们这些旅行考察者看来，他在这里最大的成就莫过于建造了一个反射式日晷，这个仪器可以通过一个小镜子对太阳光的反射，而沿着城堡的门廊高处追踪太阳每天以至全年的轨迹。

我们考察之旅的高潮是在到达弗龙堡时达到的，哥白尼在这里的大教堂建筑群度过了他成年时期的大部分时光，并且苦心创作了《天体运行论》。这座大教堂是砖结构哥特式建筑的历史古迹，它在一个峭壁上的高大围墙中俯览着维斯瓦河的一个出海口。从 1514 年开始，在刚刚写完《纲要》之后，哥白尼在大教堂正对面石墙的塔楼上租了一个住处。他住的塔楼大约有 50 英尺高，厨房和餐厅在底层，卧室和起居室在中层，而顶层是一个光线颇佳的工作室。在这个俯视整个教堂建筑群的高度上，哥白尼潜心构思着他的著作。

奥尔什丁和弗龙堡都藏有《天体运行论》的拷贝，但鉴于当时旅行的日程安排太紧，我也就没有时间去查看它们了。我们不得不抓紧时间，在傍晚时赶到了哥白尼的出生地托伦，这样我们就赢得了短暂的时间，于薄暮降临之后，在这个古老而迷人的城市略作徜徉。在逐渐暗淡下来的光线中，我们仍然可以看到，即将到来的纪念活动对这个城市已经产生了影响——新刷的油漆和崭新的建筑减轻了通常铁幕之下的破旧寒酸。我的一位来自布拉格的同事兹德涅德·霍尔斯基（Zdened Horsky）感慨道："真可惜，并不是每一个波兰城市都有这样的机会啊！"

哥白尼筹备委员会的这次旅行一结束，我就动身前往克拉科夫这一波兰南部的历史上著名的大学城，来自八个国家的十位历史学家被邀请到那里，组织编撰一部国际性的多卷本巨著《天文学通史》。这项计划的发起者是克拉科夫的天文学教授欧金尼兹·雷布卡（Eugeniez Rybka），但实际上的带头人是我，是我召集了这样一个组委会，并把它带到了克拉科夫。

这次造访使得我们有机会去看一看那所古老的麦乌斯学院（Collegium Maius），15 世纪 90 年代，哥白尼曾是那里的大学生。那华丽的中世纪模样的教室，木制的长凳和墙壁上画的几何图表，昭示着这个地点所特有的精神，哥白尼或许正是在这里学习算术、几何、音乐和天文学的。尽管墙壁上的画图是后来才有的，但我仍然被那里遗留下来的气质感动。楼上陈列的是麦乌斯学院引以为荣的一些哥白尼在世时的早期黄铜仪器的精彩收藏，尽管它们是在哥白尼离开这里去意大利上研究生之后数年才被学校购进的。收藏中最宝贵的是一个黄铜做的地球仪，这个最早绘制出美洲的仪器优雅地提醒着我们，哥伦布、韦斯普奇与年轻的哥白尼生活在同一个时代。

在克拉科夫所有有关哥白尼的收藏中，最珍贵也是最重要的当数那份《天体运行论》真正的手写本。当雷蒂库斯最终说服他的老师出版这本手稿后，他们就给印刷商复制了一份，而哥白尼自己保留了原始的工作稿，因为他经常要把其中作废的部分去掉，换上新的。哥白尼肯定在手稿上继续着他的工作，因为印刷的版本附有一个勘误表，而其中所列的同样错误也被哥白尼亲手标注在原始手稿上。对此，一个合理的解释就是，哥白尼读到了书的校样，当他发现其中的错误时，就回到他的手稿上更正这些错误。

哥白尼死后，原始的手稿传给了雷蒂库斯，而在1574年后者去世后，又由他的学生瓦伦丁·奥托（Valentin Otto）所继承。一个世纪后，手稿到了但泽的著名观测者约翰内斯·赫维留斯（Johannes Hevelius）的手中，此后便下落不明，直到1840年，哥白尼专家们才得知这份手稿存于布拉格的一家私人图书馆中。第二次世界大战结束后，捷克斯洛伐克把这件宝贝借给了波兰，结果，波兰人却把它完全据为己有，并存放在哥白尼母校雅盖隆大学（Jagiellonian University）的图书馆里。而一个社会主义国家如果太过强烈地抗议其兄弟邻国就显得非常不体面，因此这件珍贵的文献就留在了波兰。

作为《天文学通史》组委会成员文化拓展的一部分，我们都去参观了雅盖隆大学图书馆的手稿部，在那里，我们仔细比较了原始手稿与波兰科学院哥白尼委员会印行的仿真本。仿真本有普通版，也有豪华版，后者有着根据原稿复制的仿真装订和手工裁剪的与原稿用纸相似的粗糙页边。豪华版做得如此逼真，以至于后来有一次，当我的一些同事看到它在一个博物馆的展箱里展出时，一时间

哥白尼《天体运行论》的亲笔手稿，查尔斯·埃姆斯摄于克拉科夫的雅盖隆大学图书馆

竟以为是真品。①

设计师查尔斯·埃姆斯（Charles Eames）为一睹《天体运行论》的原稿，也拿着照相机，加入了我们这个历史学家的小组。我第一次见到埃姆斯是在一次哈佛教员俱乐部（Harvard Faculty Club）

① 哥白尼五百周年诞辰纪念的几年以后，我接到一位芝加哥书商打来的电话询问豪华版仿真本的估价，那时这种仿真本已经绝版，价值数百美元。没用多长时间我就猜出发生了什么。一位好心但又有些不谙世事的芝加哥市民，也是位波兰裔的美国人，向阿德勒天文馆赠送了一册仿真本，他希望因此就能减免税额。而问题在于，他错把赠给天文馆的仿真本当成了哥白尼的原始手稿。

的午餐中。那时我只知道他是著名的埃姆斯椅的设计者，那种椅子有高高的塑形胶合板和黑色的皮垫，并配有一个五条腿的土耳其式有垫脚凳。午餐期间，我很快了解到他曾为 IBM 公司在 1964 年纽约世博会的展位设计过多屏展示。那次午餐后不久，我开始和他商议 IBM 的一次有关计算机历史的展览，这项任务使我常常会光临他在加利福尼亚州威尼斯的设计室。在纽约 IBM 总部的计算机历史墙完成了一两年之后，我建议他应该为即将到来的哥白尼五百周年纪念活动做些设计。埃姆斯爽快地答应了，还劝说他的 IBM 资助人在他们位于麦迪逊大街的展示厅做一个哥白尼的展览。这就是他也会到克拉科夫的原因。

《天文学通史》的会议结束后，我和埃姆斯一起在这个古老的大学城进行了一次摄影旅行。他用他敏锐的眼光，捕获了老市场广场周围木材和石头的纹理，还有圣玛利亚教堂及其庄严的圣坛雕刻，这是 16 世纪士瓦本的木雕师法伊特·施托斯（Veit Stoss，波兰语名为 Wit Stwosz）的杰作，这件珍宝是在哥白尼刚刚到克拉科夫上大学时才装好的。不久，埃姆斯说他想回图书馆拍一些哥白尼手稿的细节。尽管对是否会得到允许完全没把握，特别是当时正值图书馆规定的假期，但我愿意一试。

“他想要拍多少张照片？”一个管手稿的图书管理员拉着长脸问我。我知道查尔斯的摄影技术很专业，并且每得到一次机会，他就可以拍上三到四卷，因此我很谨慎，取巧地回答：“大概需要十处吧。”这个数量应该很有把握了，这可以使他在每一个挑选出的书页上做无数次的曝光。

得到许可后，我挑选了七处要拍摄的地方，就从那个著名的日心说平面示意图开始，而查尔斯也进来设置好了他的无线引闪系统。那些图书管理员对这个高科技装置的魔力产生了极大的兴趣，以致他们几乎没有注意到，在这七处地方，查尔斯已经拍摄了近两百张照片，他们甚至还建议再拍摄另一页，因为页边空白处有带有哥白尼拇指指纹的墨迹。

第二天天刚亮，我们就起来了，带着照相机在克拉科夫做了最后几个小时的拍摄。随后，我们整理行装，向乌普萨拉进发，去参观那里的哥白尼的图书馆——就是一年半之前我在瑞典之旅中匆匆一瞥的那个地方。我永远也不会忘记在我们到达斯德哥尔摩北部阿兰达机场时，埃姆斯那大吃一惊的样子。在候机室四下环顾，他用既吃惊又带有明显兴奋的语气冲我喊道："这些都是我们设计的椅子！"

我是带着那些波兰研究者的成果到瑞典的，确切地说，是带着标着存有原属弗劳恩堡大教堂那些书籍的排架编号的清单去的。在大学图书馆，我花了将近一早上的时间，才填完了所有的索书单，这样我就可以拿到分散在不同位置的那些哥白尼确实拥有或使用过的图书。

那些书配齐后拿在手里，由兴奋而产生的敬畏和激动很难再现。这是哥白尼用过的一本托勒密所著的《至大论》，还有一些他在克拉科夫装订的星表，上面有一些稀疏的工作笔记，隐约提示着一些有关他创造性工作的进展。还有一本是他的希腊词典，在前面的空白页上有手写的哥白尼的名字，也是用希腊文写的。1500年左右在意大利上研究生时，哥白尼买了这本书，他使用它来翻译一位名声不大的拜占庭书信家狄奥菲拉克图斯·西莫卡塔（Theophylactus Simocatta）的书信集《田园、道德与爱情信札》。这本书1509年在克拉科夫印刷出版，现在已经非常罕见了。现代学者们批评哥白尼的翻译手法过于呆板，极度拘泥于不够完备的词典；他所做的努力也几乎无法与那些出色的意大利翻译家相比。但从另一个角度看，由于阿尔卑斯山以北人文主义的复兴进程非常缓慢，哥白尼还是那里第一个做这类翻译的尝试者。

最令人感到震动的是那装订成三大本的书，它们用同样的白色猪皮装订，是由专程至此的年轻天文学家雷蒂库斯带来的，并题有“吾师，哥白尼”的字样（彩图 4a）。包括刚刚才在巴塞尔出版的希腊版的托勒密《至大论》，但也许更有心计的是，其中有三部著作是由纽伦堡的佩特赖乌斯出版的。一种关于雷蒂库斯作为出版商代理人的想象跃入我的脑海。由于经常有出版社的代理造访我的办公室，带来他们的样品并希望我能够签约成为他们的一位教科书作者。因此，脑袋不需要转什么弯儿，我就可以想象出雷蒂库斯把那些美观的书卷呈递上来的情景，雷吉奥蒙塔努斯的《三角学》、彼得·阿皮安（Peter Apian）的《运动学的首要工具》（*Instrumentum primi mobilis*）、维特罗（Erazmus Ciolek Witelo）的《光学》（*Optika*），不用做什么巧妙的暗示，这些纽伦堡的精美工艺本身就可以说明，佩特赖乌斯的印刷厂就是哥白尼本人著作印刷出版的最恰当地方。

埃姆斯和我把那些书拿到一个开放着的阅览室，将它们排列在一个长桌上。柔和的阳光从窗中滤过，斑斑点点，照亮了那排书。我们全神贯注地用尼康相机工作着，捕捉着那些 15 世纪和 16 世纪珍宝的纹理和图案。对于记录这份令人涌起往事的收藏品的精神，它们很可能是所曾拍摄过的最好的照片（彩图 5a 和彩图 5b）。

与这些书在一起工作，对我来说正是那十天转变中的巅峰，在这十天的考察中，我头脑中的哥白尼从一个模糊的、神秘的中世纪形象转化成一个全面的真实的人。是什么令哥白尼的形象鲜活起来了呢？是因为看到了哥白尼曾经生活和研究过的地方——弗龙堡大教堂的房间和矮墙？或者是因为看到了克拉科夫麦乌斯学院的教室？难道是年轻的雷蒂库斯带着他的书籍礼物软言相劝，令这位上了年纪而又有些固执的大师同意出版其作品的景象吗？又或者是他在天文学星表中四处留下的手写笔记，那是几乎不见踪迹的日心说探索的珍贵线索？

不管怎样，把他在乌普萨拉的藏书重新找到一起，并放在阅览室摇曳的阳光下，最终使我发自内心地相信，一个有血有肉的哥白尼真实地存在过。对我来说，把哥白尼想象成一个有真正个性的人不再是困难的事，他活过，梦想过，甚至在挥洒汗水研究几何和进行计算中耗尽了午夜的灯油。桌上摆着书卷，手中持着笔，他努力洞悉前人的智慧与知识，而这些将成为他天文学改革的根基。

随后的数月中，我又多次去过埃姆斯在加利福尼亚州威尼斯的办公室，与他商讨有关五百周年纪念展览的计划，他将在纽约IBM总部临街的一层大厅建立这个展览。所以，即使只是麦迪逊大街上的一个过路者，也至少可以部分地看到查尔斯和助手们用丰富的想象所设计的哥白尼展示品的复杂奥妙之处。

"我想展览中如果有一些原件的话，感觉会更好。"一次我去找他，他提出了这样的建议。于是在第二天很早，工作人员上班之前，一个16世纪的黄铜日晷碗、一本第一版的《天体运行论》，甚至还有美国仅有的五本1540年版《初讲》中的一本。[①]当然，我还慷慨地拿出我自己的几本藏书，我认识到，埃姆斯是在营造一种逼真感，一种在不同世纪间架起桥梁的联系。我的一位同事曾这样形

① 路易斯·维尔大学慷慨地借出了他们的《初讲》。另外四本在美国的拷贝分别存于哈佛大学、耶鲁大学、伯恩迪图书馆（现在的史密森学会迪布纳图书馆），以及加利福尼亚州罗伯特·哈尼曼（Robert Honeyman）的私人收藏。此后，哈尼曼的拷贝被拍卖，成为意大利唯一的一本位置确定的拷贝。那时至今，又有两本以前未曾记录的拷贝来到美国，其中一本成为私人收藏，另外一本进入了堪萨斯城的林达·霍尔图书馆。

弗龙堡大教堂正殿。查尔斯・埃姆斯为 IBM 举办的哥白尼诞辰五百周年纪念展所摄

容道："使用复印的拷贝就像隔着玻璃板亲你的老婆。"当你玩味这些古老的图书，特别是当一位昔日的学者在书页空白处曾留下过他的痕迹时，一种同文艺复兴的联系就触手可及了。

除了这些原件，埃姆斯还渴望通过大量质地优良的照片来再现哥白尼所处的环境，但他马上意识到，他的资料库中并没有弗龙堡的图片。于是他决定飞回波兰去，去拍摄一些在秋天琥珀色光线中的北部乡村景色。"如果你到大教堂去，"我和办公室的工作人员都请求他，"一定要照一张很难拍的教堂正殿的照片。"于是查尔斯立刻飞到华沙，雇了汽车和司机，去波兰北部拍摄。他拜访了托伦，并拍摄了一张悬挂在市政厅的哥白尼肖像的漂亮照片（彩图3）。我尤其赞赏他的弗龙堡大教堂正殿的照片——他带了一架建筑师专用的相机，这样，他就能够不失真地拍到这个哥特式拱形结构的高阔景象。

而我更为钦佩的是埃姆斯在返程飞机上所完成的工作。他开始非常努力地思考哥白尼关于行星运动的日心模型与传统的托勒密地心方案有怎样的不同。两种理论的排列都需要有两个圆来解释从地球上看到的火星的运动。在哥白尼的模型中，地球的轨道与火星的轨道都是围绕着太阳的。而在地心说体系中，地球静止于中心位置，有一个传输的大圆（均轮）围绕着它。第二个圆（本轮）环绕火星并且其圆心位于大圆的轨迹上。查尔斯知道，每一种模型都必须给出同样的结果，因为每一个系统都要反映出同样的观测现象，而他想要做出一个动态的模型来展示这些。当他飞到洛杉矶的时候，他已经绘出了装置草图，设备需要有幕后的联动装置（用自行车链条完成）。装置的正面就像这样，每一种布局中由直杆表现视觉所见的从地球到火星的观测线。

到达加利福尼亚州的威尼斯后，他把他的方案交给了工作室

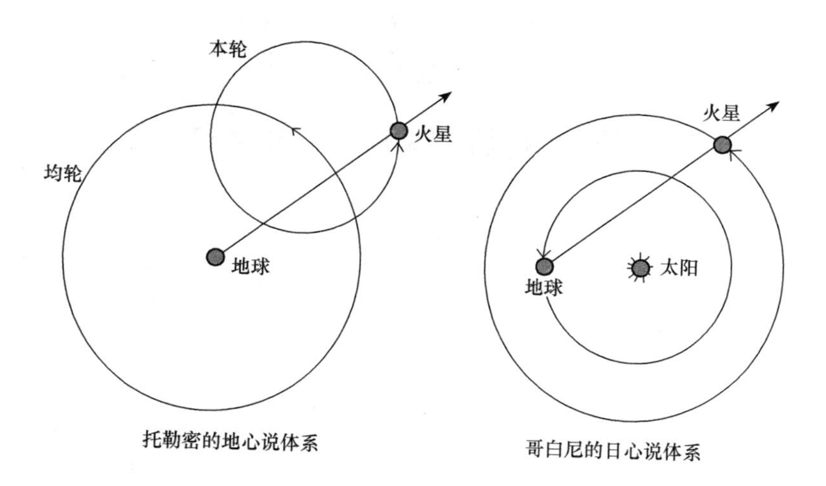

的技师，几天后，可以运转的模型出来了。在1972年12月开幕的展览上，埃姆斯的机器毫无差错地连续运转了大约六个月（彩图1a）。在圆转动的同时，表现视觉所见的从地球到火星观测线的直杆总是保持平行。每次当火星转到本轮内侧的时候，均轮与本轮的逆时针运动组合就导致地心模型中直杆暂时的顺时针摆动，即所谓的逆行。只要这些发生，在日心模型中，运动更快些的地球总是最靠近火星并绕过它，于是日心模型的直杆与地心模型的直杆完美地保持一致。这个杰出的演示表现出两个体系的等价，而其他行星的情况与火星相同。数年后，我的几个学生在计算机屏幕上模拟了埃姆斯的模型，但没有一个人能再用自行车的链条做到这一切。

第四章

大斋节的椒盐脆饼与本轮的传说

在《天体运行论》的扉页上题着一句希腊语格言——“未受几何教育者不得入内”（Ageometretos medeis eisito），据说这是题写在古代雅典的柏拉图学园大门上的格言。因此，任何一个能够读懂这句希腊语的购买者，都很有可能已经掌握了几何学。然而，我发现，对于著作开始有关宇宙论的章节，很多拷贝上都有简单的评注，可是没想到，随着内容在数学上的深化，评注就逐渐消失了。在前几章中，哥白尼为一个日心行星体系的蓝图提供了他最强有力的论证，论证是基于简单、和谐与美感的，因为那时望远镜还没有发明，也就不可能找到令人满意的观测数据以证明地球的运动。与托勒密体系相似，哥白尼的日心说模型也给出了一个相当不错的预测，许多天文学家之所以被它吸引，只不过是想要了解另一种能或多或少地给出同样预测的途径而已。就像梵蒂冈罗马学院（Collegio Romano）的一位耶稣会天文学家克里斯托弗·克拉维于斯所说的，哥白尼只是说明了托勒密的行星布局并不是唯一的方法。但是，任何一个想要弄清楚其运转细节的天文学家都必须接受过良好的几何学教育。

约翰内斯·开普勒点燃午夜的油灯，默想着完成乌拉尼亚（古希腊神话中掌管天文的缪斯女神）的圣堂需要怎样的穹隆。选自开普勒《鲁道夫星表》（*Rudolphine Tables*，乌尔姆，1627）的卷首插图

在彻底致力于哥白尼追寻的前十年间，我已经投身于约翰内斯·开普勒的研究中。开普勒是一位德意志天文学家，他出生的时间比他的波兰前辈晚了几乎整整一个世纪。1971 年是开普勒诞辰四百周年纪念，刚好比哥白尼诞辰五百周年纪念早了两年。我常说，我的天体物理学事业就是被那些周年纪念搞得"心有旁骛"的，事实上就是这么回事儿。

开普勒，这位我们今天所了解的哥白尼体系的真正锻造者，是阿瑟·克斯特勒《梦游者们》一书中的英雄。一些批评家表示，克斯特勒的书名应该叫《梦游者》，因为他的书中，只有一个在黑暗中摸索的正面科学家的例子，那就是开普勒。有几个甚至更为观察入微的批评家则认为，他的书中连一个例子都没有，这个看法被学者近来的研究证实。开普勒在他那本关于发现火星轨道是椭圆形状的《新天文学》（*Astronomia nova*）中说道："我仿佛是从梦中醒

来。”读者几乎没有理由去怀疑，这样的叙述除了是坦率的自陈还能是什么。但读者无法知道，它事实上是开普勒对其个人发现史的一个精心构造的重写，其目的就是说服他的读者放弃那些理想的圆形轨道，这种思想几乎与日心说一样激进，后者只不过是早了几代人而已。其实开普勒根本就不是在梦游，那些手稿表明他知道他在做些什么，甚至表面上看起来的死胡同，他在后文都得以利用。开普勒知道，借助于他的导师第谷·布拉赫，他得到了比托勒密或是哥白尼所能够达到的准确得多的观测报告，而这些也表明早期的计算方法绝不能满足要求，特别是对于火星。这时，新的计算方法是必需的。

虽有种种错误，但克斯特勒这本书在我读来十分精彩，颇具启发。1959 年，我读该书的时候，几乎完全醉心于天体物理学的计算，开发着新近可利用的电子计算机革命带来的力量。数年后，在我几乎不分节假日地寻解一个历史上的计算问题时，事情很有希望地联系到开普勒身上，在《新天文学》的开始部分，我偶然发现了一段让人很感兴趣的陈述，开普勒写道：“亲爱的读者，如果你被这单调乏味的处理步骤弄烦了，请可怜一下我吧，因为我已经至少算了七十多次。”根据四份观测数据，开普勒一直在尝试寻解火星非圆形的轨道，但由于无法找到直接的答案，他便试图通过一系列的迭代法而寻求结果。计算机对重复性的操作非常擅长，解决这个问题看起来就像是一种完美的演示。于是，我将开普勒的几何问题在史密森天文台的 IBM7094 计算机上编成程序，输入他的观测数据，用了 8 秒钟，进行了最低所需的九次尝试，那台计算机就解决了这个问题。虽然今天的计算机可以在瞬息之间解决这个问题，而在 1964 年，8 秒钟已经感觉像闪电一样快了，而当时的计算机杂志正好热衷于这样的结果。

但是这就令我产生了一个疑惑。如果IBM7094只需九次尝试就解决了问题，那么为什么开普勒却至少算了有七十次呢？难道是他犯了如此多的计算错误以至于迭代完全不能收敛吗？我想，找到原因的一个办法就是检验开普勒的手稿记录。这与研究哥白尼的情况不同，哥白尼除了《天体运行论》的手稿以外，现存的手稿研究材料非常之少，而对于开普勒来说，则有大量尚未完全利用的档案资料。其中大部分的手稿是在俄罗斯圣彼得堡发现的。一些图书馆的调查显示，我所要找的相关内容，可能存在于这座当时被称为列宁格勒的城市的科学院档案馆里，是在开普勒文稿档案的第14卷中。于是，在1965年，我就请求他们提供那卷手稿的微缩胶卷。此后的五年中，每隔半年我就会向苏联当局申请一次，在国际天文学大会上遇到苏联天文学家也会提起我的请求。终于，在1970年，我真的得到了那个微缩胶卷，一卷质量极高的胶卷。档案管理员拆散了书册的装订，以便能够拍下完整的页面，不会因为装订线的阻碍而漏掉什么细节。

有了这个胶卷，我立刻得到了一个教训，这个教训我曾经被迫接受过多次。人们在缺乏证据的情况下，可以通过明显是后见之明的东西来理性地重建所谓发现的诞生过程。但开普勒所走的是没有人走过的路，他在尖端科学晦暗不明的存在中辛苦跋涉，而真正的事实情况与简洁合理的重建简直是天壤之别。尽管开普勒是容易犯计算错误不假，但这并不是他的根本问题。在研究中，开普勒从伟大而高贵的丹麦观测者第谷·布拉赫那里得到了那些具有开创性的观测数据，使他能够达到托勒密和哥白尼都无法预测的更高的精确性。与他的前辈们相比，开普勒所获得的遗产是空前的。然而，开普勒却很难准确地找到他所需要的观测数据，所以，他不得不在研究中加入一些同时期的其他观测数据。这个过程的本身导致了错

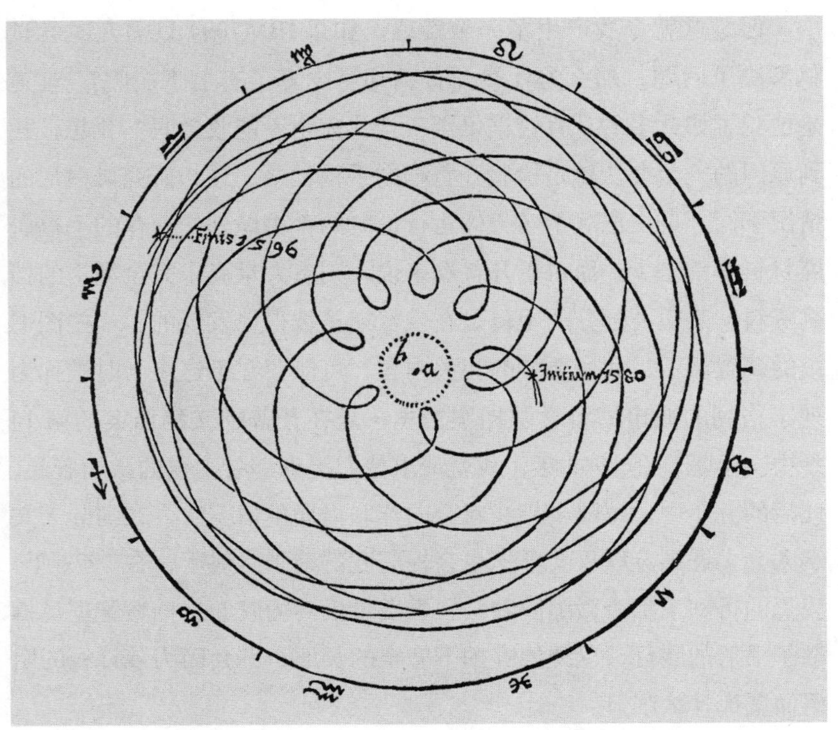

开普勒为火星的地心轨道而绘的“大斋节椒盐脆饼”，出自其《新天文学》（布拉格，1609）的第一章

误，而开普勒又被迫进行多重迭代计算只是为了找出矛盾所在。通过研究这个过程，并且更广泛地考察手稿材料，使我能够在1971年开普勒诞辰四百周年纪念活动期间提醒我的同行们，开普勒的《新天文学》绝不是一个简单的、线性的、有关他是如何得出他有关火星之结论的自传性报告。

在我收到列宁格勒的微缩胶卷之前的那几年，我越来越对开普勒《新天文学》中有关技术的内容感兴趣。这本书与哥白尼的《天体运行论》和牛顿的《数学原理》并称为16世纪和17世纪天文学革命中的奠基三部曲。与《天体运行论》和《数学原理》明显不同的是，开普勒的《新天文学》从未被翻译成英文。在两名训练有素的古典语言专业学生的帮助下，我决心来填补这个空白。而这就是我会遇到开普勒的"大斋节[①]椒盐脆饼"的原因。

开普勒《新天文学》的副标题是"关于火星的解释"；他以他尝试解决的观测问题作为开篇，即对地球上看到的有关火星的现象做出解释。在这里，他精心绘制了一幅图表以展示在1580—1596年间，火星相对于地球的运动轨迹。这幅图表就像是来自于地球和火星轨道平面上方很远的地方的一个宇航员眼中的视野。火星不断重复着与地球（图中固定于中心的a点）的接近，做逆向的回转，在大约两年后于黄道上前一回转以东约50度的位置再次后退并重复这样的过程。大约每17年，这些循环的交线就会布满天空，这期间，火星自己会绕地球八圈。

在著作的拉丁文原文中，开普勒说，最初他倾向于把他的图表当作一个线球，但他又想到了更好的称呼，他宁愿把它称为一个"panis quadragesimalis"。我认出"panis"是"面包"的意思，但"quadragesimalis"是什么呢？是四十分之一？四十次？在任何一本拉丁文词典中都找不到这个词，但我忽然想到一位哈佛大学的导师科恩（I. B. Cohen）教授给我的忠告，他建议我在对一个文艺复兴时期技术上的拉丁文单词无能为力时，就试试未删节的第二版《韦氏词典》（它与第三版不同，仍然保留了许多废弃的单词）或是

---

① 大斋节是基督教为准备耶稣复活节而斋戒悔过的节期，西派教会大斋节始于耶稣复活节前六周半的圣灰星期三，节期禁食40天（星期日除外），以效法当年耶稣在旷野禁食。这种习俗始于使徒时代，最初斋戒严格，斋期每天只许晚间一餐，不许食用肉、鱼、蛋和奶油。在西方，斋戒日趋松弛，天主教的严格斋规在第二次世界大战期间被扬弃，目前仅以圣灰星期三和耶稣受难节为斋戒日，但仍强调悔罪。——译者注

《牛津英语词典》。词典上的解释是："属于大斋节时期的；大斋节。"这个解释反过来导致了我对"panis"历史的调查，它可能并不是"面包"那么简单。

那时，我妻子米里亚姆和我正好得到了一套《不列颠百科全书》，作为促销手段的一部分，推销员承诺，如果这套百科全书中对任何一个合理的问题没有作答，那么他们的研究团队就将对这个问题进行调查研究。我感到我有责任定期地发给他们一些问题，因为我猜想这样可能会给那些拮据的芝加哥大学研究生提供一些打工的机会。[①]而就在我询问关于"panis"的那个历史问题时，他们给出了唯一一次令我感到完全满意的答案。《不列颠百科全书》的调查小组报告说，它的意思是"椒盐脆饼"，起源于德意志南部——正是开普勒所在的地方，是作为大斋节期间给孩子们准备的礼物。

开普勒正是用他的大斋节椒盐脆饼图解作为起点，来展示不同的宇宙论模型是如何解释这样的以地球为中心的回旋状图案的。托勒密生活和工作于公元150年希腊化的亚历山大里亚，他最先提出，一个相对简单的地心模型就能够解释看起来复杂的火星和其他行星的运动。就像埃姆斯装置所展示的那样，托勒密用两个圆就完成了这个模型，一个较小的行星所环绕的本轮，它的圆心在一个更大的均轮上。

对开普勒复杂的椒盐脆饼仔细考察后可以发现，每一个回转间的彼此不同，不只是在于它们与地球的接近程度，还在于它们的宽度和间隔。考虑到这两个因素，托勒密在他的模型中又加入了两个特征。首先，他将均轮的中心从地球所在的a点移到了开普勒椒

① 《不列颠百科全书》1768—1771年首版于英国，1901年由美国出版商购得全部版权，1941年该书的所有权益被赠予芝加哥大学，从此在芝加哥编辑出版，所以这里会惠泽芝加哥的大学生。——译者注

盐脆饼图案中的 b 点—— 这可以解释回转在地球两侧与地球的接近程度不等的事实。均轮这种偏离中心的位置使它得到了另一个名字：偏心轮。然而，托勒密并不能从遥远的上方看到这些回转，所以他不得不推断：这种情况的发生正是由于多种效果在天空中的叠加造成的。

其次，他不得不想出一个办法，使得在那些回转相对地球较远的一侧，本轮中心围绕偏心均轮的运动更加缓慢，为此，他创造了一种非常精巧的设计叫作等分点。等分点 E 如图所示。对于 E 点来说，角速度是匀速的，因为在 E 点的对顶角相等，所以本轮中心从 A 点到 B 点的运动时间与从 C 点到 D 点的运动时间是相等的。当然，因为弧长更长，所以本轮在 CD 段的速度必须比它在 AB 段的速度更快。

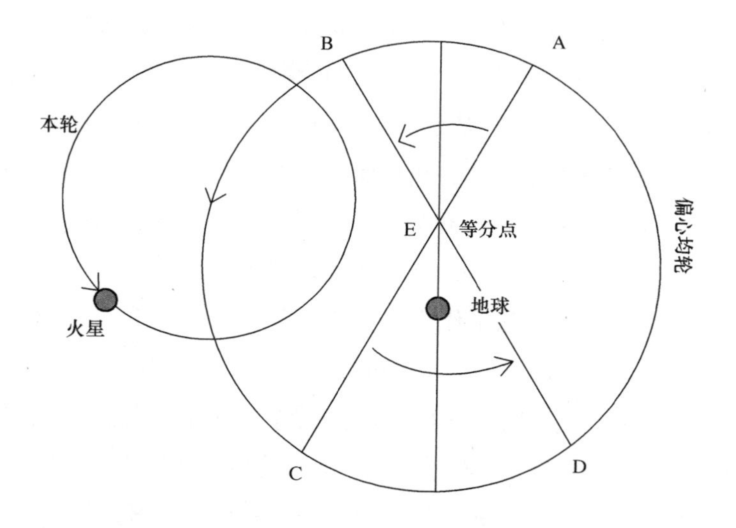

很多后来的天文学家认为，等分点给托勒密带来了很多麻烦。并不是他的模型不能令人满意地预测角位置，确切地说，是等分点迫使本轮中心围绕均轮的运动不能匀速，而这在某种程度上被看作

对匀速圆周运动这个完美原则的一种背离。托勒密本人对此也怀有歉意，但他还是使用了这个设计，是因为它能够推出在天空中所观测到的运动。总的来说，托勒密的体系极为简单地顾全了逆行回转视觉上的复杂性与多样性。

伊拉斯谟·赖因霍尔德在他评注的那本《天体运行论》的扉页上写下了一条格言："天界运动不是匀速圆周运动，就是匀速圆周运动的组合。"这很显然就是对托勒密的抨击和对哥白尼的赞美。今天，我们对哥白尼的崇敬源于他大胆地把日心说宇宙论引入西方文化，从根本上触发了"科学革命"。哥白尼的宇宙论不只提供了太阳系的现代蓝图，它也是对诸多天体各自为政的原理的非常有说服力的统一。最伟大的科学家都是统一者，他们发现了那些以前从未被察觉的关联。艾萨克·牛顿摧毁了天界运动和地上运动之间的鸿沟，打造出一套在地上和天上同样适用的法则。詹姆斯·克拉克·麦克斯韦（James Clerk Maxwell）将电与磁联系在一起，并指出光是电磁波。查尔斯·达尔文（Charles Darwin）设想出所有的生命有机体是如何通过共同的演化而联系在一起的。阿尔伯特·爱因斯坦（Albert Einstein）将物质与能量毫无关系的这一观点撕得粉碎，用他著名的公式 $E=mc^2$ 在两者间建立了联系。

哥白尼也一样，除了作为一个统一者外别无所长。在托勒密的天文学中，每一颗行星都是独立的实体。确实，它们可以被一个接一个地叠加在一起，产生一种由不同种类事物组成的体系，但它们的运动是各自独立的。哥白尼写道，这个体系的结果就像是一个由各种多余零件组成的怪物，头来自这里，脚来自那里，胳膊更是来自其他生物。托勒密体系中的每一颗行星都有一个主圆（均轮）和一个辅助圆（本轮）。火星及其本轮就是其他行星的原型，但由于每颗行星逆行的次数和大小各不相同，这就需要每颗行星都具有一个相应大小和周期的本轮。哥白尼发现，他可以通过将行星合并到一个统一的体系中，从而消除每颗行星体系的两个圆中的一个。正像埃姆斯装置所演示的，基于日心的地球与火星的轨道与基于地心的火星的均轮和本轮有同样的效果，这适用于每颗行星。如果所有的模型都可以按比例缩放，使地球的轨道保持同样的大小，那么它们就可以由一个单一的地球轨道而叠加在一起，从而减少了圆的总数。当哥白尼着手做这件事的时候，一些几乎是不可思议的事情发生了。迅捷的水星，它的轨道比其他行星离太阳更近。懒洋洋的土星——当时所确定的最遥远的行星，它的轨道离太阳最远。其他的行星在其间依次出现，通过按照公转周期的长短由远到近地排列起来。

哥白尼在他整个书中强烈主张日心说的段落中宣称："我们再没有其他的方法，能找到一个如此令人惊奇的共通性和一个真正和谐的联系，在行星的周期与轨道半径大小之间正好成反比关系。"哥白尼所完成的是一个结为一体的体系，地日之间的距离为这个体系提供了一个基准，体系中所有的距离通过与这个基准相比较而锁定了位置。①

但是，赖因霍尔德及其追随者们对于哥白尼的赞赏是出于另一个完全不同的审美观念——等分点的消除。哥白尼在《天体运行论》中花了大量的篇幅来说明等分点是如何消除的。在他除去了托勒密体系所有的主本轮，把它们全都并入地球的轨道后，他引入了

---

① 令人惊奇的是，哥白尼的行星体系比托勒密的精心嵌套的排列要紧凑得多，但他的宇宙比托勒密的大很多，这是因为哥白尼认为他必须把恒星本身放置在足够远的地方，这样才能够使得地球围绕太阳运动时所观察到的恒星在位置上不会有任何明显的改变。哥白尼这样总结道："毫无疑问，万能上帝的非凡手笔是如此辽阔。"这是人类在正确方向上迈出的一大步，但最终这个句子令天主教审查员们备感不安。或许，对于宇宙之大他们并没有反对的理由，但他们不能接受哥白尼竟然能够了解上帝是如何做的。于是教徒们被责令从其拷贝中删掉那句话。

一系列的小本轮来取代等分点，每颗行星一个。[1]因为这使得在哥白尼体系的每一个圆中的运动都是匀速的，所以那些反对等分点的审美观就得到了满足。我对哥白尼的调查统计显示，大多数16世纪的天文学家认为消除等分点是哥白尼的重大成就，因为它满足了古老的审美原则——永恒的天界运动应该是匀速圆周运动，或者是匀速圆周运动的组合。

约翰·施特夫勒（Johann Stoeffler）1532年的《星历表》（*Ephemeridum opus*）是我最早给自己的图书收藏所购买的珍本之一。我是在牛津的布莱克·韦尔书店[2]珍本部的书架上发现它的。那时候，一本典型的学术著作价值大约10美元，花170美元买一本充满数字的书完全是一种投机，但是拥有这样一本古籍仍然让我感到兴奋。此前，我曾在哈佛的霍顿图书馆用一本类似的书帮助鉴定都铎王朝时代的讽刺诗人约翰·斯凯尔顿（John Skelton）的一首诗的确切年份[3]，正是在那时我对这类书的价值有了一个认识。施特夫勒的《星历表》中全都是1532—1551年间太阳和行星每日的位置。

---

① 为了满足数学上的好奇，我在附录I中给出了哥白尼方法的细节。在《纲要》中，哥白尼对金星、火星、木星和土星使用了双小本轮，而在《天体运行论》中，却使用一个小本轮外加偏心轨道。地球和水星的情况要稍微复杂一些——这留给开普勒去构造一个真正统一的哥白尼体系。

② 1879年1月1日以一间13平方米的斗室起家，今天它成为牛津地区最大的书店，有涵盖所有学科的20万种图书上架，其地下的诺林顿厅号称欧洲最大的售书大厅，书店成为了牛津的旅游胜地。——译者注

③ 斯凯尔顿的《桂冠》中有这样的句子：

让我的视线直抵黄道星宫，
目送玛尔斯（火星）踏上归程，
伴随着鲁西娜（月神）的光芒夺目，
看那天蝎众星升起了十八度。

通过雷吉奥蒙塔努斯编制的1495年《星历表》，我可以知道在1495年5月8日，满月在天蝎宫18度，与回转的火星相接。

我对施特夫勒那些数字的推算基础尤其感到好奇，因为在很多二手材料中都可以找到一个流行的传说。那个故事说，哥白尼之所以想要去创造一个日心说宇宙论，首要的原因就是在托勒密的陈旧体系中，一些临时应急的粉饰修补已经变得如此拖沓不堪，以至于这个体系处于崩溃的边缘。在过去的那些时代中，天文学家们在体系中增加了一个又一个的本轮，以试图弥补体系在观测上的缺陷。

这个传说很可能是在1880年左右哥白尼的《纲要》被重新发现之后不久才开始流行起来的。在描述了行星运动的复杂性之后，哥白尼以这样的惊叹作为结束语："看哪！只需要34个圆就可以解释整个宇宙的结构和行星们的舞蹈了！"表面上看，这段话就像是哥白尼在为他的体系所带来的巨大简化而欢呼。如果哥白尼通过34个圆就可以解决一个体系，那么托勒密（至少是他那些中世纪的接班人）就一定需要多得多的圆。

有一个奇妙、古老而无疑又是杜撰出来的故事，讲的是阿方索国王视察了他那些正在编制《阿方索星表》(*Alfonsine Tables*）的天文学家，然后评论道，如果他能够生在上帝造物的时候，那么他一定要给尊贵的上帝一些暗示。显而易见的潜台词，就是阿方索国王看到了天文学家们为了照顾到托勒密的对行星位置的预测与实际观测结果之间的矛盾，而不得不在表中加入更多的圆，即在本轮上不断叠加小本轮，才有此评论。这很容易让人回想起乔纳森·斯威夫特（Jonathan Swift）的诗句：

> 大跳蚤背上有小跳蚤，
> 在它们背上乱啃乱咬。
> 小跳蚤又长更小跳蚤，
> 长啊咬啊地没完没了。

1969年版的《不列颠百科全书》中声称，到阿方索国王的时代为止，每一颗行星都需要40—60个本轮！这使得上面的传说盛行一时。这篇条目这样做出结论："在存在了一千多年以后，托勒密体系失败了。它在几何学上的时钟般的结构变得让人感到难以置信的烦琐，而效能上也没有令人满意的改进。"当我就此结论的真实性向他们质疑的时候，《不列颠百科全书》的编辑们闪烁其词，他们说这一条目的作者已经不在人世了，对于是否能找到或是在哪里能找到"本轮上叠加本轮"的证据，他们也没有一点儿线索。

在太空时代开始的那些年，史密森天文台的计算机花费了大量的时间跟踪人造卫星。闲下来的时候，它会计算通过恒星外层的光量子流——那正是我的专业，而在我也闲下来的时候，我会让那机器计算中世纪行星的表格。我重新计算了《阿方索星表》，结果令我感到吃惊，它完全基于托勒密学说，根本没有任何的润色。然后，我用打孔员为我制作的数百张卡片生成了施特夫勒《星历表》

《星历表》（蒂宾根，1531）中的约翰·施特夫勒画像，至少一个世纪前，这幅画像就开始被误认为是哥白尼的肖像

的片段。又是一个惊奇！我对《阿方索星表》纯粹而简单的计算竟然与这位蒂宾根天文学家在其书中所记录的星体位置极为匹配。施特夫勒的《星历表》是当时最好的，而其中绝对没有任何关于本轮相叠加的证据。一个重复了多次并且似乎已经确定无疑的传说大概就这样破灭了，或者我认为是如此。

在 1973 年纪念哥白尼诞辰五百周年活动期间，我在哥白尼出生地托伦的一次专题讨论会上有机会谈及我的结论。听众中有世界一流的哥白尼专家爱德华·罗森（Edward Rosen）。他是纽约城市学院的教授，也是一位苛刻的学者，翻译精雕细琢，并且能从那些难以置信的晦涩材料中发掘出相关的细节。作为博士论文的一部分，他翻译了哥白尼的《纲要》，他对哥白尼只用了 34 个圆就描绘出全部行星的芭蕾舞的设计尤其喜爱；他坚信，哥白尼功绩之一就在于简化了一个过分繁冗的体系。“你怎么就那么肯定没有过本轮上叠加本轮的情况呢？”他要求我给出答案。当然，我并没有检查过一切可能的中世纪手稿！

我不确定我是否曾说服他相信我对于本轮上叠加本轮的看法，但今天我已经更好地理解了问题的症结所在。《阿方索星表》的全部计算过程依赖于托勒密所发明的一个精巧的逼近法，他们以此来处理一个均轮上的单一本轮的计算。坦率地说，在中世纪，还没有一个数学家有足够的天赋能设计一个类似的简约的计算方案以应付多重本轮的计算，所以也就不需要检查所有的中世纪天文学手稿后再做出决定。

爱德华·罗森完全误解了哥白尼所写的只用 34 个圆就完成了全部行星的芭蕾舞的意图。哥白尼一定意识到，由于添加了很多小本轮，他实际上得到了与《阿方索星表》或者施特夫勒的《星历表》所用的托勒密的计算方案相比而言更多的圆。在《纲要》中那意气风发的结论只是记录了他的喜悦：尽管天界景象看起来十分复杂，但这大量的现象都可以通过仅仅 34 个圆就能建立模型。很显然，他在此间并没有要和他的前辈一较短长的意图，他的“仅仅”一词是表示在和天比，而不是在和人比。

本轮上叠加本轮的传说也被另一种情况否定。事实上，并没有史料表明，有人做了系统的观测，以便找到《阿方索星表》所预测的行星位置和行星真实位置之间可能存在的差异。然而，在和查尔斯·埃姆斯在乌普萨拉为哥白尼的书籍拍摄照片的时候，我却发现了一个细小却极为重要的例外。

在哥白尼用过的那本印刷版的《阿方索星表》的背面装订有额外的 16 页纸，上面有哥白尼认真添加的手写表格和一些各色的笔记。在 1500 年于博洛尼亚所做的两次观察记录下面，是用另一种墨水书写的，没有标注日期的一句拉丁文缩写组成的密语：“火星超过了数字两度多，而土星滞后于数字一度半。”（彩图 7a）

1504 年，在哥白尼带着他从意大利才获得的博士头衔回到波兰不久，两个肉眼可见的移动最缓慢的行星上演了一出好戏，其中移动较快的木星超越了移动慢些的土星。这次重要的交会是 20 年才出现一次的现象，为表格的感性检验提供了好机会，因为这不需要任何的精密仪器，就可以确定在哪一个晚上行星们彼此确切地错过。而这一次，火星也加入了舞蹈之列。在 1503 年 10 月到 1504 年 3 月间，移动更迅速的火星先后把木星和土星甩在后面，然后开始逆行，向后再次经过土星和木星，最后火星又变为顺行，第三次超越木星和土星。这是一次精彩的天文表演，哥白尼当然不会错过。

通过计算机程序，我能够计算出《阿方索星表》中不只是在以上时段，还包括 16 世纪的数十年中这些行星的位置数据，并且，我能把这些计算结果与当今所计算的行星的真实位置进行比较。令我大吃一惊的是，计算结果表明在1504年2月和3月之间只有唯一的错误，在那期间，《阿方索星表》对木星的预测非常准确，但土星滞后于星表上数据一度半，而火星比预测提早大约两度。刚好在这个时段的错误与哥白尼的笔记相对应，证据确凿，哥白尼观察到了这一时间的宇宙之舞，并且完全注意到了《阿方索星表》与实际观测的差异。但令我最感到诧异的是，哥白尼从未提到过他的观测，而在他自己的表格中也没有表现出据此做出的改进。

很明显，对于在体系中加入额外的圆以使预测效果更佳的做法，哥白尼和他的前辈们都不感兴趣。尽管如此，本轮上叠加本轮的传说还是非常深入人心，以至几乎一年过去了，在《物理学评论》（*Physical Review*）或是《天文学期刊》（*Astronomical Journal*）上都没有哪位作者发表评论，充满歉意地说："也许在我的理论中本轮太多了。"显然，我并没有扑灭这个谬种。

第五章

杰出者的评注

在1972年12月，哥白尼诞辰五百周年纪念活动启动倒计时，准备进入高潮。查尔斯·埃姆斯想及时开放他在麦迪逊大街IMB总部大楼的展览，以便吸引圣诞节购物的人们。于是我利用空闲时间，数次飞到纽约，帮助他安置那些像迷宫一样的展板和装置。爱德华·罗森从城市学院赶来，用批评的眼光对展览文字进行了校订。他纠正了一些小错误，但总体上对内容的广泛和详尽感到非常满意。

安装调试到了最后的阶段，工作人员分配给我的任务就是让查尔斯保持有别的事情做，以便他将不再给展览提出中断进度的改进方案。为了在展览临街的一面创作一个引人注目的圣诞节展品，他把整个墙壁部分扩展成尤利乌斯·席勒（Julius Schiller）1627年的风格独特的《基督教星图》（*Coelum stellatum Christianum concavum*）中的一幅图，将飞马座区域变成天使加百列（Gabriel）的样子。查尔斯想要给星星们上点颜色，于是我找出了图上每颗星星在《耶鲁亮星目录》（*Yale Bright Star Catalogue*）中的光谱类型，查尔斯依次忠实地用他的彩色记号笔给每一颗星星涂上了适当的颜

尤利乌斯·席勒 1627 年《基督教星图》中的天使加百列，埃姆斯在纽约 IBM 总部哥白尼展览的临街壁画，1972 年 12 月

色。这就是埃姆斯工作室的特色：精细毕至，只可惜过路的购物者完全忽视了这些细节。

在纽约的时候，我有机会在摩根图书馆看到了另一本《天体运行论》，这是一本以前我没有记录过的拷贝，是我接触的第 100 本第一版《天体运行论》。它是被收藏者们称为手泽本的那一种，因为它有出自于那位纽伦堡的印刷商约翰内斯·佩特赖乌斯的题赠。

我所见过的《天体运行论》可以分成四类。有少数的拷贝可以评为三星级，以米其林指南体系[①]中的术语来说，就是“值得专程前往的”。这其中包括促成了我调查的爱丁堡那本赖因霍尔德的拷贝；瑞士沙夫豪森的米夏埃多·梅斯特林的有惊人的完整评注的拷贝；还有哈里森·霍尔布利特所拥有的由雷蒂库斯题赠的拷贝，因为哥白尼自己未及有亲笔签名的拷贝就去世了，所以这一本就成了最珍贵的手泽本。两星的拷贝——“值得顺路拜访的”——包括一本在哥本哈根的最初由马蒂亚斯·施托伊（Matthias Stoy）拥有并评注的拷贝，施托伊是雷蒂库斯在维滕堡的一个学生，后来成为柯尼斯堡（1946年起改名加里宁格勒）的数学教授。在霍尔布利特的三星版本中奥西安德尔的匿名序言《致读者》也被雷蒂库斯用红笔画掉了，而施托伊这本拷贝也同样被画掉了，这就强烈地暗示着该拷贝正是从哥白尼唯一的弟子那里流转出来的。另一本二星的拷贝在多伦多，最初可能属于一位17世纪荷兰的天文学家兼星表计算家菲利普斯·兰斯贝根（Philips Lansbergen），这本拷贝的有趣之处在于奥西安德尔的匿名序言后面写着一条错误信息，它导致巴黎学者彼得吕斯·拉米斯（Petrus Ramus）误认为这个序言的作者是雷蒂库斯！

一星的拷贝——在米其林指南中只是被称为“有趣的”——包括摩根图书馆的那本以及在列宁格勒保存的一本，后者的匿名评注中有很多《圣经》中的句子，看起来是在反对地球移动的观点。

在我最初分析这些用星级加以区分的拷贝时，想找到它们正确的分类方法或者拷贝彼此间的相关性可不是件容易的事。当我能为某些拷贝找到新的历史上的关联时，这些书往往就变得重要起来。比如，如果我找出了佩特赖乌斯赠给摩根图书馆的那本拷贝最初的

① 由法国城镇克莱蒙－费朗起家的米其林轮胎厂如今已发展成生活产业的巨人，其从事地图、旅游指南到餐饮评价的出版事业，同样也有超过百年的历史。——译者注

拥有者，以及这位拥有者又为什么小心地画掉了奥西安德尔的序言，那么这本拷贝就一定会再赢得一颗星。

还有第四类拷贝，就是星级评选当中的大量落选者，书中的评注琐碎而无关紧要，或者根本没有评注。由于这些书在卖的时候只是一堆纸，而买者会根据自己的喜好以及经济情况把这些纸送去装订，所以每一份拷贝都是不一样的。我仔细测量了那些书页的长和宽，认为也许有一天，这些物理细节会对追踪一本被盗的拷贝有所帮助，并且只要可能曾被某人拥有过，我就会尽量记录下这些以前拥有者的名字。最终，这些没有评注的拷贝也可以帮助人们了解书的动向，譬如，它表明了 1566 年在巴塞尔出版的第二版对将书供应到意大利和英格兰尤有帮助。

1973 年春天，得益于美国谷物的过剩，我有幸去了开罗。20 世纪 60 年代，美国中西部的玉米和小麦产量过剩，其原因之一是有大量的农场补贴。国会因此陷入了一种特殊的困境，但他们找到一个富有创造力的出路。根据《480 号公法》[①]，美国安排将谷物运送到那些贫困的国家——包括波兰、南斯拉夫、以色列、埃及和印度——并且允许他们用软通货来偿还。换句话说，美国找到了比要硬通货更好的方式，得以在其他国家消耗掉它的产品。国会反过来将这些资金分派给不同的政府机构，包括国家科学基金会和史密森学会等。

分配给史密森学会的《480 号公法》基金，对于我有关哥白尼

① 美国国会所通过的法律按顺序编号加以称呼，《480 号公法》于 1954 年通过，又称《农产品贸易发展暨补助法案》，其中以赠予和长期优惠贷款的方式向第三世界的“友好国家”大量提供粮食、奶粉等食品，以帮助解决美国国内的农产品过剩问题。——译者注

的调查研究起了很大的作用，因为这些钱可以用来从代理商那里购买在这些国家间往返的飞机票。在波兰，我帮助建立了一项翻译计划，把某些重要的波兰语的哥白尼研究的学术成果翻译成英文；在埃及，我组织了另一个项目，将伊斯兰时代许多尚未核查过的天文学手稿进行编目。环球航空公司和泛美航空公司在华沙和开罗都设有办事处，所以我可以用它们所提供的机票，在不同地点中途停留下来调查《天体运行论》拷贝。

1973 年 4 月，我去开罗对伊斯兰天文学项目进行年度核查，那时候，我有关哥白尼的笔记已经足够对这本 16 世纪著作的用途给出一个很好的答案：有时候它是一个被深刻研究的对象，有时候它又很像是图书馆书架上的一个装饰，充其量也就是被偶然翻翻。当时，我已经查阅过超过 100 本拷贝，具有足够的统计意义，我想，适可而止吧。然而，罗马在向我召唤，我知道，哥白尼在那个宗教中心城市留下可待检查的印记会比任何一个其他地方都要多。哥白尼著作的拷贝可以在国家图书馆、意大利科学院（Accademia dei Lincei）[①]、梵蒂冈教廷图书馆（Biblioteca Apostolica Vaticana）和卡萨纳藤图书馆（Biblioteca Casanatense）找到。后者是根据红衣主教卡萨纳泰（Casanate）命名的，这位主教后来成为宗教裁判所的首领。宗教裁判所在卡萨纳泰上任前的 1600 年曾将乔达诺·布鲁诺（Giordano Bruno）送上了火刑柱，并因此而意外地发现和拥有了布鲁诺的那本第二版的《天体运行论》。布鲁诺是作为一个怀有太多异端思想（例如多重世界）的异教徒被判刑的，但看起来他充其量是对哥白尼的思想进行了不切实际的宣扬。他那

① 本为猞猁学会，又称山猫学会，也有音译为“灵采学院”的，这是以山猫目光敏锐而比喻研究者洞察自然的能力，该学会 1603 年成立于罗马。——译者注

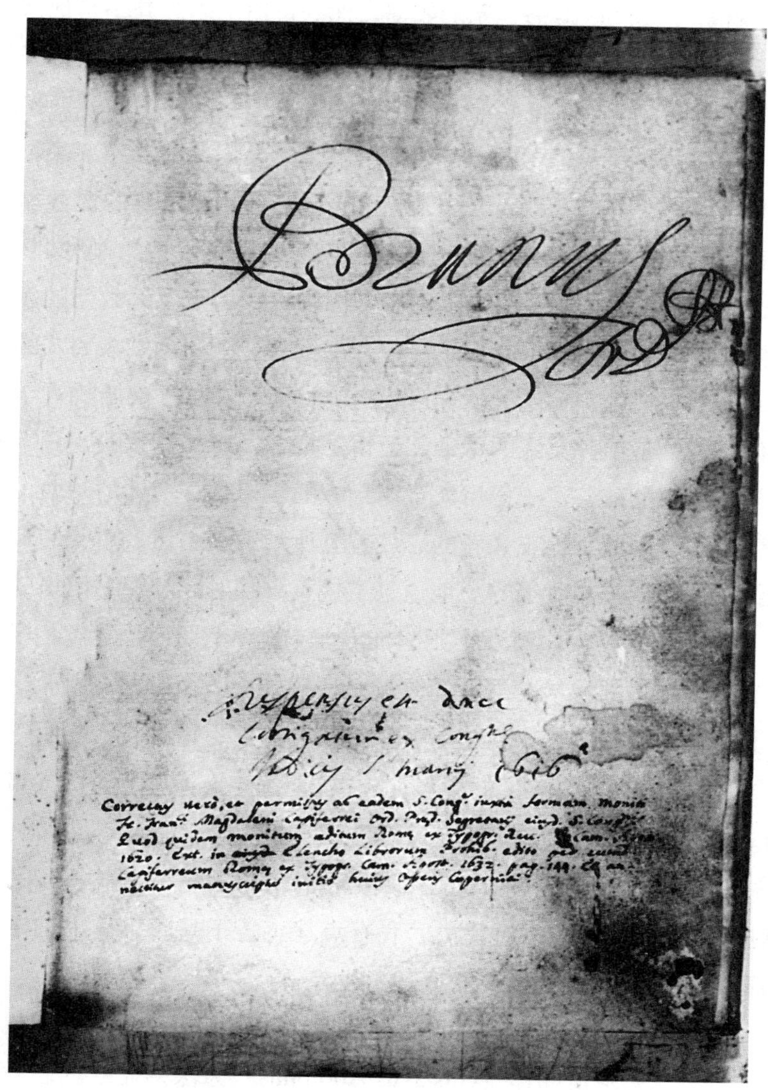

乔达诺·布鲁诺在其《天体运行论》上龙飞凤舞的签名，现存于罗马的卡萨纳藤图书馆

本《天体运行论》上虽然有一个龙飞凤舞的签名，可并没有证据表明他就真正读过这本书。无论如何，他的哥白尼思想并不是他获罪的一个主要因素。布鲁诺那本拷贝只是一个意外的收获，而当我到罗马的时候，一个真正的重大发现正在梵蒂冈教廷图书馆等着我。

罗马的参观者想要看梵蒂冈那些杰出的艺术收藏并不麻烦，因为梵蒂冈艺术馆（Vatican Gallery）刚好紧邻梵蒂冈城的边界，旅游者并不需要进入梵蒂冈的土地就可以进去欣赏那些绘画和雕塑。梵蒂冈教廷图书馆则是另外一回事，因为它深居于罗马教廷的领地之内。当时（现在很可能仍然存在）那里有一个完全意大利式的官僚制度的签证处。在这种情况下，一封“光彩夺目”的哈佛大学介绍信可能会带给我莫大的帮助。记得一位老同事曾提醒我，马歇尔大学的办事处准备了一份用大金印封缄的貌似官方文件的东西，对改变那些顽固的官僚主义者的态度曾有所帮助。果然，用我的大学介绍信武装起来，我很容易地通过了检查。那时候，图书馆里的男士要穿外衣打领带，而女士则只能在早晨进入图书馆工作，下午，没有女士在场的时候，男人们才被允许将外衣搭在椅背上。而这只是其复杂的规则之一。到了那里，管理员问我要看图书还是手稿。

“书，这是在书架上的标号。”说着，我交给管理员一份多布任斯基给我的索书号清单。

“但这项是份手稿啊。”工作人员指着清单上的一个索书号——奥托博尼 1902 号——对我说。我有点迷惑，于是要求图书和手稿都看。

奥托博尼的收藏对于哥白尼的研究来说尤其应当关注。瑞典国王古斯塔夫·阿道弗斯（Gustavus Adolphus）为保卫北欧的新教而参加了“三十年战争”，他的官员们也沿途搜掠藏书和艺术品，当 1632 年国王战死以后，王权和战利品就一起传给了他的女儿克里斯蒂娜（Christina）。二十二岁的克里斯蒂娜女王曾雇用了著名的法国哲学家勒内·笛卡儿（René Descartes）作为自己的私人教师。五十三岁的笛卡儿以前习惯于每天早上躺在床上沉思到 11 点再起床，而在这里做私人教师，每天 5 点就要起床去讲哲学的规矩让他非常震惊。令人惋惜的是，这种死板得近乎冷漠的规矩竟导致了他的死亡。1650 年，他来到斯德哥尔摩还不到一年就离开了人世。此后不久，克里斯蒂娜决定放弃王位，她整理好她的那些藏品，远赴罗马，并接受了天主教信仰。1689 年她去世后，罗马教皇亚历山大八世（先前的红衣主教奥托博尼，Ottoboni）得到了她的收藏，由此，这些藏书就成为了梵蒂冈教廷图书馆收藏的一部分。

了解了这段历史，耶日·多布任斯基就赶到罗马，对奥托博尼的藏书进行了系统的调查，他希望能够发现一些被入侵的瑞典人掠夺，随后又由克里斯蒂娜运到罗马的有关哥白尼的未知材料。耶日注意到，奥托博尼的藏书中包括一本《天体运行论》的拷贝，由于在书后装订有大量的评注，这本拷贝被归为手稿类。想到哥白尼只是在弥留之际才收到了全部印刷本，耶日认为它不可能来自哥白尼本人，于是他在继续其研究的同时，把这本拷贝的书架号抄给了我。如果没有这些，我可能根本就发现不了这本拷贝，因为它并未出现在图书类的目录上。

梵蒂冈教廷图书馆的阅览室中还有一个规矩，就是每天只能看三本书。但是，图书馆的目录上有两本第一版和两本第二版，还有一本珍贵的雷蒂库斯的《初讲》以及一些其他我想要看的书，当然也包括那本奥托博尼 1902 号。最终，我从馆长那里得到特许，可以不受此限。那些取书的管理员在流通台边狠狠地瞪着我，他们心里可能在想：傲慢的家伙，别高兴得太早！他以为他是谁，竟然一天看六本书？

梵蒂冈教廷图书馆收藏的图书类的《天体运行论》中有一本十分特别：是书的印刷者赠送给博学的阿希莱斯·佩尔明·加塞尔（Achilles Permin Gasser，雷蒂库斯的同乡）的。在扉页上，加塞尔写下了一首拉丁诗的部分句子，诗并不算经典但很有意思：

> 通过他著名的新篇章，人们信服，
> 哥白尼完成了这件艺术品的笔致，
> 这正是赖因霍尔德渴望领会之事。
> 它像忒修斯的绳索[①]，为群星铺路，
> 这努力，终将超越阿方索的巨著，
> 在天界技艺中，高扬起大鹏之翅。[②]

这本由加塞尔做了评注的《天体运行论》曾经是海德堡大学图书馆的收藏，又被慷慨地“赠予”了那位在“三十年战争”期间光芒闪耀的巴伐利亚天主教将军冯蒂利伯爵，随后也就成为了梵蒂冈教廷图书馆图书类收藏的一件镇馆之宝。[③]

在图书馆那天，让我真正感到刺激的一幕还是来自于那本奥托博尼 1902 号，这次该轮到我犯糊涂了。在书的扉页上是一句熟悉的格言：“天文学之公理：天界的运动不是匀速圆周运动，就是

① 雅典王子忒修斯，在克里特公主的帮助下，用一团绳索破解了迷宫，斩杀了牛头怪物弥诺陶。这里把复杂的天界比作迷宫，把《天体运行论》比作绳索。——译者注

② 1551 年，伊拉斯谟·赖因霍尔德发表了以哥白尼体系为基础的《普鲁士星表》以代替《阿方索星表》，他“铺设了一条恒星的必由之路”，展现了哥白尼有着多么伟大的天界技艺。赖因霍尔德明确声明，这份《普鲁士星表》献给哥白尼和普鲁士的阿尔布雷希特公爵（很可能是一位庇护人）。

③ 海德堡一直被这种公开的盗窃行为困扰；冯蒂利最终被古斯塔夫·阿道弗斯指挥的瑞典军队击败并受了致命伤，而阿道弗斯则把哥白尼的藏书掠为瑞典的战利品。

匀速圆周运动的组合。”很显然，这本书与爱丁堡那本促成这项调查的伊拉斯谟·赖因霍尔德的拷贝有某种关联，在那本书的扉页上也写着同样的题词。另外，此书中大量的评注本身也进一步证明了这种关系，它们中的一些与赖因霍尔德的一些评注正好相符。然而，其中还有一些评注图示了行星机制的技术细节，这是赖因霍尔德的拷贝所没有的，而且在最后有一系列奇妙的图解，最初展示的是哥白尼日心说的行星运转，然后却转变为地心说的布局方式。转折点还明确地注明了日期：1578 年 2 月 13 日。最后的以地球为中心的图表上标注着：“由哥白尼的假设完成的符合地心说的天体运行图。”这个标注看起来是个矛盾，因为对我们来说，哥白尼的精髓就是日心说。那么这个图表怎么能既是哥白尼的又是以地心说的呢？

这真让人兴奋，但又令人很迷惑。这会是谁的书呢？最后的图表很有些地 - 日心说的意味，这个方案是伟大的丹麦天文学家第谷·布拉赫提出的，虽然不是他最终的体系，却是一个合乎逻辑的过渡。1588 年，第谷提出了一个体系，其中地球是不动的，月亮和太阳围绕地球旋转，而所有其他的行星又是围绕着太阳旋转的。第谷无疑是那时有史以来最多产的天文观测者。在望远镜发明前的数十年间，他用自己设计的精确仪器夜复一夜地测量恒星与行星的位置。他自己的观察事实和常识观念似乎都使他相信，地球自身是不动的，据此，他找到了这种宇宙的解决方案，以地球为固定中心，不过保留了哥白尼体系的优美之处。在他出版的《论天界之新现象》（*De mundi aetherei recentiorbus phaenomenis*）[①]中，第谷理论体系与奥托博尼 1902 号后面的图表

① 题目所说的“天界之新现象”是指 1577 年的大彗星。

有不可思议的相似性。梵蒂冈的这幅图表展示出地球静止地位于中心位置，而太阳和月亮都围着它转，但是只有水星和金星围绕着太阳旋转。而外层行星依然位于自己的本轮之上，尽管一个简单的几何转换就可以让它们环绕太阳，实质上就是将它们的本轮转移到太阳的轨道上。虽然奥托博尼1902号中的体系看起来与丹麦观测者第谷所提出的体系有某种最初的种属关联，但我还没有看到第谷的拷贝，不过众所周知，它存放于布拉格的克莱门蒂努姆图书馆（Clementinum Library）里。关于奥托博尼1902号曾经为谁所拥有，唯一的线索就是一位早期的图书管理员曾在它的扉页上留下一句拉丁语："有一位杰出者亲手添加了评注。"但那位杰出者是谁呢？

在杰里·拉维茨和我于三年前提出的那些可能的候选者名单中，一个名字显现出来：克里斯托弗·克拉维于斯，就是那个组织了格里高利历改革的耶稣会天文学家。他最初来自德意志，在那里他可能正好看到了赖因霍尔德那本详尽评注的《天体运行论》。在他1581年版的厚厚的教科书《萨克罗博斯科〈天球〉评注》（*Commentary on the* Sphere *of Sacrobosco*）中，他承认哥白尼仅仅让人们了解到托勒密的布局方式并不是唯一可能的。如果是克拉维于斯1578年在奥托博尼1902号中做了评注，那么他正好有时间在1581年的教科书修订版中加入对可供替代的布局方式的评论。

离开梵蒂冈教廷图书馆时，我仍然很兴奋，开始考虑下一步行动。接下来的一天已经有了去处：饭店里的一个留言告诉我，罗马天文台的台长马西莫·奇米诺（Massimo Cimino）会来接我，带我去看天文台的哥白尼博物馆，那里既有第一版也有第二版的《天体运行论》。我很希望他也能带我进入科学院图书馆，这个著名的科学学会最早可以回溯到伽利略的时代，并且它也像天文台一样，收藏有两个版本的《天体运行论》。奇米诺的安排真是棒极了，我在一天内看到了总共四本哥白尼拷贝。其中一本按照 1620 年宗教裁判所颁行的指令进行过审查（替换的文字出自一只非常拿不定主意的手）；另一本拷贝在同样的地方有所标记，但并没有真正被审查过；还有一本拷贝有少量的 1605 年在伦敦所写下的笔记。这可真是此书随着时间推移而待遇发生缓慢变化的完好示范。

奇米诺的重要作用还体现在另一方面：他使我联系上了耶稣会的奥康奈尔（D. J. K. O'Connell）神父，他退休前是梵蒂冈天文台的台长。我告诉他我的发现，并询问他是否能够帮助我得到克拉维于斯笔迹的样本。他告诉我，耶稣会会士档案馆就在他寓所的楼下，他肯定可以在那儿找到些东西。第二天早上，我们在梵蒂冈教廷图书馆的阅览室碰头。奥康奈尔神父手中拿着克拉维于斯恰好位于评注时期的两份信件的复印件。对于比较的结果，我们都兴奋而充满了期待。我们将信件的复印件和奥托博尼 1902 号并排放在一起，仔细地对比了单体字形和连写笔势。很遗憾，只用了五分钟时间，我们就确定了奥托博尼 1902 号中的评注并非出自克里斯托弗·克拉维于斯之手。

我在心烦意乱中离开了罗马，因为对评注可能的候选者绞尽脑汁但毫无收获。《480 号公法》所提供的那些机票允许一定数量的自主行程安排，于是，我又由原路返回巴黎，去参加预先安排在五百周年纪念这一年的为数众多的哥白尼研讨会之一。我模糊地记起曾担任一次讨论的主持——这并不是一件容易的事，因为那几篇论文都是法语的，而我的法语听力却十分差劲。但我清楚地记得在遇到那位捷克专家兹德涅德·霍尔斯基时我的惊讶。他本来很难离开铁幕，但他曾经私下里替捷克科学院院长写过一篇

NICOLAI COPERNICI TORINENSIS DE REVOLVTIONIbus orbium cœleſtium, Libri VI.

IN QVIBVS STELLARVM ET FIXARVM ET ERRATICARVM MOTVS, EX VETEribus atq; recentibus obſeruationibus, reſtituit hic autor. Præterea tabulas expeditas luculentasq; addidit, ex quibus eoſdem motus ad quoduis tempus Mathematum ſtudioſus facillime calculare poterit.

ITEM, DE LIBRIS REVOLVTIONVM NICOLAI Copernici Narratio prima, per M. Georgium Ioachimum Rheticum ad D. Ioan. Schonerum ſcripta.

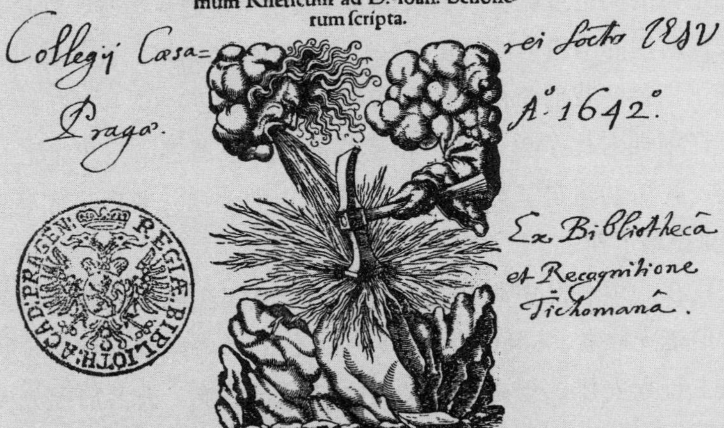

Cum Gratia & Priuilegio Cæſ. Maieſt.

BASILEAE, EX OFFICINA HENRICPETRINA.

布拉格的克莱门蒂努姆图书馆所藏的“第谷・布拉赫”的哥白尼拷贝的扉页

关于哥白尼的演讲，而这次的巴黎之旅正是对他的犒劳。霍尔斯基带给我一个礼物：一份有第谷·布拉赫评注的布拉格《天体运行论》的复制品。当我看到那上面评注的笔迹时，我想我的心脏一定在瞬间停止了跳动，因为它在恍惚间让我想起了我才在罗马凝视的那种笔迹。

一回到巴黎的旅馆，我就立刻核对了我在罗马所做的记录。那里有太多的巧合了。第谷是否给一本第二版的拷贝做过评注，而我是不是发现了他思想中一个至关重要的过渡阶段？我马上联系了泛美航空公司，改订了机票，提前一天离开巴黎，飞回罗马。

奥康奈尔神父再次陪我到梵蒂冈教廷图书馆，既是为了让我一路畅通，也是想要与我一起分享对布拉格复制本和奥托博尼 1902 号的比较过程。这一次，还是只用了五分钟，就完全证实了两者的笔迹是相符的，第谷确实曾经对一本第二版拷贝做了评注。下一步就是要对重要的手写稿页进行拍照。通常，这个过程要花费六个星期到六个月的时间，但是奥康奈尔神父的在场使它快得不可思议。按照他的安排，这个过程将在几个小时之内完成。

等待期间，神父建议我们去隔壁的梵蒂冈档案馆看一看有关审判伽利略的那些文件。这个建议很有吸引力，因为那些档案不仅包括 1633 年声名狼藉的异端审判笔录，还有各种作为证据的附件，包括那个著名的“假禁令”，据推测它是在 1616 年颁行的，内容是不允许伽利略持有和传授哥白尼的体系。[①]伽利略专家乔吉奥·德桑蒂利亚纳（Giorgio de Santillana）在他的《伽利略的罪恶》（*The Crime of Galileo*）一书中指出：那份禁令的文件

---

① 1616 年教皇宣布把《天体运行论》列入禁书，直到 1757 年，牛顿的万有引力学说已经确立了很久，地动学说成了天经地义，这才解除禁令。1822 年，教皇被迫承认地动学说。——译者注

是伪造的，是对伽利略的蓄意陷害。多年以来，我一直认为那份禁令很可能是一份已经起草好了但从未公证的真实文件。因为当时最重要的天主教神学家红衣主教罗伯特·贝拉尔米内（Robert Bellarmine）接见伽利略，并提醒他持有哥白尼观点的危险性时，这条禁令并未真正实施。但是今天最新的学术研究指出，公证并不是必需的，禁止令很可能真正地实施过。由于伽利略此前曾收到贝拉尔米内的一封信，其中告知了伽利略所发生的事情并对禁令给出了更为宽容的解释，所以，在这样的情况下，伽利略很容易忘记禁令的存在。那封信在审判时被引为物证，也存于梵蒂冈的档案中。

档案馆在午餐时间关闭，无奈，奥康奈尔神父就带我到档案馆楼上的风之塔看看。并没有很多参观者注意到这里，因为楼梯太窄了，以致两个人无法同时上下。“当克里斯蒂娜女王来到梵蒂冈时，胆小如鼠的教皇亚历山大七世把她安置得尽可能地远离他自己的住处，”我们上楼梯时，奥康奈尔神父向我解释道，“于是，她就被放到了这个地方，就在老天文台的下边。这个天文台很不寻常，因为它只有一个透进阳光的小孔以及地面上的一条黄铜制的子午线。就凭这些，克拉维于斯就可以向教皇格里高利八世展示罗马儒略历与季节并不能同步——要相差十天。[①]墙上有表现各种方向的风的壁画，这也就是这里称作风之塔的原因。”

当我们来到绘有壁画的房间中时，看到进光孔位于南风奥斯特的口中，奥康奈尔指出，加利利海（今日太巴列湖，位于以色列和叙利亚之间）的风暴表现了南风（出自所有的对观福音

① 子午线是被校准过的，每天正午太阳的影像交叉穿过它——夏天穿过点最靠南，此时太阳高高地悬在天空，而冬天最靠北，此时观察者能确定日期。然而按照儒略历，太阳到达春秋二分点要提早十天。

书[①])。然后他又告诉我，在克里斯蒂娜到来后，就有一个传统，即在原有壁画中一些可能冒犯的细节上覆盖上新画。后来，教廷恢复旧作，原绘就显露出来：在北风的下面是出自《圣经·耶利米书》的格言："必有灾祸从北方发出。"

现在，拍照工作完成了；我对奥康奈尔神父的出面帮忙表示了衷心的感谢，然后我就继续我的"《480号公法》之旅"前往埃及。我的思绪仍然萦绕于梵蒂冈教廷图书馆意想不到的好运气上。我开始这项探究的初衷就是要找到一些有关哥白尼的新发现，来纪念他的五百周年诞辰，而到了这里，这个目标实现了一大半。

回到美国，我开始分析我的新发现与我们平常所了解的第谷·布拉赫有怎样的关系，它们是否相符合。那位丹麦天文学家在1588年公布了他改良的"第谷体系"，这个体系以稳定不动的地球作为中心，而以行星做随从的太阳则围绕地球旋转。他还声明，他在五年前，也就是1583年就创造了这个宇宙学说。然而，在梵蒂冈教廷图书馆的那本《天体运行论》中图表上所注明的日期却是1578年，但是这些图表并没有展现出完整的体系，并且还有一个至关重要的错误。在奥托博尼1902号最后的地心图表中，有为火星、木星和土星设置的本轮，所以它们能够彼此精确地滑过而不会发生撞击。它们仿佛是由透明的第五元素制成的——亚里士多德那天界的"第五元素"在整个中世纪的岁月中都是坚固而无瑕的。但遗憾的是，对于这样精致的安排来讲，行星间隔的存在就要求火星的本轮与太阳的天球发生交叉。如果是这样，那么火星与太阳毫无

① Synoptic Gospels，又称符类福音书。福音书是指耶稣基督的生平事迹的记录，众多福音书中只四本被纳入《圣经》，其余被视为伪经，其中前三本马太福音、马可福音、路加福音虽各有侧重但因内容相似而被称为对观福音书。——译者注

疑问会发生冲突——而行星真实的运动并没有这种情况的发生。尽管完全不会有危险，但并不符合审美的要求。

第谷在写给伊拉斯谟·赖因霍尔德的继任者、维滕堡大学天文学教授卡斯珀·波伊策尔（Casper Peucer）的一封信中谈到有关其体系的起源："我曾一直沉溺于那些被几乎所有人认可和长期接受的观点，即宇宙是由某种坚固的围绕地球并承载着行星的透明天球所组成，并且……我无法让自己接受自己这个天球交叉的荒谬解释；所以当我有了这个发现的时候，我自己也半信半疑。"但最终，他认识到，透明天球只不过是一种主观的想象，而并不是《圣经》中的规定。没有了透明天球的限制，他就可以允许火星与太阳圆周交叉，这就是他所描述的1588年的第谷体系。奥托博尼1902号揭示了这个新体系产生的足迹，即如何一步一步从日心布局后退到准地心布局的。另外，由于此书中存在着抄自赖因霍尔德的评注，所以在第谷与维滕堡大学之间一定存在着某种联系。"这是一个绝妙的独家新闻，"我在罗马机场写信给米里亚姆，"它改变了我们公认的第谷传记中［关于第谷怎样以及何时开始构思第谷体系的］的若干事件，并且它生动地证实了我的假设，就是由伊拉斯谟·赖因霍尔德到第谷，存在着一种智力上的联系。"

我决定将我的这些发现作为我在1973年8月于华沙举行的国际天文学联合会特别全体大会的开幕式上受邀演说的核心内容。为此，我借用了查尔斯·埃姆斯的手法。他曾经创新地使用了多屏展示，就像1964年纽约世界博览会上IBM展位中的那个一样。后来，他又制作了一系列内部的三屏幻灯展示，我在他加利福尼亚州的办公室就看到过几次。并且，为1973年早些时候在华盛顿由史密森学会和美国科学院共同主办的一次国际研讨会，我还帮助他一起制作了一个有关哥白尼的这种展示。于是，我从埃姆斯那儿弄来

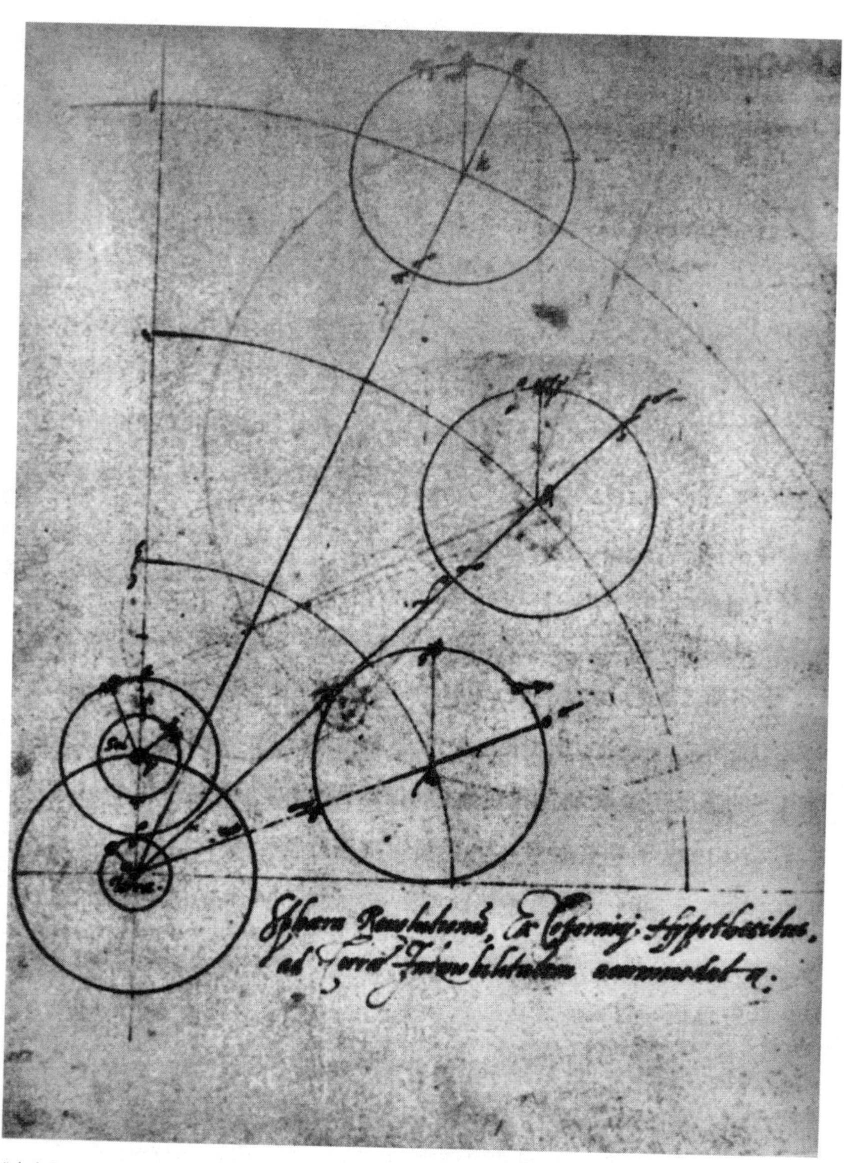

“来自哥白尼假设的包含静止地球的”行星体系，出自梵蒂冈图书馆的奥托博尼 1902 号藏品

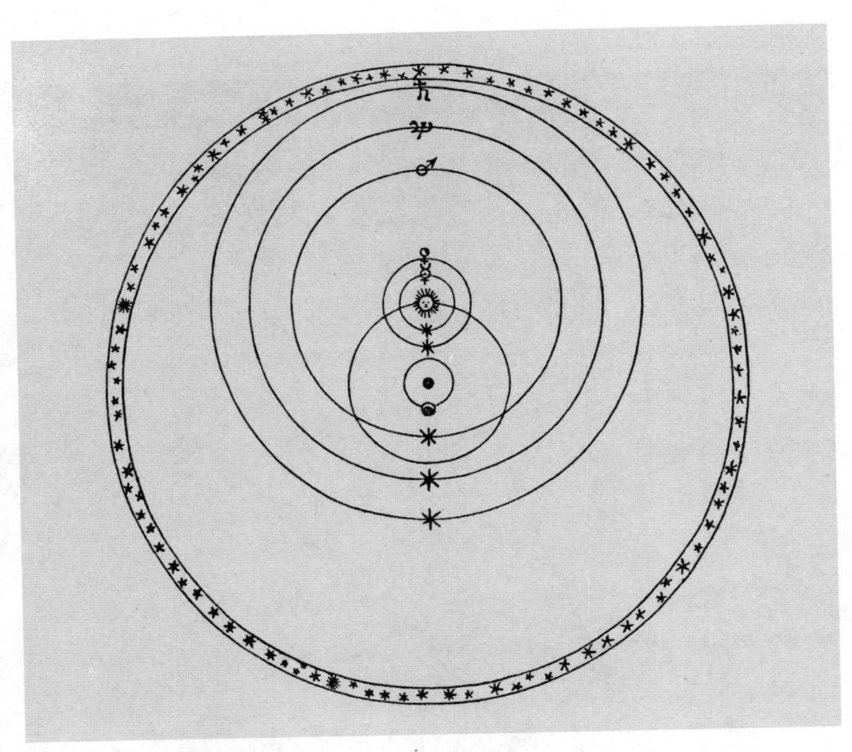

第谷的地－日心体系，出自其《论天界之新现象》（乌拉尼堡，1588）

了一些幻灯片，又加上了许多我自己的，其中包括一些第谷评注的新照片。

当我提出要为我即将到来的演讲提供上百个玻璃幻灯片框时——后来实际用了135个，我险些遭到史密森学会摄影师的拒绝。还有，当我告诉波兰的东道主还需要三个显示屏和三个投影仪时，他也被噎得够呛。尽管这样，最终，在一次预演之后，我还是设法做到了让我的演讲与那三个投影仪同步，那些幻灯片提供了令人回味无穷的影像，包括哥白尼时代的波兰、哥白尼的藏书、哥白尼著作的手稿，当然还有带评注的《天体运行论》拷贝。

在波兰，我看到了卫生部顾问委员会主席所将做的演说的文稿，并帮助他免去了将会面对的一些困窘。可以理解，那一年哥白尼在波兰很受欢迎，并且似乎每一个波兰政治家都想使哥白尼与他的专业发生一些联系。而看起来，卫生部似乎更有根据，因为在帕多瓦学医以后，哥白尼确实在他的家乡做过一段时间的医生。事实上，要得到他从医的细节是很困难的，但卫生部顾问委员会的人员还是在《美国医学会杂志》（*Journal of the American Medical Association*）中找到了一篇关于哥白尼与"给面包涂黄油"之间关系的文章。文中描述了在与条顿骑士团的战争期间，哥白尼发现，波兰士兵生病正是由于食用了不干净的面包，而如果在面包上涂抹一些东西，当面包掉在地上时，人们立刻就会辨别出来。依文中所述，哥白尼不仅完成了一些有关卫生的研究，还把他的发现用于传染病的预防方面。这个故事涉及一个似乎可能存在却又完全不为人知的官员阿道夫·布滕内特（Adolph Buttenadt）[①]，他有效地推广了哥白尼的研究成果，所以那个过程就被称为"布滕内特法"，最终被简称为"涂黄油法"。

当我把这篇文章拿给多布任斯基看的时候，他哈哈大笑，并马上指出这是一个杜撰的故事。佛蒙特大学的物理学家阿瑟·库宁（Arthur Kunin）和历史学家塞缪尔·汉德（Samuel Hand）虚构了这个哥白尼的故事和假想的人物阿道夫·布滕内特，他们希望以此作为手段提出一些关于哥白尼在医学研究和实践中担当角色的讨论。然而，卫生部顾问委员会主席并不能很好地理解地道的英语习俗，所以，他根本就没有察觉到其中明显的玩笑成分。

---

① 阿道夫·弗里德里希·约翰·布滕内特（Adolf Friedrich Johann Butenandt，1903—1955）因其在性激素方面的研究，在1939年获得诺贝尔化学奖，难道这个故事中名字的相似只是个巧合吗？

后来，我又和曾经致力于使每个人都严肃地对待哥白尼的爱德华·罗森教授谈到了那篇文章。罗森闻言勃然大怒，他大叫："那并不是一个恶作剧，根本就是个骗局！"后来，一次偶然的机会我才知道，那个故事是一个有趣的误会。在佛蒙特大学，我在一次宴会上遇到了阿瑟·库宁。库宁告诉我，在纽约城市学院，他曾是罗森教授班上的一名年轻学生，并且罗森对哥白尼的热情以及对历史细节的关注给他留下了深刻的印象，而这可能就是他们不自觉地选择了哥白尼作为他们故事的主角的基础！

在五百周年纪念这一年过去之前，我还在几个场合把大家的注意力引向我在梵蒂冈教廷图书馆的发现。一次是在《科学美国人》(*Scientific American*)上发表了有关哥白尼的文章，另一次是在博尔德的科罗拉多大学所做的一次演讲，我从没有对那么多人做过演讲，大约有一千二百人吧，可见，在整个科罗拉多州对哥白尼感兴趣的人比我想象的要多得多。另外，1973年年底，我在位于图森的全美天文学会面前又再次重复了我的三屏展示。

尽管奥托博尼1902号评注中的发现令我非常兴奋，但细究起来仍然至少存在两个问题。其一，在爱丁堡的赖因霍尔德拷贝中，评注者细心地将哥白尼用来消除等分点的三个备选方案进行编号并标注，而在梵蒂冈拷贝中的技术图表则是半路出家，直接"根据哥白尼的第二个假设"着手，那么在第一个假设上又发生了些什么呢？其二，在梵蒂冈拷贝开头的一张衬页上还有一个写有许多欧洲城市经纬度的表格。为什么西里西亚的弗拉蒂斯拉维亚（Wratislavia）接近表格的顶端，而与第谷息息相关的两个城市哥本哈根和乌拉尼堡却被忽略了呢？

其中一个问题的答案似乎不期而至。1974年秋天的科学史学会年会上进行了哥白尼五百周年纪念活动的最后一次登场。科学史学家们把其中一节会议的重点放在讨论五百周年纪念活动期间的有关哥白尼的发现上，而我被要求对新发现的第谷手稿进行一些描述。我从马萨诸塞州的坎布里奇驱车到康涅狄格州的诺沃克，那里拥有令人瞩目的科学史收藏的独立机构伯恩迪图书馆（The Burndy Library）[①]，它将作为会议的东道主。由于就在那之前不久，我在为伯恩迪图书馆花园的新哥白尼半身像的落成帮忙时，已经多次查阅了那里两个版本的《天体运行论》，所以这次在去诺沃克的路上，我就请求同行的旅伴在纽黑文等我一个半小时，这样我就可以顺便去再次检视一下耶鲁大学的珍本图书收藏中的第一版《天体运行论》了。

纽黑文的拜内克图书馆无疑是世界上最漂亮的图书馆之一。略加抛光的大理石路面把光线映入展区，展区中心是一个装有摆好的书摞的玻璃柜。整个建筑洋溢着一种安详而富丽的气息（彩图8b）。我早就知道拜内克图书馆的《天体运行论》是全本都做过评注的，它显然也是美国最能引起人们兴趣的拷贝之一。于是，我带来了我的照相机和拍摄用的泛光灯，后者是用埃姆斯办公室为我特别定制的一个手提箱运过来的。我被让到一个小工作室里，很快书就拿来了，是用精致的小牛皮做的装订，并且还有一些曾经用来紧紧地把书系起来的绿色丝绸带子的碎片。在我给拷贝拍照并重新研究它的时候，我再次认识到，这本书中的评注有很多是仿效了伊拉斯谟·赖因霍尔德的拷贝。很明显，这些评注是出自维滕堡圈子里

① 伯恩迪图书馆由伯恩·迪布纳（Bern Dibner，1897—1988）创立。迪布纳是一位退休的实业家，他为自己杰出的收藏亲自挑选书籍。1976年，作为献给自己所入籍的国家两百周年诞辰的礼物，迪布纳把自己的大部分珍本图书都捐献给了史密森学会。这些图书现在藏于华盛顿的美国国立历史博物馆中的迪布纳图书馆。他其余的收藏在坎布里奇的迪布纳研究所的伯恩迪图书馆中保存。

的两位后来者之手，但我还是搞不清楚评注者的身份。

当我继续对着拜内克图书馆的拷贝工作时，我慢慢地注意到它与众不同的装订。突然，我好像明白了些什么。在我刚刚开始调查研究哥白尼《天体运行论》的时候，一个非常有用的参考就是由杰出的德国天文学史学家恩斯特·青纳（Ernst Zinner）在 1943 年汇编的一份有 70 本首版拷贝在列的清单。除了这份对《天体运行论》拷贝所在地的汇编之外，青纳的一本关于哥白尼学说接受史的德语著作中还有几个附录，其中一个列出了 16 世纪约翰内斯·普雷托里乌斯（Johannes Praetorius）的藏书。普雷托里乌斯曾在莱比锡大学上学，然后成为那里的一名教师，后来，他又成为埃朗根大学的一名教授。他的藏书中有两本第一版《天体运行论》的拷贝。青纳的确是一位名不虚传的目录学家，他喜欢此类的遗产清单，特别是当大多数书都集中到一个地方时，譬如普雷托里乌斯的藏书就是集中在巴伐利亚北部的施韦因富特。但是，据我所知，普雷托里乌斯的两本《天体运行论》之一现在并不在施韦因富特。1625 年（或其后不久）的那份清单非常明确；其中把那本拷贝描述为“用荷兰小牛皮做封面，绿色的丝绸带子扎捆，有霍梅留斯的评论和普雷托里乌斯的评注”。我非常仔细地观察了纽黑文这本拷贝的装订：除了荷兰小牛皮，还有一些绿色丝带的痕迹，里面留有两种不同的手迹。几处评注引用了约翰内斯·霍梅留斯（Johannes Homelius）的话，他是莱比锡大学的天文学教授，雷蒂库斯的继任者，并且这些评注有时会伴有另一种笔迹的进一步注解，后来证实第二次注解是出自于约翰内斯·普雷托里乌斯之手。[①]于是，我偶然发现了这本

① 这是通过与现存于巴伐利亚埃朗根大学的普雷托里乌斯的天文学笔记进行比较而得出的结论。

缺失的书，在哥白尼学说的早期传播中，这本书是一个重要的纽带，因为其中的评注显示了它是另一本受到伊拉斯谟·赖因霍尔德评注影响的拷贝。

纽黑文那本拷贝中最有意思的部分位于哥白尼研究季节长度时的一段很长的拉丁文评论的后面。有点可惜，这里正好有一处印刷错误。尽管它并没有真正影响到接下来的运算，但霍梅留斯还是在这里表达了他的愤怒（他最初的评注被一个不知名的学生抄在了这本拷贝上），最后还冒出了一串德文：

> Der Himmel ist aber zum Narren worden er musz gehen wie Copernicus will.（如果天体必须按照哥白尼所希望的那样运动，那么宇宙就会成为一个傻瓜。）

在一种欣喜的状态下，我集合起我同车的旅伴，直奔诺沃克去开会。“我知道在纽黑文一定发生了些什么事情，”同车的约瑟夫·克拉克（Joseph Clark）神父后来告诉我，“你的眼睛正在跳舞！”

我现在还保存着我在诺沃克讲话的手稿，但我已经记不清我在讲话中对最后在拜内克图书馆的发现又补充了多少东西。最主要的，我讲述了我对爱丁堡赖因霍尔德那本书的认定，它如何引发了我对哥白尼著作的普查，以及我是如何鉴别梵蒂冈那本拷贝上第谷·布拉赫的工作笔记的。作为这类会议的习惯，我的报告后会有一个评论员，这次担任此职的是洛杉矶加利福尼亚大学的罗伯特·韦斯特曼，这位年轻的学者是在哥白尼诞辰五百周年纪念这一年中脱颖而出的。在我最初发现爱丁堡的赖因霍尔德拷贝之后，他也开始了对《天体运行论》其他评注的寻找。当韦斯特曼找到开普勒的老师米夏埃多·梅斯特林那本带有评注的我尚未检视过的拷贝后，发表了一篇广受好评的论文，其中有对梅斯特林评注的探讨，那时我就已经知道我拥有了一场竞争。在我们之间存在着明显的竞争，尽管到 1974 年秋天为止，我已经确定了超过 200 本第一版拷贝的位置，但我绝不可能看过所有这些拷贝。所以，我完全不知道那个星期日上午在诺沃克会发生些什么事情。

韦斯特曼的开场平淡无奇，称赞了我的发现，但对我借用 20 世纪社会学术语"无形学院"来描述 16 世纪评注从一本书中复制到另一本书中的网络提出了一些礼貌性的批评。通过两个投影机在屏幕上打出的并置影像，他比较了梵蒂冈拷贝中的笔迹与一个已知的第谷文档，指出，这两种笔迹并不完全一致。他提出，或许是第谷的一位助手写下了那些评注，他说那是一个谜。但这里还有另外一个谜：他说从布拉格拷贝和梵蒂冈拷贝中的摘取的评注比较样本，用我的话说，"显然缺乏和谐"。看来这只是一个引子，但他究竟要说什么呢？我没有任何线索。而很快，他就令我惊讶不已。

韦斯特曼说他已经得到了比利时列日大学的一本有完好评注的《天体运行论》的微缩胶卷，看哪，他竟然又找到了一本与布拉格和梵蒂冈的拷贝中的评注笔迹相似的著作！这真令人难以置信。虽然第谷是一位富有的贵族，他可以买得起三本哥白尼的书，但他为什么要留三本拷贝呢？

我受到了重重一击，并马上意识到，我已经不能在不顾及新发现的列日拷贝的情况下，就把对奥托博尼 1902 号的论述作为最后的结论了。我早就知道那里有一本第一版的拷贝，但在真正看到书之前就索要一卷微缩胶卷并不是我的工作方式。韦斯特曼抢在了我的前面，他给许多学术机构写信，当他认为哪些拷贝的描述看起来有价值时，就会要求提供微缩胶卷。韦斯特曼的打击给我造成的创伤完全抹去了那个星期天上午我对研讨会上其他人的记忆。

那天中午，我们六个人一起出去吃饭，从伯恩迪图书馆穿过公路，就是“老麦克唐纳农场”，一个充满乡村气息的相当朴实无华的饭馆，里面一个惹人喜爱的酒吧吸引着从波士顿到曼哈顿的路人。在老式农具和马戏团广告的背景衬托下，我和韦斯特曼都警惕得像罐子里的蝎子。渐渐地，紧张的气氛有所缓和，因为我们都认识到唯一明智的解决方式就是在描述第谷·布拉赫的材料上彼此通力合作。尽管后来的日子还会有很多波澜，但回想起来，那的确是我所做过的最愉快的决定之一。如果不考虑别的因素，与一位同事合作比独自工作的乐趣多得多。我们的研究力量明显地得到了互补，而最终我们一起工作的结果也比我们任何一个人独自应付都要有意思得多。

列日的拷贝解开了围绕着奥托博尼 1902 号的一个最主要的谜团。这本拷贝的注释包含有两种不同的笔迹。较早的一层完整誊录了赖因霍尔德的注释，这也就是梵蒂冈拷贝中扉页格言和所有其他赖因霍尔德材料的来源。在那较早的一层评注中还夹有一页注释，它显然来自赖因霍尔德，是目前在爱丁堡拷贝中所缺失的，内容正是“根据哥白尼的第一个假设”所作的行星圆周的分析。从这个已经找到的分析来看，梵蒂冈拷贝中的评注从“第二个假设”开始就不再令人疑惑了。

但是我们仍然没有线索，为什么奥托博尼 1902 号中的地理坐标表把弗拉蒂斯拉维亚放在如此显著的地位，却忽略了与第谷息息相关的城市哥本哈根和乌拉尼堡。这个问题依然萦绕在我们心头。

第六章

真相大白的时刻

耶日·多布任斯基的冷面幽默总是使我的华沙之行充满活力。面对那里常常需要数小时排队的状况，他总有一种现实主义的克制态度。科学史研究所所在的斯塔奇宫是“团结运动”[①]的温床，有一次，整个建筑受到军队的围攻，它的所有者也被扣押起来。耶日和他的同事，曾经主编了哥白尼研究丛书和《哥白尼全集》的保罗·恰尔托雷斯基（Paul Czartoryski）都在非常繁忙地工作，所以他们并不急于离开。“你们必须过来，”部门秘书奥尔加说，“这就是所谓团结，我们要一起在这里。”于是两人只得跑到宫殿的前廊，面对排成一条长龙等待被关押的工人以及一大群看热闹的旁观者。就在他们迟疑该做些什么的时候，一个警察从旁边走过，提醒他们站错地方了。于是，他们真的受到感染加入了人群。

不过那件事是若干年后的事了，而在1973年8月，波兰正伴

① 1980年，由于国内矛盾，波兰反政府组织“团结工会”成立并组织全国大罢工，波兰当局于1981年12月至1983年7月实行战时状态，宣布“团结工会”为非法组织。1989年6月，团结工会在当年议会大选中获胜，成立了以其为主体的右派政府。——译者注

随着不断发展的哥白尼高潮而激动起来。五百周年纪念活动正如火如荼，到处都是五颜六色的哥白尼海报，每个小摊子上都能够找到印有哥白尼肖像的木盘子，国际旅游者正追寻着哥白尼的足迹，来自世界各地的科学家们也云集华沙，向他们杰出的前辈表示崇高的敬意。

当然，在向国际大学协会做出受邀演讲之前我已经把我在梵蒂冈教廷图书馆的发现告诉了多布任斯基。他知道后感到非常懊恼，因为他在罗马第一次看到那本拷贝时把它忽略了。尽管如此，他还是对我的研究充满热情地予以支持。我们一起到他的家乡波兹南去看那里图书馆存有的六本《天体运行论》拷贝，然后到弗罗茨瓦夫，那里有两个重要的收藏，一本存于弗罗茨瓦夫大学，另一本存于第二次世界大战后从基辅附近迁来的奥索林斯基研究所(Ossolinski Institution)。多布任斯基给我看了奥索林斯基研究所藏书的印刷目录，我注意到，其中每一个条目都有一个编排好的出处清单，也就是说，列出了所有曾经的拥有者和所在地。这种编排方式似乎对于我所从事的那种大范围普查是一个理想的方法，尽管它也意味着我所收集到的信息还不够充分。

多布任斯基对奥索林斯基目录的这两种记录都表示赞同。很明显，我的调查正在经历一场意义重大的转变，它将不再只是检查拷贝是否有评注。我不仅要加倍努力去检查几乎所有的第一版和第二版拷贝，而且我必须更加系统地收集每一本拷贝的背景信息，以便能够追踪到这本拷贝在几个世纪间曾经的拥有者。因此，从事此项调查若干年之后，我意识到我将不得不重新回到许多我曾经去过的图书馆，以确定我的记录是否足够充分。这就意味着要重返剑桥、牛津和伦敦以确保能够获得那里几十本拷贝的出处。

我常常被问及是如何知道那些拷贝的藏身之处的。其实如果你住在欧洲或是北美，又只想找一本拷贝来看看，那么是很容易的事。[①]有几个主要的参考资源可以让你顺藤摸瓜找到其中一本。今天，联机计算机图书馆中心（On-line Computer Library Center）或是卡厄斯鲁尔虚拟目录（Karlsruher Virtueller Katalog）能够提供即时的在线帮助。《国家联合目录》（*National Union Catalog*）是一个多达400卷的庞大的参考资料，尽管人们必须警惕其中一些被错误当成旧书的20世纪复制品[②]，但在我开始调查的时候，这个目录的确为我提供了一个不错的起点。然而，《国家联合目录》只列出了北美地区实际上拥有的四十几本第一版拷贝和略多一些的第二版拷贝的大约三分之一，所以，如果你想看所有的拷贝，你必须用另外的方式。找到那些拷贝最基本的方法之一，就是直接写信给那些古老的或是较大的图书馆。再有就是询问那些专业的书商。全世界有大约二十四家拥有珍本科学书籍细目的公司，而我全都与它们接触过。最有帮助的书商之一是杰克·蔡特林（Jake Zeitlin），他是南加利福尼亚州文化生活中的一个重要人物。蔡特林非常乐于帮助我查找那些私人收藏中的拷贝。比如，他曾经把一本拷贝卖给了一个著名的医学博士，博士已经很老了，而蔡特林认定我应该看看那本拷贝，就把我带到了博士的住处。我们等护士推着坐在轮椅上的博士来到游泳池边，就偷偷溜进他的藏书室。那本拷贝并没有评注，因此测量和记录装订的工作进行得很快，由于装订工人几乎没对书页

---

① 但如果你住在开普敦，那么最近的第一版拷贝在北边6000英里外的那不勒斯。从布宜诺斯艾利斯到墨西哥的瓜达拉哈拉也是同样的距离。离悉尼最近的第一版拷贝在北边5000英里的马尼拉。而离德里最近的第一版拷贝在莫斯科、马尼拉或是广岛，算起来差不多都是4000英里。

② 1543年第一版的仿真本分别出版于1928年（巴黎）、1943年（阿姆斯特丹和都灵）、1960年（莱比锡）和1966年（布鲁塞尔），并在1999年发行了资料光盘（洛斯阿尔托斯）。1566年的第二版的仿真本也在1972年（布拉格）出版。

毛糙的边缘做什么修整，所以这是现存开本最大的哥白尼拷贝之一。我们的动作很快，以至于被推回房间的主人丝毫不会产生刚刚来过两个雅贼的想法。

我特别想看的是列日的那本拷贝，也就是罗伯特·韦斯特曼在1974年诺沃克研讨会上让我大吃一惊的那一本。那次会议后不久，在一次从开罗做定期检查回来的路上，我就找到了机会。我在布鲁塞尔做了短暂的停留，驱车直奔列日，随身带着我的泛光灯手提箱以便能够给书拍一些幻灯片。[①]对我自己来说，了解那些复杂的评注是非常快乐的体验。列日的拷贝有两层手迹：较早的一层只是简单地抄写了赖因霍尔德的评注，另外一层是第谷的笔迹。然而，在较早的那层笔迹里还包含了一些很可能是来自赖因霍尔德然而是爱丁堡的《天体运行论》中所没有的材料，而恰恰是这些材料引发了细致评注的梵蒂冈奥托博尼1902号中行星轨道的整个排序。情况正变得越来越复杂，但是要我与韦斯特曼坐下来就第谷的材料达成妥协，还需要一段时间。

在那期间，我坚持不懈地工作，考察其他分布广泛的拷贝，我充分地利用了在欧洲的会议或是我到开罗的年度旅行，去拜访那些遍及英国和欧洲大陆的图书馆。然而在那时候，要想把拷贝的整体情况弄清楚又谈何容易，许多拷贝间本应有的迷人的历史关联但在回顾时却各自为政。例如，我只是慢慢才意识到，苏格兰存有的拷贝是如此不同寻常。在爱丁堡的六本拷贝中，除了赖因霍尔德做评注的那本有重要影响的拷贝，还有一本的拥有者是著名的经济学家、《国富论》（*The Wealth of Nations*）的作者亚当·斯密（Adam

---

① 这次旅行中最独特的记忆莫过于列日的165伏电压了，那是我所到过的唯一使用这种电压的地方。旅行中我带的是欧洲标准的220伏泛光灯泡，所以我一时束手无策，好在那些天文学家们很快就做了个变压器给我，于是我就可以正常工作了。

Smith)，他还在自己关于天文学史的文章中间接提到了《天体运行论》。在我的《普查》中，这份拷贝获得了三颗星，这还不是因为它曾经为亚当·斯密所有，而是由于一位来自于维滕堡圈子里的更早的身份不明的拥有者，他曾写道："每一个人都能正当地加以怀疑，这样精确的计算是如何从哥白尼那种与宇宙的和谐和理性相矛盾的荒谬假设上得出的，还有他为什么不从托勒密的与《圣经》和经验相符的假设着手来修正，却制造出了这样一个怪谈。"我在《普查》中用了五页的篇幅来描述这本拷贝以及其中匿名的辩护言论，而如果有谁能够确定这位匿名的评注者是谁，我将欣然为他准备一场盛大的香槟宴会。

在爱丁堡还有一本充分注释的拷贝，拥有者是物理学家约翰·克雷格（John Craig）。这本书在后来弄清第谷评注的过程中扮演了关键的角色，并且意外地证实了一个关于对数之发明的古老传说。我在格拉斯哥找到了三本第一版拷贝，但直到数十年后，当我准备为《普查》一书拍摄插图而把拷贝调来时，我才发现其中一本的出处是那么引人瞩目。在阿伯丁，图书管理员把我完全关在珍本图书库里，于是我得到了千载难逢的机会可以看到邓肯·利德尔带回苏格兰的所有 16 世纪天文学著作。利德尔 16 世纪 80 年代到 90 年代曾在欧洲大陆多所大学任教，他的那本第二版《天体运行论》显然是一本三星拷贝，因为其中的插页被耶日·多布任斯基鉴定为第三份已知的 16 世纪哥白尼《纲要》的拷贝；不只如此，此书的旁注最终还将与第谷的故事发生联系。

在圣安德鲁斯大学（或许它的高尔夫课程比其大学更有名）有一本第一版拷贝，它曾经属于一个叫"德意志民族"的组织，它是文艺复兴时期操德语的大学生的众多学生协会之一，在书的衬页上适时地记下了协会主事人员的全部名单。与英国图书馆的许多拷贝不同，它直到19世纪前才被作为一项文物收罗进来，所以其更早的出处就很难弄清了。[①]

与苏格兰那些评注丰富的拷贝大不相同，那些来自法国外省的拷贝就像是在诱人的旅游风景区上却是一片贫瘠的文化荒漠。然而最终，正是由于评注的稀少，尤其是1620年罗马宗教裁判所要求的审查的缺乏，却使我得到了这个项目意外但最为有趣的收获之一。

1976年夏天，国际天文联合会在法国南部的格勒诺布尔召开会议，一系列活动使我有幸到分散在法国各地的许多图书馆去参观考察。有两项调查使我得以确定这些拷贝的存在位置。我首先从巴黎的国家图书馆着手，其工具参考书室中有众多外省图书馆的印刷目录，这些册子似乎是独特的法国式的，具有高卢人典型的强烈系统化的倾向。目录具有严格的主题分类，可以迅速地查到哥白尼的著作，所以我只投入了相当少的时间就检查到了数十本。法国科学史学家泰斗勒内·塔东（René Taton）和另一个人迈利斯·卡泽纳夫（Maylis Cazenave）帮着撒出了第二张网，他们在法国图书管理员阅读的一份杂志上登了广告，并直接给有可能拥有的图书馆写信。通过这两项调查，我们确定了法国外省地区17本第一版拷贝和16本第二版拷贝的所在地，这着实让我的很多巴黎朋友感到吃惊，他们往往认为大部分重要的珍宝早已经集中到了首都。[②]不管怎样，

---

① 一个非常偶然的机会，我发现了圣安德鲁斯大学拷贝上的“德意志民族”真正所在的大学城。在帕多瓦，当我参观一个为纪念伽利略1592年在那里任教授之职的四百周年纪念展时，我注意到一个展柜中的一本书上有着与那本拷贝上同样的名册；进一步的研究显示，那些名单上的人都是16世纪初期在帕多瓦的外国留学生。

② 在巴黎有12本第一版拷贝和13本第二版拷贝。

这些清单就是一份在法国内地进行学术旅行的好指南。

格勒诺布尔的会议之后，多布任斯基（他那时已经接替我做了国际天文学联合会下属的天文学史委员会的主席）、米里亚姆还有我一起去了附近的维埃纳。我们对罗马时代的古迹奥古斯都圣殿和米其林指南中维埃纳的两星奇观都赞叹不已，但我们的目标是市立图书馆。到了那里我们才发现，它只是附近广场对面的一座“火柴盒大小”的图书馆。馆中藏有的第一版拷贝虽然只有很少的评注，其扉页上却有一个耀眼的签名：蓬蒂斯·德蒂亚尔（Pontus de Tyard），16 世纪一位重要的法国作家。蓬蒂斯属于一个叫作普勒阿得斯（Pleiades）的小团体，由七位法国年轻人组成，他们对自己母语的发展有相当大的影响；他们的目的就是要振兴法文写作以对抗拉丁文，并从古典拉丁文和希腊文中吸取营养来丰富法文的文学语言。蓬蒂斯写作十四行诗，写了题为《宇宙》（*L'Univers*，1557）的涉及世界的构成和本质的内容广泛的文集，其中几次提及哥白尼时都表示了赞赏，他甚至还写了一部技术性的现在已经极为罕见的《第八天球星历表》（*Ephemerides octavae sphaerae*）。在图书馆里，我拿着他的那本《天体运行论》拷贝，热切盼望着拍一张有他亲笔签名的扉页的幻灯片。我想找一扇有足够光线的窗户以满足我的尼康相机的拍摄需要，却没有找到。于是，图书管理员建议我把书拿到外面图书馆前的广场去拍摄。至今我还一直感到遗憾，当时没有让米里亚姆拍一张我和多布任斯基在维埃纳市立图书馆门前的台阶上检查那些书的照片。

那天下午，我们又驱车向南去了里昂；并很快就找到了公共图书馆。那是一个位于一片新建的购物区里的漂亮建筑，图书馆里有两本没有给人留下什么印象的第一版拷贝。此后，高峰时间的交通延缓了我们的离去，我们只能缓慢地朝着我们的下一个目的地克莱蒙－费朗进发。直到第二天早上 11 点我们才找到了克莱蒙－费朗图书馆，这时离图书馆关闭的时间 11 点半已为时不多，我们只有半个小时的时间来检查他们的《天体运行论》了。当发现书已经取出并为我们准备好了时，我们感到有点激动。由于没有评注，记录拷贝的大小、装订和保存状况就比较容易了。像大多数拷贝一样，这一本上也没有早期所有者的题字，我了解到，在 17 世纪，这本拷贝就已经在克莱蒙[1]的一个加尔默罗会女修道院中了。克莱蒙是布莱兹·帕斯卡（Blaise Pascal）的家乡，坐落于多姆山的斜坡上。1648 年，帕斯卡曾带着一个原始的气压计在这座死火山的山顶上，证明了地球大气的重量是如何平衡气压计管子中的水银的。我们驱车到山顶，才发现它被浓雾围绕；而直到我们告别那座城镇时，云雾才稍稍散去，使我们得以遥望山巅的风采。

那天晚上，我们按计划到达布尔日，找到了一个 14 美元一天、可以洗澡又有早餐的旅馆，为第二天星期六参观图书馆做好了准备。然而，那里的拷贝还是没有评注。于是我们又马不停蹄地在下午赶到特鲁瓦，那里的两本带有少量评注的拷贝还算有些意思。

1976 年的这次考察之旅是我在欧洲的许多东查西找的活动中的一个典型，由此我亲自检查了几乎每一本能确定位置的拷贝。连续在欧洲的活动使我了解了五花八门的《天体运行论》拷贝，一些很难忘，一些实在不值得注意但收藏它的图书馆令人难忘，还有的两者都变得模糊不清，几乎淡出了记忆。从格勒诺布尔到维埃纳再北上巴黎的旅途，证明了法国各地的图书馆很早就得到了哥白尼的书——他们显然意识到，《天体运行论》已经成为任何

---

① 克莱蒙－费朗是在 1731 年才由克莱蒙和费朗合并而成的，此前克莱蒙是一座单独的城市。——译者注

重要收藏中不可或缺的一部著作。即使在天主教国家，里昂、克莱蒙－费朗和布尔日的拷贝也都曾为教会图书馆所拥有，但并未见审查的笔迹。因此，尽管缺少评注，但一个意义重大的模式逐渐显现出来。

哥白尼研究的步伐在1977年的夏天发生了改变。从我开始对哥白尼著作进行探究，六年过去了，又一个在欧洲的休假年即将开始。第一个学期，我在剑桥的圣埃德蒙学院做访问学者。那里实际上曾是一个天主教男学生的修道院，当然现在已经变得相当普通。米里亚姆、我们的小儿子彼得和我一起在圣埃德蒙的地界上租了一套公寓，安顿下来。几英里外，就是也在度休假年的罗伯特·韦斯特曼的住所，他同样选择了剑桥。尽管我们做着一些相同的项目，但还是会定期在天文台聚会。那里有我的一个办公室，还有一个租来的微缩胶卷阅读器。那段时间，我继续着我对更多《天体运行论》拷贝的追寻。

在科学史的圈子里，大家都知道，牛顿时代以来最重要的科学手稿收藏之一被锁在牛津附近的麦克尔斯菲尔德伯爵（Earl of Macclesfield）家族的住处舍伯恩城堡。18世纪时，三世伯爵曾是一位天文学爱好者，在1752年，英国及其殖民地（包括美国）最终接受了格里高利历时，他还是英国国会上议院中历法改革的主要支持者之一。伯爵的助手威廉·琼斯（William Jones）是一个不知疲倦的书籍与手稿的收藏家。1749年琼斯去世后，这些收藏就到了伯爵的手里。1896年，六世伯爵的孙子在仅仅是一个孩子的时候就继承了这个头衔，成为七世伯爵，并且活到了很大岁数。由于七世伯爵不愿见史学家，所以在20世纪的大部分时间里，这种情况对于科学史学者来说是一个大难题。只有英国最重要的科学机构英国皇家学会有幸得到了特许，于是他们有机会复制了伯爵收藏中丰富的艾萨克·牛顿信件[1]，以便完善他们那权威的七卷本牛顿书信集。

从一开始我就猜想舍伯恩城堡可能藏有一本哥白尼《天体运行论》的拷贝，但是我设想的各种拜访的方式几乎都行不通。一天，一位同事谈到，刚刚继承爵位的麦克尔斯菲尔德八世伯爵可能要展示他的一些珍藏以履行义务。在1975年七世伯爵去世以后，英国国内税务局有关部门签署了一项协议作为遗产税清算的一部分，该协议的效果是使有资格的学者变得能够更加容易地利用那些收藏品，但这个协议显然是一个内部的秘密。我的同事建议，如果麦克尔斯菲尔德伯爵拥有一本《天体运行论》，那么他可能会愿意把它放在牛津郡公共档案局存放一些日子，如此一来我就可以仔细地看看它。这真是个高见！我马上让我美国的办公室发了一份咨询函，并且很快收到了回信，他们的回答是：第一版和第二版拷贝都在收藏品之列。他们还告诉我可以给伯爵打电话，但我花了好几天才鼓足勇气打这个电话。当我问他是否可能把那些拷贝存放在牛津郡公共档案局让我研究一下时，他的回答让我吃惊不已——他邀请米里亚姆和我一起到舍伯恩城堡去。于是在他的建议下，我们把日子定在了下星期四。

作为军事堡垒的时代过去了，舍伯恩城堡不再盛气凌人，但它迷人的田园气息和封闭环绕的护城河为它赢得了高度赞誉。我们从侧面通过一个坚固的小桥进入城堡。麦克尔斯菲尔德夫人说："你们星期四来真好，因为我们只有星期四才有厨师在，所以今天可以邀请你们共进午餐。"

我们被引入客厅，那里四周的每面墙上都装饰着两幅巨大的骏

---

① 2001年，剑桥大学图书馆以637万英镑购得了这些书信加以收藏。

出自 1616 年托马斯 • 科里亚特印度之行日记的独角兽。版画边缘是被裁剪过的，暗示着它出自一本更早的书

马图。我立即就认出这八幅油画是 18 世纪英国享誉一时的画家乔治·斯塔布斯（George Stubbs）的作品。麦克尔斯菲尔德夫人带米里亚姆去参观城堡，包括摇下主吊桥；而麦克尔斯菲尔德伯爵和我则开始工作，对象就是伯爵早已经为我从藏书中取出的那两本《天体运行论》的拷贝。[①]

我们发现，两本拷贝中的第一版拷贝中有一些意想不到的评

① 午餐期间，麦克尔斯菲尔德伯爵夫妇做了些说明：在英格兰，舍伯恩城堡是仅有的三四个四周仍然有正常运转的护城河的建筑之一，还经常会有电影公司请求租用城堡。然而，麦克尔斯菲尔德伯爵夫妇却把这看成是大麻烦，因为那些电影大亨总想把那些时代错误的排雨管毁掉。麦克尔斯菲尔德伯爵夫人还谈到，他们也曾想过在星期日下午对公众开放城堡，因为城堡中除了那些绘画，还有很多历史珍品，比如伊丽莎白一世女王的马术手套。不过伯爵夫妇又说，非常遗憾，这种参观方式并不适合接待大批游客，所以就未能付诸实施。就我所知，米里亚姆是科学史圈子里唯一参观过该城堡的人。

注，与哥白尼的原文毫不相关。这本拷贝原来是属于约翰·格里夫斯（John Greaves）的，他是17世纪初期牛津的一个天文学教授，也是研究伊斯兰科学文献的先驱。格里夫斯显然是在去伊斯兰圣地巴勒斯坦的途中在意大利得到了这本书，当他造访叙利亚的阿勒颇时，书上的环衬页就成了他便捷的笔记本。在阿勒颇，他有幸从一位更早的旅行者那里抄写了一些笔记，那个从陆路去了印度莫卧儿宫廷的人曾在他的日记里记录说，他曾“亲眼看到过两只独角兽”。麦克尔斯菲尔德伯爵以前从没有机会注意这些字迹，所以当我给他读到这些的时候，他哈哈大笑。后来，在我的《普查》出版后，我才知道那位曾在拉合尔（Lahore）看到独角兽的旅行者就是托马斯·科里亚特（Thomas Coryate），这位17世纪著名的英国旅行者所出版的日记中还有一幅想象中的独角兽的版画。

格里夫斯是做评注的学者中少数几个更愿意使铅笔而不是羽毛笔的人之一，特别是对数学部分的评注尤其如此。在封面内部的其他空白页，他置入了很多关于球面三角学的小图表和法则，还有其中部分文字是用阿拉伯语和波斯语书写的年代对照表。那本第二版拷贝曾经为一个早期的英国数学家所拥有，他的名字恰巧叫作欧几里得·斯派德尔（Euclid Speidell），与第一版拷贝不同，这本拷贝上除了拥有者的名字外，就没有任何评注了。这种情况其实很有典型性：在牛津所存有的15本第一版或第二版拷贝中，有9本是除了所有者身份的标记外就没有任何评注的。

有一次罗伯特·韦斯特曼在剑桥天文台和我一起进行了合作研究。作为热身活动，我们在阅读器中装上了一卷我从波兰弗罗茨瓦夫大学图书馆订来的《天体运行论》微缩胶卷。那大量整洁有序的评注立刻引起了我们的注意。书扉页的题字告诉我们，这些评注是

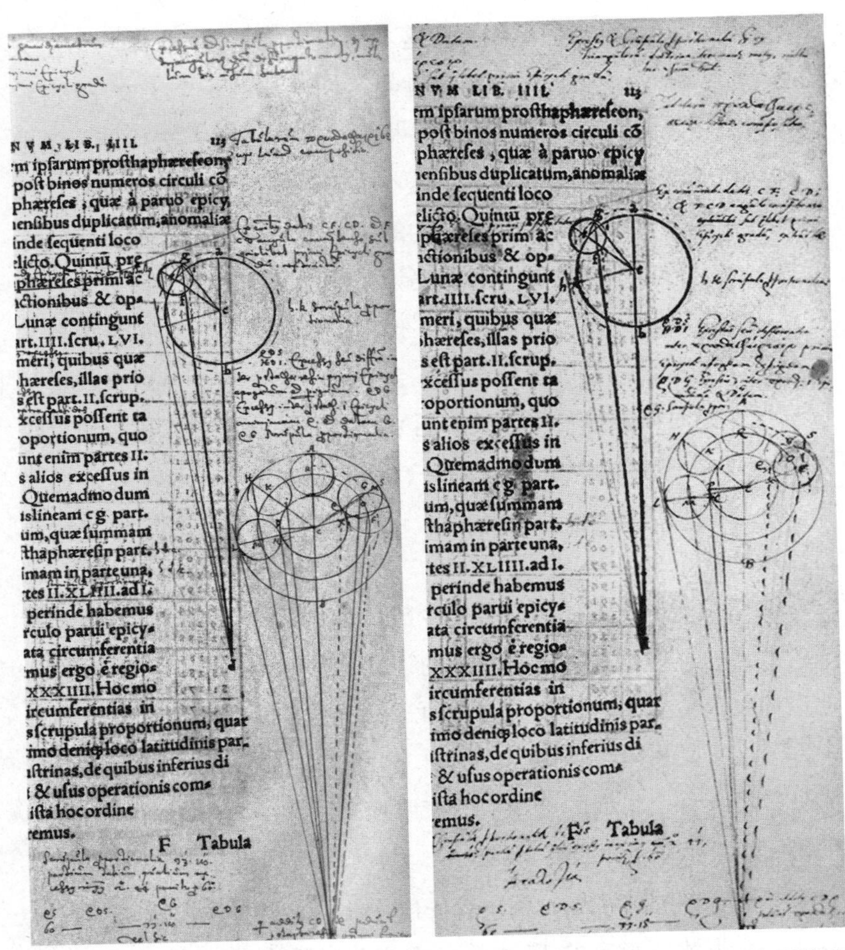

NVM. LIB. IIII. 113
m ipsarum prosthaphæreseon
post binos numeros circuli cō
phæreses, quæ à paruo epicy
ensibus duplicatum, anomaliæ
inde sequenti loco
elicto. Quintū pre
phæreses primi ac
ctionibus & op
Lunæ contingunt
art. IIII. scru. LVI.
meri, quibus quæ
hæreses, illas prio
s est part. II. scrup.
xcessus possent ta
oportionum, quo
unt enim partes II.
s alios excessus in
Quemadmo dum
islineam c g. part.
um, quæ summam
thaphæresin part.
imam in parte una,
tes II. XLIIII. ad I.
perinde habemus
rculo parui epicy
ata circumferentia
mus ergo è regio
XXXIIII. Hoc mo
ircumferentias in
s scrupula proportionum, quar
imo deniq; loco latitudinis par
strinas, de quibus inferius di
& usus operationis com
ista hoc ordine
emus.
F Tabula

NVM. LIB. IIII. 113
m ipsarum prosthaphæreseon,
post binos numeros circuli cō
phæreses, quæ à paruo epicy
ensibus duplicatum, anomaliæ
inde sequenti loco
elicto. Quintū pre
phæreses prim ac
ctionibus & op
Lunæ contingunt
art. IIII. scru. LVI.
meri, quibus quæ
hæreses, illas prio
s est part. II. scrup.
xcessus possent ta
oportionum, quo
unt enim partes II.
s alios excessus in
Quemadmo dum
islineam c g. part.
um, quæ summam
thaphæresin part.
imam in parte una,
tes II. XLIIII. ad I.
perinde habemus
rculo parui epicy
ata circumferentia
mus ergo è regio
XXXIIII. Hoc mo
ircumferentias in
s scrupula proportionum, quar
imo deniq; loco latitudinis par
strinas, de quibus inferius di
& usus operationis com
ista hoc ordine
emus.
F Tabula

瓦伦丁·塞比什在《天体运行论》页边的评注（左图），整洁地抄写自保罗·维蒂希的原版评注（右图）。两本拷贝现均存于弗罗茨瓦夫大学图书馆

在大约1600年出自波兰的利格尼茨市议员瓦伦丁·塞比什（Valentin Sebisch），一个天文学领域的无名小辈之手。这个事实令我们感到十分疑惑，但还有另一个问题：评注简直太整洁了，没有删除或是行间插补这些工作笔记的特征，并且它们还是相当有洞察力的。比如，

塞比什指出了一份据说是哥白尼的观测报告精确地符合根据古老的《阿方索星表》计算出的位置。还有些东西着实让我们吃惊：塞比什在第 113 对开页边缘的绘图和评注与第谷的布拉格拷贝同样页码处的笔记内容十分相近。这让我们豁然开朗，这个发现立刻解释了为什么无名小辈塞比什显得如此聪明，在起草笔记时竟然会没有错误——他的评注肯定只是直接抄自第谷·布拉赫的评注。

刚刚破解了一个谜团，一个更大的麻烦却从我们的解释中产生出来。塞比什的注释与第谷的拷贝完全吻合；显然它们有着同样的血统继承，但很显然，它们似乎都是出自另一个我们尚未确定身份的第谷拷贝。我们通力合作，仔细查过了主要的大学和图书馆，感到找出第谷的第四本拷贝的机会已经微乎其微——然而，我们竟然在六个星期内就找到了！

我早先对拍卖记录的研究曾留下了一对去向不明的线索，一个是老的，一个是新的。先看那个新的线索：几本最近拍卖的拷贝被一个叫作罗曼·乌米亚托夫斯基（Roman Umiastowski）的人拍走了，而我并不知道他在英国的地址。我的波兰同行确认了他的身份，他是一个陆军上校，在 1939 年德国入侵波兰时，他曾在广播中强烈地呼吁每一个身强体壮的男人都要上前线，而这段广播造成了华沙至今所知的最有意义的一次交通阻塞。老一些的线索是：在 1912 年和 1913 年，伦敦佳士得（Christie’s，旧译克里斯蒂）拍卖行曾经拍过两本第一版的拷贝，但我只能追踪到其中一本。所以，我就询问佳士得拍卖行，是否可以让我看看他们过去的拍卖记录，以便寻找一些线索来确定那本下落不明的书。

在佳士得拍卖行的工作间里，我很快就找到了那个老问题的答案。1912 年和 1913 年拍卖的其实是同一件拷贝。第一次卖出，其“页边有笔记和评注”的描述被以 22 英镑拍得此书的伦敦夸里奇

（Bernard Quaritch）书店认为不够充分，因为在拍卖目录中并没有指出第 38 和 39 对开页是旧的抄写摹件，而不是原版的印刷页，所以书被退回。佳士得拍卖行更正了物品描述，特别提及拷贝中有两页是由手写稿替代的，四个月后，这本拷贝又被拍卖。夸里奇书店再次购得，而这次花费更少。我后来的调查显示，在第一次世界大战之后夸里奇书店仍然拥有这本拷贝，并且在 1925 年他们为这本拷贝标出的价格是 25 英镑。六年后，尽管股票市场大跌，伦敦亨利·萨瑟兰（Henry Sotheran）公司还是花费了 75 英镑的价钱购下它。①

就在我集中精力对那本根本不存在的拷贝进行鉴定时，电话铃响了。一个佳士得拍卖行的职员在电话里进行了简短的交谈，然后他挂上电话，问他的一个同事："你认得一个叫乌米亚托夫斯基的人吗？"

他的同事只是耸了一下肩，但这个问题立刻引起了我的注意。当我知道乌米亚托夫斯基因为想见的人仍然不在，而就在等候室里的时候，我冲下楼梯，并且很快猜出了哪一位就是那个流亡国外的

① 这本拷贝很可能从法兰克福图书博览会卖出时碰巧就是不完整的，但它的第一位拥有者并没有把它退回去，而是给那个缺失的书帖做了手写仿制。这本拷贝的缺陷导致了它后来的漂泊。它的价格比完好的拷贝要低很多，正因为如此，那位在爱荷华州立大学教了十多年书的英国数学教授才买得起。很显然，在大约 1937 年，他准备回英格兰的时候把拷贝卖掉了，耶鲁大学买了它。最后，一位耶鲁的赞助人出资把这本拷贝换成了一本完美的拷贝（美国最重要的一本第一版拷贝，在上一章有所描述），并且在 1971 年，这位赞助人把这个不完善的拷贝赠送给了斯坦福大学。后来，当斯坦福也得到了一个善本的时候，我意识到这个拷贝可能会因为重复而被放弃。我知道圣地亚哥州立大学掌管特殊藏品的工作人员很想得到一本拷贝，他们的图书馆却无法负担起一个善本不断增长的天文数字般的价格，于是，我建议他们去与斯坦福大学图书馆做些协商。1991 年，圣地亚哥州立大学图书馆买下了那本有瑕疵的拷贝，正好成为他们所购进的第 100 万本书。

波兰陆军上校。我向他进行了自我介绍，并与他谈起了他那位著名的天文学同胞。乌米亚托夫斯基对这个话题很感兴趣，并进一步谈到他有四本哥白尼的拷贝。谈话结束前，我得到了他的地址，他还邀请我最近一定抽空去达尔维奇看看他的那些书。

1977 年 12 月中旬，我拜访了那位八十六岁的陆军上校。乌米亚托夫斯基首先给我看了他的第一版拷贝，他骄傲地称其为“完整”的拷贝。我感到很疑惑，还不是一点半点，因为就在几年前，这本拷贝还因为缺失八张书页而作为瑕疵品，结果拍卖的价格很低。我翻看着这本拷贝，激动地发现，其中的旁注与我在多伦多看到的一套详尽的评注很匹配。我渐渐认识到卓越的评注总是不孤单的，在我的眼前，一个新的评注家族显现出来。

我翻到另一页，刚才的思路突然停顿下来。页边的笔迹完全变了，一个令人震惊的事实就是，这第二种笔迹竟然是第谷的！我非常肯定，因为那时候我对第谷那极有特点的笔迹已经非常熟悉了。我有点蒙了，这是怎么回事？我继续翻，八页后，第一种笔迹又出现了。我很快就明白，是乌米亚托夫斯基在其中插入了八张第谷的书页以使他的第一版拷贝变得“完整”；而事实上，那八页根本不是第一版的，它们来自第二版。

我不需要到别处查看以了解这些第谷书页的来源——在桌子的另一端就放着一叠对开页，它们来自一本被拆散的《天体运行论》。除了这本第谷的拷贝，还有两本与那本第一版拷贝情况类似的第二版拷贝。乌米亚托夫斯基最大的乐趣就是让书变得完整，他买了一些有瑕疵的拷贝，然后通过拆分其中的一本而使其他不完整的拷贝变得完整。而问题在于，为了修复其他的拷贝，他拆掉的竟是私人藏书中显然最重要的一本第二版拷贝。这太荒谬了，我简直哭笑不得。

我尽可能礼貌地向上校解释了拷贝中评注的重要性。乌米亚托夫斯基看起来非常沮丧，他承认一个星期前，他刚刚从装订厂取回他的“完整”拷贝。我走之前，他答应把第谷的拷贝进行重新修复，还允许我再回来给它拍摄一卷微缩照片。我迫不及待地回到剑桥把我的奇遇讲给韦斯特曼听。对于我如此之快就能找到塞比什抄写所依的评注原版，我们都有些不敢相信。到了次年 1 月，我做了微缩胶卷。我们开始对那些评注进行仔细的研究，可我发现韦斯特曼越来越表现出不安，他又回忆起他对笔迹最初的疑问。

“一定有什么弄错了，”他断言，“第谷·布拉赫不辞辛劳地在他的文岛（Hven）上制造测量装置，又忙于进行观测，怎么会花时间对四本《天体运行论》分别做评注呢？他至少应该有个抄写员吧。”

我提出了不同意见：认为如果这些拷贝的内容都很相似，当然可能是一个秘书做了抄写笔记的工作，但这些拷贝各不相同。况且你也没有让你的秘书在书页边缘写笔记的习惯，“这个定理我不大懂”这样的笔记必定是天文学家自己所做的。虽然如此，可我也赞成韦斯特曼的话，我们必须亲自核查笔迹以确定它到底是否真的是第谷的。我们知道第谷的大量手稿都藏于维也纳的奥地利国家图书馆的手稿库中，我还记起在美国我的办公室里也有一些维也纳手稿的影印件。可我们太迫切了。终于，我想起 19 世纪有一个捷克学者曾制作了一份第谷写的三角学手稿的复制品。于是，第二天，我们在剑桥大学图书馆中找到了它。书名是《三角学在平面及球面的应用》（*Triangulorum planorum et sphaericorum praxis*），1886 年出版于布拉格。

这本三角学手册被证明非常值得怀疑。在古老的布拉格复制品和《天体运行论》评注本拷贝的手迹间并没有非常令人信服的一致，这给整个项目留下了一团疑云。韦斯特曼深信布拉格的文献有问题，很快他就在多卷本的《第谷·布拉赫全集》（*Tychonis Brahe opera omnia*）中又找到了有关的更多信息。这是一部由天文学史家德雷尔（J. L. E. Dreyer）在20世纪初完成的现代版全集。德雷尔对布拉格的三角学手册的看法曾饱受批评，他声称，这本手稿不可能出自第谷之手，第谷从来没有写过像三角学手册中那些一样的分两笔写的大写字母“M”。令我们感到惴惴不安的是，我们那四本所谓的“第谷·布拉赫”的哥白尼拷贝评注中“M”的写法竟然与三角学手册中是一样的。

难道我们误导了自己长达四年之久？第谷竟然不是梵蒂冈那些引人注意的行星图表的作者，这可能吗？

我把电话打到我美国的办公室，要他们赶紧把我那些维也纳第谷材料的影印件发给我。一个星期后，那些纸到了。韦斯特曼和我急切地把传来的资料同这里《天体运行论》评注的微缩胶卷进行了比较。没用多久我们就认识到，我们遇到麻烦了：笔迹根本对不上。

真相大白的时刻到了。我们曾经一直追逐着错误的踪迹，第谷根本就不可能评注过这四本《天体运行论》的拷贝。这就像开普勒在其某个观念瓦解时所说的那样：“一个假设灰飞烟灭，化为乌有了。”

第七章

维蒂希的关联

1580年10月29日，星期日。生来高贵、傲慢而古怪的第谷·布拉赫在一本16世纪中印刷得最为豪华壮观的书之一的扉页上书写了题赠词（彩图6）。在一位皇帝的眼里，彼得·阿皮安的《帝王天文学》（*Astronomicum Caesareum*）才是真正的天文学。这本献给西班牙国王查尔斯五世的书为其作者，一位因戈尔斯塔特大学的天文学教授，赢得了任命诗人桂冠和宣称私生子合法的权利。这是一个有着亮丽的手工上色的大型对开本，不仅是科学印刷品的代表作，而且还有很多套分层的旋转纸盘，可以用来计算行星的位置和布局。第谷后来承认这本书花了他20弗罗林[①]，大概相当于今天的4000美元。[②]

这本写有题赠词的《帝王天文学》是作为一件珍贵的礼物送给一位天才的来访者保罗·维蒂希（Paul Wittich）的，他是来自中欧的一位到处游学的数学天文学家。维蒂希拜访过第谷，在其“文

① 一种在1252年最先由佛罗伦萨制造的金币，后为欧洲各国纷纷仿制，成为很多地区的通用货币。本书中很多当时的书价和年薪都是以此计价的。——译者注

② 这本书的拷贝现在大约每本卖到50万美元左右。

岛”封地上待过六个星期。他赞美了第谷的四分仪和六分仪，并查看了它们巧妙的刻度，而第谷正是用这些刻度来将角度的读取精确到弧分的。他还得知第谷要制作一个新的更大的四分仪，准备把它固定在乌拉尼堡的一面主要的内墙上。维蒂希带来了一些独创的数学技巧，可以在不同的系统间转换星体的坐标，这令第谷大为赞赏，并且维蒂希对行星宇宙论的技术细节也有一些令人兴奋的想法。很显然，第谷对他的来访非常感激，也希望他能再来。这本大书就是其手段之一，他用拉丁文醒目地写道："赠给弗拉蒂斯拉维亚的保罗·维蒂希，你的朋友和爱好数学的同行。"

1978年1月下旬的一个早上，我驱车从剑桥去牛津，一路上我都在思索着，在大名鼎鼎的布拉赫和那位若隐若现的维蒂希之间会有怎样的联系。按计划，我是要在一个天文学讨论会做有关我最近的哥白尼研究的报告。对第谷的幻想在几天前刚刚破灭，而我还在试图把那些零碎的材料重新组合起来。维蒂希似乎是这个谜团的一部分。1974年，我和耶日·多布任斯基在弗罗茨瓦夫的那阵子，在一本《天体运行论》第二版的拷贝中曾发现一套迷人的评注；其中包括抄自列日评注本和开普勒老师米夏埃多·梅斯特林的评注本的旁注。其中有一些数学问题使用了北纬52度作为计算值，这接近于位于卡塞尔的黑森的威廉伯爵领主（Landgrave Wilhelm of Hesse）的天文台的纬度值。今天的黑森位于德国中西部，是德国十六个州中的第八大州，但是威廉强有力的父亲，即宽厚者菲利普，把他的领地分给了四个儿子，威廉掌管的仅仅是最北部的一块封地：黑森－卡塞尔。威廉能获得持久的声望应归功于他对天文学的研究，他的天文台是仅次于第谷天文台的第二大天文台。在那里的天文学家中就包括保罗·维蒂希，看起来维蒂希应该是弗罗茨瓦夫拷贝评注者的当然之选，我试图找到一份他的手迹样本，却以失

阿尔伯特·库尔茨（Albert Curtz）的《天文学史》（*Historia Coelestis*，奥格斯堡，1666）中的第谷·布拉赫

败告终。尽管如此，我还是把这本书算到了维蒂希头上。

除了这四本哥白尼拷贝之外，我还找到了两个我认为是“第谷”笔迹的样本。其一，是在一本罕见的第谷关于1572年爆发的新星的著作中，我曾把它看作第谷的工作笔记。另一个就是那本阿皮安《帝王天文学》的精彩题赠本，它现存于芝加哥大学图书馆。我猜想第谷在慷慨地把那本题字的书赠给维蒂希之前，一定在书的页边空白处做过一些笔记。在去牛津的路上，不知是什么原因，维蒂希在得到这本书后会在书上写些东西这样一个简单的逻辑，我却一直没有想到。

我的思路转向了在1975年夏天我看到的两套评注上，它们都是从四本伪第谷批注的《天体运行论》拷贝衍生出来的。这些都是由在欧洲大陆工作的苏格兰人所做又带回他们家乡的。阿伯丁的邓肯·利德尔在罗斯托克教了几年书；1587年，他花了一个星期的时间造访了第谷的乌拉尼堡。爱丁堡的约翰·克雷格在奥得河畔法兰克福（Frankfurt an der Oder）做了几年的院长，后来回到家乡，成为苏格兰的詹姆斯六世（入继英格兰王后改称詹姆斯一世）的一名私人医生。这位国王曾经在1590年对乌拉尼堡进行过国事访问，而克雷格很可能就是随从之一。克雷格的书转给了国王的书记官，而后者最终将它捐赠给了爱丁堡大学图书馆。

这时，我的车开到了牛津市郊，我仍然很迷惑，不过我忘记了第谷、维蒂希和那些苏格兰人，将全部注意力都集中到了交通上。最终，我还是把那个新闻透露给了我在牛津的听众，第谷根本就不是梵蒂冈的哥白尼拷贝中那些出色图表的绘制者。

第二天下午，在驱车回剑桥的路上，我忽然记起了一个关键的线索。利德尔和克雷格都曾受到过神秘的保罗·维蒂希的指导。另外，还有些别的东西也豁然开朗起来。在韦斯特曼首先注意到的那本列日拷贝中，有一句用第一人称写下的页边笔记："是我最敏锐地确定了匀速运动。"爱丁堡的克雷格拷贝读起来有些不同，其中说的是" Witt"，我曾经认为它是维滕堡的缩写，但它会不会是代表"维蒂希"呢？那句笔记是不是在说，是维蒂希自己"最敏锐地确定了匀速运动"？我迫不及待地要检查那些微缩胶卷，可是牛津到剑桥的路蜿蜒曲折没法开得太快。

一回到剑桥，我马上就确认了克雷格拷贝的读解。我怎么就这么笨，以前怎么就没有注意到它呢？我立即给韦斯特曼打电话说："我知道是谁在梵蒂冈拷贝中做了注释，是保罗·维蒂希。"韦斯特曼开始还有些怀疑，但很快就接受了这个新观点。下面我们的任务

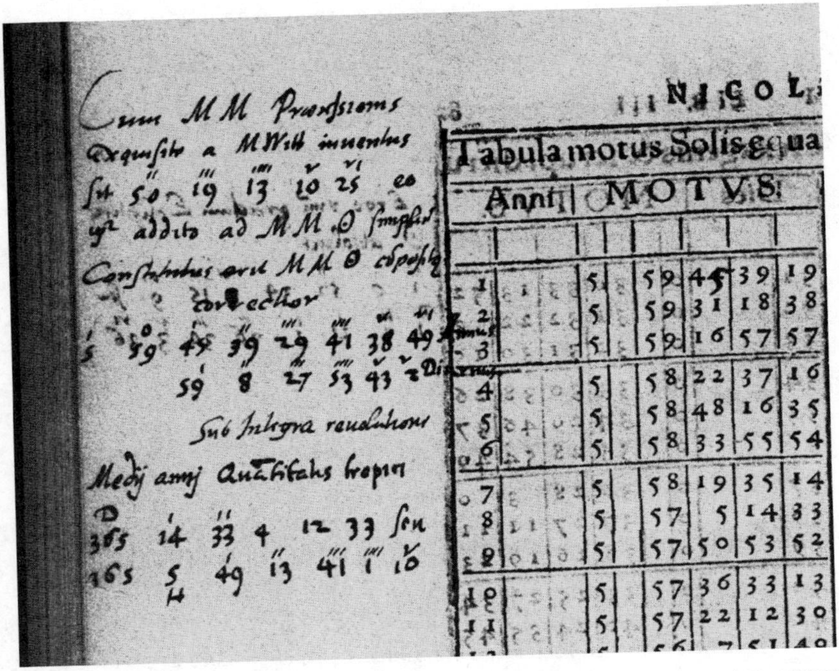

约翰·克雷格抄写在《天体运行论》页边的关键的“Witt 大师”的评注，第 82 对开页左页。现存于爱丁堡大学图书馆

就明确了：去找到每一项可能有关那个难以捉摸的保罗·维蒂希的材料。维蒂希生于弗拉蒂斯拉维亚，也就是今天的弗罗茨瓦夫，也一度叫作布雷斯劳，我们就从这里开始。评注者从布拉赫变成维蒂希，想不到竟一下子解开了一个谜，那就是为什么在奥托博尼 1902 号的地理表中没有哥本哈根和乌拉尼堡却标有弗拉蒂斯拉维亚。

《第谷全集》是维蒂希信息的丰富宝藏。借助它详尽的索引，我们发现第谷常常在他的书信中提到维蒂希。我们还发现，在维蒂希访问乌拉尼堡的时候，正好有一颗彗星出现，而维蒂希在第谷的天文日志中记录了他的观测数据。数年后，维蒂希已经去世了，一个同乡拜访了第谷（那时候第谷已经移居到布拉格），并在第谷的日志中写道，在有关彗星的观测页中他认出了维蒂希的笔迹。我们迅速写信到哥本哈根，寻求那本日志中有维蒂希笔迹的书页的彩色照片，而皇家图书馆的答复效率惊人。如果说本来我们还有什么疑问的话，现在也完全被这个新证据消除了。手迹的匹配驱散了怀疑的阴影。

但那个神秘的保罗·维蒂希究竟是谁呢？因为他从来没有出版过什么作品，所以他的名声几乎随着时光的流逝渐渐地消失了。然而，在研究中，我们逐渐发现，16 世纪的天文学通信中，到处都是他的名字。显然，他很聪明，有数学天赋，并且有足够的经济实力买得起四本哥白尼的《天体运行论》。他从来没有在一个地方长时间地安定下来，尽管他也曾把自己的一些观察报告通过鲁道夫二世皇帝的皇家医生来出版，但不知道什么原因，他并没有下决心把自己的数学发明交付给印刷者。

维蒂希有一个数学技巧尤其具有创造性：他找到了用加法和减法代替乘法和除法的方法。初看起来，感觉它很像是对数，就是爱丁堡的约翰·内皮尔在 1614 年的那项发明。而事实上，17 世纪英国伟大的杂文家安东尼·伍德（Anthony à Wood）曾经记述，内皮尔关于对数的思想是来自约翰·克雷格从欧洲大陆带回来的一种方法。在维蒂希的一本《天体运行论》中，他在一章结尾的空白处写了一个范例，他已经发现了怎样运用角度和与角度差的正弦与余弦规则将角度的乘法简化为加法的方法。这个范例显得有些小题大做，但它至少展示了这一方法的步骤。而这正是约翰·克雷格 1576 年在奥得河畔法兰克福接受维蒂希指导时抄录在他《天体运行论》拷贝中的一页上的。后来，他把这本拷贝带回了爱丁堡，也肯定把

1988 年，欧文 • 金格里奇与罗伯特 • 韦斯特曼在后者位于拉霍亚家中的客厅为《维蒂希的关联》一书签赠

它给内皮尔看过，后者当时正住在那里的一个城堡中。这本拷贝上的记录正好可以作为安东尼·伍德故事的补充。

早在 20 世纪初期，另一位天文学家的探寻者，当时正在编辑那部具有纪念意义的《第谷全集》的德雷尔就开始怀疑，他全集的主角曾经从其来访者那里盗用了那些数学技巧，它们被用佶屈聱牙的希腊语名字“加减方法”（prosthaphderesis）来称呼。他知道，第谷曾经引以为自豪的一种简便方法可以更容易地把他对高度角和方位角的测量转换成天球坐标系中的经度与纬度。而在 1598 年遇到维滕堡的数学教授梅尔希奥·约斯太尔（Melchior Jöstel）之前，第谷只掌握了部分技巧。德雷尔通过探察欧洲的手稿宝库发现，尽管第谷声称是他和约斯太尔一起设计出这种方法的，但事实上，在第谷到来之前，这位维滕堡的数学教授就已经很好地掌握了这种技巧。

尽管并不了解维蒂希在他那本《天体运行论》中的数学范例，德雷尔还是有这样的疑问："既然第谷这样做，我们很难不认为，1580年的那个数学技巧完全属于维蒂希一个人的发明，不是吗？"在第谷的书信中有足够的证据表明，在1580年维蒂希对文岛的访问中，他携带了那本包含有其数学方法的《天体运行论》。十年后，当第谷得知维蒂希回到了他的故乡弗罗茨瓦夫并在那里度完余生时，便开始着手购买维蒂希的藏书。在一封信中，他特别强调想要得到那三本（显然这是维蒂希曾给他看过的拷贝的数量）包含有天文学图表和数学笔记的《天体运行论》拷贝，并且最终得到了它们。所以，当那个耶稣会的图书管理员在布拉格拷贝中写上"已知为第谷所有"时，他确实没有什么不对；但笔记的作者应该是它的前任拥有者保罗·维蒂希。

在我和韦斯特曼仔细研究德雷尔《第谷全集》中的第谷书信的过程中，维蒂希故事的细节逐渐地显现出来。而更多有关维蒂希的游历信息出现在16世纪匈牙利传教士、政治家兼虔诚的业余天文学家安德鲁·杜迪奇（Andrew Dudith）的书信中；虽然他的原始信件在第二次世界大战中遗失了，但一位捷克学者在战前就为它们拍摄了照片，于是我们就设法从布拉格的一位天文学史学家那里索取了一套图片。

我们并没有对我们要重新鉴定布拉格/梵蒂冈/列日拷贝的评注保密。自从我们达成一致要出版共同的研究成果后，还没有什么东西付诸印刷。一起在英格兰的这段时间中，这个项目显然过于复杂而一时难以完成。尽管如此，我还是就"Witt大师的神秘之处"这一题目做了内容广泛的演讲，其中还包括了对数的不同寻常的史前史。因此，在我刚回到美国后不久，就有《天空与望远镜》（*Sky and Telescope*）杂志向我索取梵蒂冈的《天体运行论》拷贝的图片，以用作爱德华·罗森的《别把第谷张冠李戴》一文的插图，这着实让我有些诧异。

很多年来，在哥白尼的研究领域一直是罗森一个人作战，但从五百周年纪念活动，他开始面对越来越多的竞争。虽然他可以是一个令人愉快的交往伙伴，但在内心里他是一个小肚鸡肠的纽约人。他总是守口如瓶，战战兢兢地害怕自己的研究成果被别人剽窃；这样的结果就是，他很少与别人分享自己当前的调查研究，也不想通过与同事交流而了解别人在做些什么。所以，他对我们关于伪第谷的材料的新归属一无所知。但他自己已经注意到梵蒂冈拷贝中的笔迹可能不是第谷的，只是不知道谁才是真正的评注者。

我立即写信给爱德华，向他说明我们早已知道了梵蒂冈《天体运行论》的评注者不是第谷，其真正的评注人是保罗·维蒂希，但我并没有提到我们掌握的明确证据。后来我们才知道，罗森非常气恼，因为他不知道梵蒂冈拷贝评注者的正确身份了，以至于把错误的评注者拿去印刷了。罗森是一个对细节一丝不苟的人，但在他所翻译的《天体运行论》中出现了十几处译注的错误，这些注释同时也出现在波兰出版的《哥白尼全集》中，在尾注中把不止一处的评注归属于第谷而不是维蒂希。

意识到罗森可能做着同样的研究，韦斯特曼和我急忙给《天文学史杂志》（*Journal for the History of Astronomy*）写了一篇通讯文章，大致说明了那些评注归属改变的证据。但罗森一意孤行，就好像是他最先收集了那些有关维蒂希的证据，还发表了一篇长文却没有提及我们的文章，长文的内容之一是从细节上分析了以前的传记作者是如何把维蒂希的死亡日期弄错的。由于我和韦斯特曼都了解相关的手稿材料，所以我们马上就看出他竟曲解了那些手稿的文字，这很令我们吃惊。他正确地纠正了年份，但把日子弄错了，把“1月的月中日的第五日（5th of the Ides of January）[①]”的缩写形式当成了“1月5日”。维蒂希是1586年1月5日还是1月9日死的当然并不是什么至关重要的事，但我们知道罗森对这些细枝末节看得很重。最终，在同罗森的互别风头的小小较量中，我们在这无关紧要的一点上得了分，而罗森在他后来的出版物中默默地改正了他的错误。

比确定维蒂希死亡日期更具有实质重要性的是推断出他出生的年份。第谷常常称那个拜访他的人为“年轻的维蒂希”，但这可能只是源于他出身名门的高傲。以他那样的自命不凡，似乎每个人在某种程度上都要低他一等。确定维蒂希年龄的关键在若干年后完全偶然地落入了我的手中，幸运的是，这是在我们出版《维蒂希的关联》（*The Wittich Connection*）的最终定稿之前。

沃尔芬比特尔的奥古斯特公爵（Duke August）图书馆被认为即使不是17世纪欧洲最棒的图书馆，也是最棒的图书馆之一。今天的沃尔芬比特尔只是汉诺威东部的一个小城，但仍然因其拥有德国重要的研究性图书馆之一而享有盛望。艾萨克·牛顿的竞争对手、博学的戈特弗里德·威廉·莱布尼茨（Gottfried Wilhelm Leibniz）就曾在那里的图书馆待过一些年头。在其众多令人难忘的珍藏中，有两本第一版的《天体运行论》，我曾在1973年和1978

① 罗马历法对各天的称呼要看它到下一个节日的距离，每月有三个节日：朔日（1日）、第九日和月中日（ides，与iduare同源，“分隔”之意）。月中日临近满月，但由于14被认为是不吉利的，所以月中日有时是15日（3月、5月、7月、10月），有时是13日（其他月份），节日的前一天称为前夕，前夕的前一天称为第三日，然后以此类推。——译者注

年两度考察过它们。1986年春天我再次光顾那里，不只看了哥白尼的书，还系统地查看了图书馆中所有的天文学书籍，考虑有没有可能办一个特别的展览。在我所翻看的众多罕见的图书中，有一本印刷本的占星学教科书，其中有一套附加页，拥有者在上面为他在维滕堡大学的同学们建立了出生日期的天宫图。我马上就意识到这本书非常值得研究。从那些出生日期我可以推算出维滕堡大学的学生们的年龄。在中世纪晚期，年轻人十几岁就进入大学，而在哥白尼时代的维滕堡，十三岁是正常的年龄吗？米里亚姆也加入了我在图书馆的工作，开始着手把维滕堡大学印刷的入学名单与天宫图手稿上的名字一一匹配。结果显示，当时入学的平均年龄是十七岁，与我们今天进入大学的年龄十分相仿。

我们的研究结果发表在《大学史》（*History of Universities*）杂志上，文章引起了编辑们的极大兴趣，并且杂志中还发表了一篇甚至比我们的文章更长的社论。他们认为我们的发现对了解16世纪欧洲大学生的总体特征有突破性贡献。我们知道维蒂希在1563年夏天进入莱比锡，因此我们的结果为推断他的出生年份提供了基础。如果他那时十七岁，那么他大概出生于1546年，这样他就与第谷同岁。但第谷是一个早慧的青年，他在十五岁就到了莱比锡。后来，他回忆起维蒂希在维滕堡的时候他也正在那里，只是已经几乎不记得维蒂希了。第谷可能记不起那时的相遇，但对于维蒂希拜访乌拉尼堡以及由此产生的结果，他记得非常清楚。

保罗·维蒂希是到过文岛的人中对第谷最有帮助的一个。他在聪明才智与社会地位上都与第谷非常相似。傲慢的第谷需要别人的欣赏，而维蒂希对乌拉尼堡天台上仪器的赞赏满足了他。所以，第谷在向他解释他的四分仪、六分仪和浑天仪上的那些新奇的瞄准器和刻度时，丝毫也没有保留。他们一起巡视了拥有数千册藏书的图书室以及那里巨大的星象仪，并且交换了彼此富有创造力的三角学方法的笔记。客人向主人展示了其宇宙学观点的技术基础，这些都很好地记录在那些陪伴他漫游的《天体运行论》拷贝上。维蒂希那种保留一些哥白尼的细节又坚持以地球为固定中心的观念一定引起了第谷的极大兴趣。后者可能已经有了一些自己的思路，而行星系统基于地心构架的特别布局一定更激发了他的想象。很显然，维蒂希的那几本《天体运行论》的拷贝给第谷留下了深刻的印象，因此，他花了十年的时间去追寻那些书，还特别提到了书的数目和内容，直到他最终得到它们。

撇开才华不论，维蒂希看起来比第谷要懒散得多。我知道有一些科学家，他们不仅能力超群、才华横溢，而且头脑中充满了思想，却几乎从来不曾努力将他们的研究变成能够出版的论文。维蒂希一定就属于这种类型，因为没有哪怕只是一篇发表的论文或是出版的书籍上署着他的名字。毫无疑问，在文岛，他对傲慢而极度热情的第谷是越来越有所提防，当在弗罗茨瓦夫有一笔遗产要继承的时候，他马上以此为借口逃出了第谷设下的圈套。显然，他接受了那本阿皮安的《帝王天文学》，并许诺会再回到文岛，但他并没有。

接下来，第谷听说维蒂希在他天文学上的主要对手——卡塞尔的黑森的威廉伯爵领主的天文台——那里大讲第谷的瞄准器和刻度标准等很多其他的秘密。第谷大为光火，颇有上当受骗的感觉。于是，他再也不像对维蒂希那样公开他的发现和发明了。就像换了一个人，他的遮遮掩掩近乎偏执。而很快，他就有机会成了一个真正的偏执狂。这次不是上流社会的维蒂希，而是一个出身微贱的自学者，一个曾经的猪倌，成了他烦恼的根源。

第八章

越大的书，传世越久

1584 年 9 月，尼古拉·莱梅乌斯·乌尔苏斯（Nicolaus Raimerus Ursus）作为贵族埃里克·朗格（Eric Lange）的随从来到乌拉尼堡，这马上就引起了第谷的警惕。乌尔苏斯，拉丁语的意思就是“熊”，第谷怀疑他在自己的图书馆里四处窥视，嗅探着自己那些私密的论文。他决定彻底地打击这种间谍活动。第谷先组织应酬使“熊先生”喝得酩酊大醉，而就在他不省人事睡过去的时候，第谷对他进行了搜查。虽然并没有找到任何证据，可这位乌拉尼堡的主人还是深信，他那些严密保护的研究成果被一位不受欢迎的客人盗走了。

他有很好的理由担心乌尔苏斯的所作所为，因为就在 1588 年，当第谷正着手出版自己的地－日心宇宙论体系时，乌尔苏斯也在他自己出版的一部书中插图说明了一个非常相似的行星模型。在两个体系中，地球都是宇宙的中心，月亮和太阳均围绕着固定不动的地球旋转，而其他行星均作为随从在轨道上绕着太阳运动。然而两个体系还是有一个重要的差异。在第谷体系中，火星的轨道切开了太阳周年运动的轨道，因为这是火星能够达到距地球比距太阳更近所

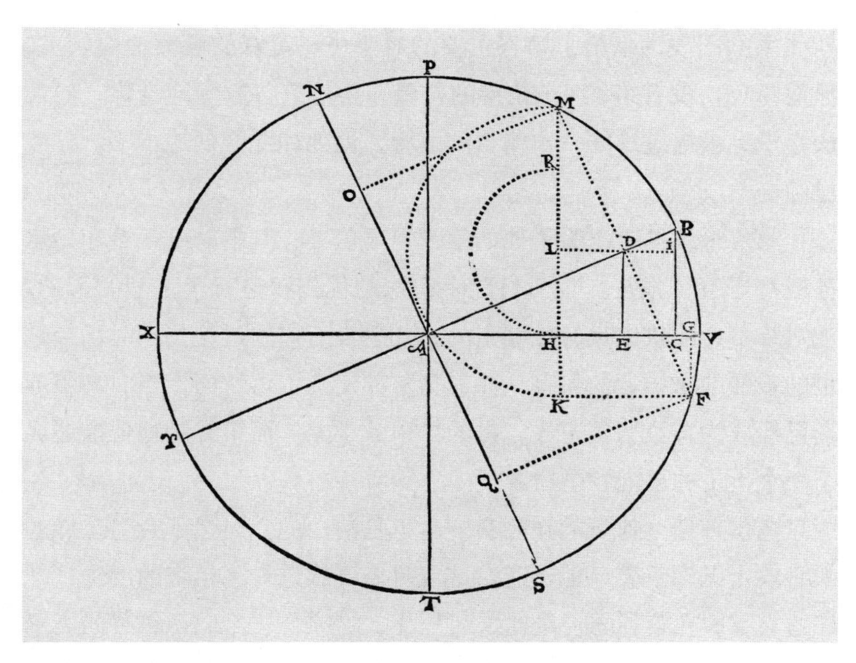

在乌尔苏斯的《天文学原理》(斯特拉斯堡,1588)中献给保罗·维蒂希的图样,
见第16对开页左页,本书作者收藏

必需的,而哥白尼体系就正确地做到了这一点。在乌尔苏斯的体系中就不是这样了,因为它总是保持火星比太阳离地球还远,所以在几何上就失败了。虽然这个错误降低了“熊”的体系的价值,但它与第谷的体系还是非常相似,丹麦人完全被激怒了。

在乌尔苏斯的《天文学原理》(*Fundamental astronomicum*)中还有一个奇怪的特点想必让第谷非常愤怒:在书中,有很多几何图表献给他所认为的真正的欧洲天文学名家。保罗·维蒂希得到了慷慨的占三分之二页大小的图表,卡斯珀·波伊策尔和开普勒的老师米夏埃多·梅斯特林也是如此。意大利首席天文学家克里斯托弗·克拉维于斯得到的地方更大。而最大的是那个可折叠的乌尔苏斯体系的图表，献给了第谷主要的对手——黑森的威廉伯爵领主。显而易见，没有第谷·布拉赫的位置。虽然第谷傲慢地宣称，他很庆幸没有被拖进这样一本糟糕的书中，但他如此贬低这本书，显然已经恼羞成怒了。

第谷最终抽空出版了他的第一本书信集，其中对维蒂希和乌尔苏斯都进行了报复，也为自己宇宙论的优先权进行了强烈的辩护。他对维蒂希的攻击是旁敲侧击的，几乎没有提到过这位当时已经过世的曾经的来访者的名字。而对乌尔苏斯则不留情面，当时乌尔苏斯已经成为布拉格鲁道夫二世的御用数学家，而第谷却把他描述成了一个十足的恶棍和剽窃者。

乌尔苏斯（他可能在剽窃一事上是清白的）当然不会对这样的人身攻击无动于衷，他迅速对这位丹麦贵族进行了粗俗的反击，把注意力集中在第谷的“晨礼婚姻”[①]上，旁敲侧击地暗示第谷的妻子是一个娼妓。对于第谷年轻时醉酒决斗而受损的鼻子，乌尔苏斯狡猾地揶揄，尽管他本人不愿这么说，但他曾听一位活泼而诙谐的宴客大声宣扬过：第谷其实根本不需要任何的仪器，他只需要微微地翘起头部，就可以从他暴露着的鼻孔观察天象。“他为什么还要毫无意义地把钱花在一个接一个的仪器上呢？他应该对自然之力慷慨赋予他的鼻子非常满足了。”对于得到“剽窃者”这样的指控，乌尔苏斯做出让步，“就算是偷，也是基于哲学上的”。这是一个标准的论辩技巧：承认对手的指控以便论证它并不会造成任何事实上的差异。乌尔苏斯声称，第谷的体系是显而易见的，在古希腊阿波罗

① “morganatic marriage”的字面意思就是晨礼婚姻，在这种婚姻中，妻子以及他们所生的子女除了“晨礼”之外不能分享男主人的任何财产。这种针对上流社会男子与下层社会女子之间的婚姻的独特称呼本身就规定了，妻子不能通过婚姻来改变她的社会地位，而她的子女也不能继承其父亲的财产或地位。

尼奥斯（Apollonius）的作品中就已经有所暗示。

第谷的愤怒于是加剧。他对这只“熊”提起诉讼，结果乌尔苏斯《天文学猜想》(*De astronomicis hypothesibus*) 的绝大多数拷贝都被销毁了。所以，这部作品现在已经非常罕见，德雷尔在准备他那部著名的第谷传记时也未能看到一本，所以他并不知道第谷的鼻梁在决斗中被削了下来。

就在韦斯特曼和我正在发掘第谷、维蒂希和乌尔苏斯之间的故事时，一个让人难以置信的好运气落到了我的头上：1986年春天，我偶然购得了一份《天文学猜想》的拷贝。多年以来，我一直系统地收集那些古老的星历，它们将每天的行星的位置列成表格。通过对这些预测的准确性进行分析，我能够追踪到，当哥白尼体系代替了古老的托勒密体系时，其中的进步事实上并不多。这一点也不令人感到吃惊，哥白尼的成就并非是新观测结果的产物，而更像是一场头脑的胜利，去想象了一个更美好的行星布局方式到底是什么样子。

对一个数字爱好者来说，这些印有一列列数字的古老书册具有一种无法抗拒的美，但这实际上只是个别人的看法——因此幸运的是，对于我来说，获得这些书并没有面临太多的竞争。那些卖家都知道我是最可能的买主。所以，当一本梅斯特林1580年的《星历表》在伦敦的布鲁姆斯伯利进行拍卖时，夸里奇书店马上提醒了我，并问我是否要参加竞拍。然而，他们也告诫我出价会有风险，因为这本书完全没有装订并且是属于竞得后不得退还的类别。换句话说，就是货物出门概不退换，买主须自行当心——出售物有问题或是不够完美。而据我所知，如果一部16世纪的作品没有装订，那么通常的原因就是某些部分遗失了。

竞拍的估价很低，但我向夸里奇书店请求，如果必要的话，为我把起拍价提高一些。我向他们解释，这是因为梅斯特林的《星历表》非常罕见，我还从没有在市场上见过。拍卖开始不久，里克·沃森（Rick Watson）就从夸里奇书店那里电话告知我一个好消息和一个坏消息。好消息是：我得到了这星历，且价格低于我的出价上限；坏消息是：它被老鼠咬过并且书页不全，同时还有一个问题。他告诉我："还有一些其他的关于天文学假设的东西混在里面。"

"那太有趣了，"我的反应出乎他的意料，"梅斯特林曾在蒂宾根大学的一场有关天文学假设的辩论上发表过自己的见解，但那本小册子确实太少见，能得到它实在是太妙了。"

我猜想，这种临时性的公共辩论在那些年代里一定为大学生们提供了主要的智力消遣。那些印刷出来的材料往往很不讲究，就像蜉蝣一样短命，很少能流传至今。但里克又解释说，它看起来并不像是一次辩论，怎么看里面都像是一封来自开普勒的信，标注的日期是 1595 年。他看不到，当时我的下巴都惊掉了。我告诉他，当开普勒还是格拉茨的一个毫无名气的中学教师时，曾写信给乌尔苏斯，对他《天文学原理》一书表示了狂热的崇拜，而乌尔苏斯随后又把这封信印在了他的《天文学猜想》中。"这本书中有强烈的恶意攻击，以致第谷提出合法的控诉将其封杀和焚毁，"我又补充道，"所以，它极为罕见。"

"那一定就是它了，"里克说，"扉页已经不见了，但乌尔苏斯的名字正好还在前面。"

那些夸里奇书店的职员没有预先检查整个拍卖品，所以这非同一般的好运气简直令我措手不及。我只是把他们的那一个星期弄得非常郁闷，但开普勒写那封赞美信的天真热情完全毁了自己整整一年。奥地利南部的天主教统治者们驱逐了格拉茨所有的路德派的教师，为此开普勒急需一个新的职位，离开此地去为第谷·布拉赫工作似乎是他最好的（也可能是唯一的）选择。第谷在1599年已经从乌拉尼堡来到了鲁道夫二世治下的布拉格。事实上，开普勒并不知道乌尔苏斯已经把他的信出版了，他甚至自己都没有留下一个信件的备份，而第谷抓住了机会要给开普勒他应受的惩罚。这位傲慢的贵族并不打算在回击一个曾经的猪倌上就此罢休，因此作为替代，他把回击的差事交给了年轻的开普勒。

开普勒以典型的开普勒方式接受了这个挑战。他并不是简单地闪避或是硬接乌尔苏斯的每一剑。取而代之，他深入地探究那些天文学假设的内涵和其间取舍的根据。与那些刻画了文艺复兴时期许多场辩论的好辩小册子不同，开普勒的研究结果是一篇严肃的哲学论文。事实上，正如其翻译兼评注者尼古拉·贾丁（Nicholas Jardine）所说，这篇论文是科学史和科学哲学的开端。开普勒的报告完全是按照他在大学中所学的司法致辞的古典修辞规范来布局谋篇的。在这些严格的约束下，他指出天文学家要寻求的假设，必须不仅要准确地预测现象，而且要看起来符合自然规律，在物理学上站得住脚才行。他在自己那些杰出的研究中，始终遵循着这些原则。

尽管开普勒的回应是如此意义重大，他却没有看到它的出版。在第谷到达布拉格并开始他的诉讼之后不久，1600年，乌尔苏斯就去世了。到了次年底，第谷也辞世了。于是，开普勒就把组成他那篇报告的四个章节完全收藏起来，一直保存在他的遗物中，直到1858年出版了开普勒卷帙浩繁的全集，才将它们收入其中。此后，它们又继续沉睡了一个世纪，直到贾丁仔细地考察了它们，最终拿出了学术分析和英语译文，这其中也有我在旁边做啦啦队长的一份功劳。在他工作期间，贾丁为“熊”的有些蹩脚的拉丁文颇费心血并在他的学术评论中选录了相关段落。

由于贾丁和乌尔苏斯作品的关系，我忍不住打电话给他，与他分享我在布鲁姆斯伯利拍卖会上得到那个令人惊奇的战利品所带来的兴奋。“天哪！”他大声地嚷道，“你刚刚得到了第三本已知的拷贝！”

“不，它虽然少见，但绝不会少到那种程度，”我提出异议，“一定还有更多的拷贝。”

从此时到下一本拷贝出现在市场上，又间隔了十多年。这次里克·沃森态度坚决地得到了它，此后，他研究了现存拷贝的数量。他确定了八本拷贝的所在地，两本在美国（包括我那本），六本在欧洲，而我后来只能再多找到三本。第谷的诉讼真是起到了惊人的效果。

通常，书籍不会消失得如此夸张。伽利略的《两大世界体系的对话》（*Dialogo sopra i due massimi sistemi del mondo*），就是使他受到宗教裁判所审判的那本书，印刷了1000本，尽管遭到宗教裁判所的禁止，但它是存世最多的伟大科学经典之一。显然，位列于《禁书索引》（*Index of Prohibited Books*），只是使它在17世纪的时候更容易受到关注和保存罢了。由于同样的原因，开普勒对他被列于《禁书索引》上的《哥白尼天文学概要》（*Epitome of Copernican Astronomy*）在天主教国家的销售情况非常担心，但一位威尼斯的通信者向他保证，此后他的书在那里会得到更多的需求。

最厉害的图书损耗情况之一与一本著名的哥白尼宇宙论章节的英文翻译有关，这本书著名是因为其中关于日心说蓝图的译文曾被极为广泛地再版。1576年，英国天文学家托马斯·迪格斯接管了他父亲的万年历《永恒的预言》（*A Prognostication Euerlasting*），在这本此前已经出版过六版的作品中，迪格斯又加入了《天体运行论》第一部第九到第十一章的英文译文。一大张可折叠的日心说体系图展示了群星的位置并非在一个球壳上，而向各个方向发散出去。说明文字写道："这个安排在界限以外的恒星环绕区在天体高度上呈球状地扩展自身，因此是不动的。"对于恒星基质的固定来说，这本身就是一个非常值得注意的论点。当然，这对于被上帝祝福者的家园——最高天（empyrean）来说无疑是个坏消息，因为传统上最高天正好被放在了固定恒星的天球层之外。迪格斯的解决方案是具有创造性的。他在说明中加上了"有数不清的永远闪耀的灿烂光芒装饰着天上的幸福之宫……是天使们的真正宫廷，没有丝毫悲痛，充满了无穷欢乐，是被选之民的居所"。

迪格斯还特别说明，他将哥白尼的精粹收录在这本万年历中，是为了"使英国人不至于错过如此杰出的理论体系"。最终，当我在对瑞士的图书馆进行系统的调查时，在日内瓦大学图书馆，我又出乎意料地撞上了迪格斯的那本《天体运行论》拷贝。他几乎没有在上面做什么评注，但在扉页上做了一个醒目的评论"通常的观点是错误的"（彩图 7b）。这个评论使迪格斯成为 16 世纪读者中少数几个接受日心说的人之一。[①]

托马斯·迪格斯版的《永恒的预言》非常受欢迎，在 1576—1626 年间已知的版本就发行了八种。很典型的是，现存的每个版本只有两到三本拷贝，所以很可能还有并无拷贝传世的其他版本。只是简单浏览一下清单，我就能够推测 1581 年到 1588 年之间的版本没有流传下来。对于这样一本流行的著作，1000 本的印刷量应

---

① 当然，找出迪格斯的拷贝如何从英国传到瑞士是一件非常吸引人的事，但留下的线索实在是少之又少。我们只知道这本拷贝在 1893 年从一个当地收藏者的后人那里来到了日内瓦公共图书馆的前身机构中。

不为过，我们推算截止到 1626 年，大约共印刷了 1 万本拷贝，但今天只有不到 40 本，存世率还不到 0.5%。

那么 99.5% 的拷贝发生了什么遭遇呢？其中的一些无疑是被用来擦拭靴子和烛台了，如果更加坦率的话，它们的大多数很可能被

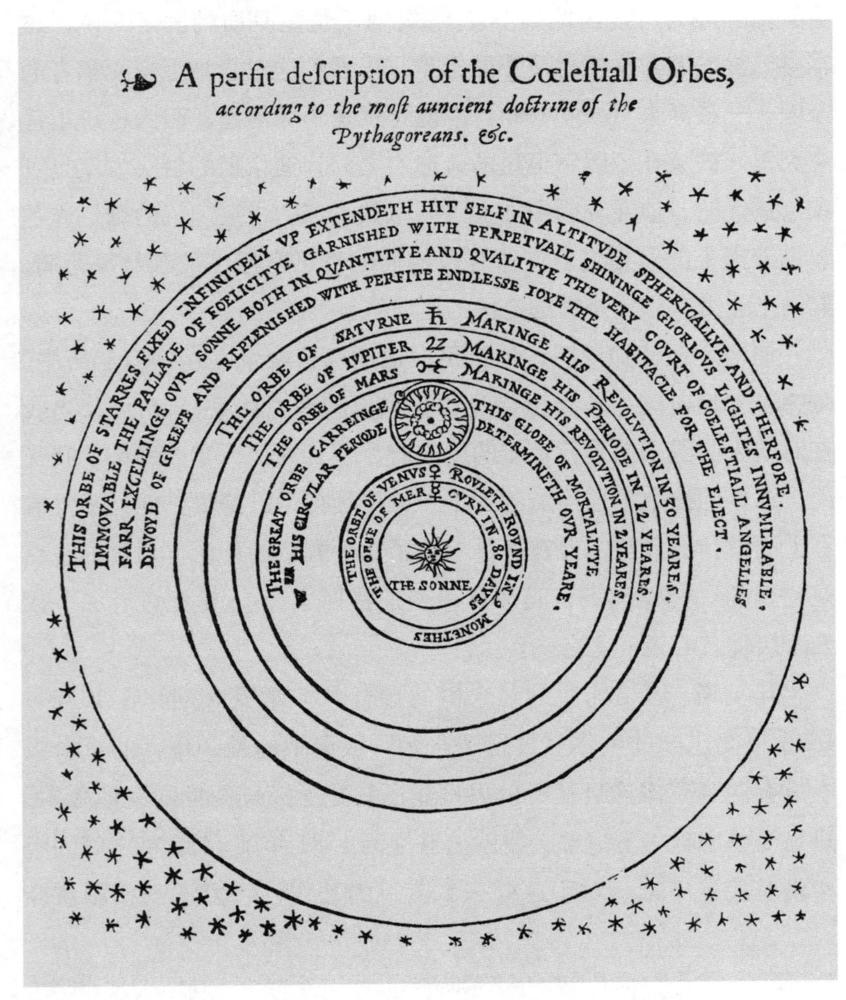

托马斯・迪格斯的日心说体系图，恒星无限展开，出自其《永恒的预言》(伦敦，1592)，本书作者收藏

用来上厕所了。

另一方面，哥白尼的书相当昂贵，并且很早就出了名，所以大量拷贝被故意损坏的可能性不大。事实上，我目前只知道一个这样的特例。吉安·温琴佐·皮内利（Gian Vincenzo Pinelli）的藏书中有一本《天体运行论》拷贝，1604年左右，图书被装船从威尼斯运往那不勒斯时遭遇了土耳其海盗，那些强盗发现全是书籍后恼羞成怒，把33只箱子抛出船外。幸运的是，其中22箱被重新寻获，稍后被红衣主教费代里科·博罗梅奥（Federico Borromeo）购置充实了他在米兰的安布罗夏那图书馆（Biblioteca Ambrosiana）。但由于在今天的安布罗夏那并没有一本哥白尼的拷贝出自皮内利，所以我们只能推断：皮内利的那本拷贝已经葬身鱼腹了。

我最终在2002年出版了我的《哥白尼〈天体运行论〉评注普查》，其中对276本第一版拷贝和325本第二版拷贝进行了描述。我常常被问及，到底最初两版拷贝印刷了多少呢？由于在纽伦堡或巴塞尔都没有留下出版者的记录，所以我所能做的就是根据可靠的信息进行推断，首先就从纽伦堡的印刷商约翰内斯·佩特赖乌斯可能印刷的最大数目开始。

一些年以前，我了解到，根据经验判断，在16世纪，一台单独的印刷机可以在一天双面印刷一令纸，也就是480张[①]。在《天体运行论》中每一张纸含四页，而一本书正好有400多页。就是说，一台印刷机最多可以在一百天或者说四个月内印刷480本拷贝。然而，从1542年春天开印，到当年的秋天却还远未完成，其

① 令（ream）是一种纸张的计数单位，以前以480张为一令，现在以500张为一令，而印刷中也有用516张为一令的。——译者注

原因可能是在切削那142个木版图表时耽误了时间，印刷直到1543年4月中旬左右才完成。这样，主要部分的印刷就拖延了七八个月。如果按照每天一令纸的速度，这段时间里应该可以印刷1000本拷贝的。但“每天一令纸”的标准可靠吗？

渐渐地，我开始对“每天一令纸”的说法感到好奇。印刷机真的可以进行双面印刷吗？难道纸张一面上的湿油墨不会出什么问题？我向有经验的手工印刷技师咨询了有关的技术，还仔细研究了菲利普·加斯克尔（Philip Gaskell）的《新编文献学入门》（*A New Introduction to Bibliography*）中有关早期印刷的生动描述。在我开始哥白尼追踪的最初那些日子里，加斯克尔曾是剑桥圣三一学院的图书管理员，我常常与他分享各种信息。当我说明圣三一学院最早曾经拥有的《天体运行论》拷贝很可能就是艾萨克·牛顿在那里就职时所用的那本，而它当时已被当作一个有瑕疵的重复收藏卖出了，于是加斯克尔便开始追查它的下落。当我后来告诉他我在利兹大学发现了这本书后，他就用另一本完美的拷贝和利兹大学进行了交换。这使我联想起《一千零一夜》中用新灯换旧灯的那个商人。

结合加斯克尔的著作和那些印刷经验丰富的技师的建议，我发现“每天一令纸”的估计还是太低了。我了解到，油墨有两个主要的组成部分：色质（灯烟或煤烟）和载色剂（比如亚麻油）。在印刷时，纸张应该是潮湿的，以便得到最佳的铅字压痕。作为准备，纸张要在印刷前一个晚上一张张地浸在水里，通常每250张堆成一堆。纸的一面要在第二天早上印刷，而另一面则在纸张干透之前于下午印刷。另外，在反面印刷之前纸张还要重新被弄湿，因为纸张的收缩可能导致尺寸稳定性方面的问题。同时要做多种预防措施，比如要擦净沾有半干油墨的羊皮纸衬背，以防止未干的墨迹转印到

印刷工人在用16世纪的印刷机工作。印刷工人在往铅字上刷墨，同时他的助手把纸张放在衬垫上并准备合上夹纸框

与它相接的纸张表面。[①]

由两个印刷工人操作沉重的印刷机，其中一个人掌握可以手

① 我原来以为每个人都知道转印法（offsetting）是什么，但当米里亚姆和我的编辑都对这个术语提出疑问的时候，我才认识到我在排版上所花费的大量时间以及我年轻时作为一个美国邮票收藏者的激情，使我拥有了一个专家的词汇量。美国邮票最初是在平板上印刷的，这种技术是从佩特赖乌斯所使用的那种印刷机发展而来的。然而，在1915年，轮转印刷机被引入了生产邮票的雕版和印刷管理局。因为把图版弯曲成圆柱状的过程伸展了印刷表面，这样，邮票就会比平版图像长或宽了大约1毫米。轮转印刷机允许喂入连续的纸卷，这种技术使得现代的报纸生产成为可能，更不用说邮局所渴望的长长一卷邮票。从1918到1920年，邮政机构实验了转置印刷。这个过程中，一个直接图版（相对于轮转印刷和平版印刷的镜像图版而言）把墨迹转移到一个转印滚筒上形成镜像，然后用这个滚筒印刷真正的纸张。由于滚筒多采用橡胶，这些转印印出的邮票显然比直接印刷的干巴疵咧的线条要柔和得多。油印机、复印机和平板印刷机在20世纪五六十年代在办公室里十分普及，由于使用了转印法，原稿就不再必须被制成镜像了。所以，转印法就是说墨水被转移到另一个表面然后反过来印刷到最终的纸张上。在这个16世纪印刷机的例子中，墨迹从一个半干页面的背面印到羊皮纸的压印盘或衬纸上，然后，无意中使喂入印刷机的下一张纸的背面也沾上了墨迹。

第一版《天体运行论》的印刷商约翰内斯·佩特赖乌斯。出自多佩尔迈尔（J. G. Doppelmayr）的《关于纽伦堡数学家及艺术家的历史性报道》（*Historische Nachricht von den nürnbergischen Mathematicis und Künstlern*，纽伦堡，1730）

持的墨球，由此他可以在纸张入位之前为铅字上墨，另外一个人滑动承载着铅字和平放在铅字之上的纸张的托架，使其正确地进入印刷机，并旋转把手完成印刷过程。如果要再提高效率的话，还可以找一个学徒工把白纸放在衬垫（将纸固定在铅字上的夹纸框的一部分）上，找另一个学徒工移开已印刷过的纸张并把它们小心地叠在一起。稍后，印过的纸张会被挂起晾干。一个正常运行的印刷操作，显然必须有一间宽敞的干燥室。在一台印刷机上，四人操作可以在一小时内完成250个单面的印刷，大约合15秒一张，那么如果印刷工人坚持不懈，1500张双面纸就可以在12小时内完成。

毫无疑问，佩特赖乌斯有多部印刷机，因为在1543年，他还印刷了二十多本其他的书（包括哥白尼著作的校对者安德烈亚斯·奥西安德尔的三本布道书），并且，他的排字工人很可能是在项目间轮换以保持印刷机不停地工作，甚至在个别因校对而需要暂停的项目中也是如此。如果佩特赖乌斯使用两台印刷机，那么他就可以在同样的时间内印更多的产品，但我们知道他没有那么做。佩特赖乌斯在每一张纸上并排印两页，然后在反面再印两页。两张纸

Lunæ à uertice horizontis part. LXXXIIII, & angulus sectionis
circulorum altitudinis & signiferi partium ferè XXIX. paralla-
xis Lunæ pars una, lõgitudinis scrup. LI. latitudinis scru. XXX
quæ admodum congruunt obseruationi, quo minus dubitaue-
rit aliquis nostras hypotheses, & quæ ex eis prodita sunt, recte
se habere.

De Solis & Lunæ coniunctionibus, oppositio-
nibusq́ medijs. Cap. XXVIII.

X ijs quæ hactenus de motu Lunæ & Solis dicta sunt, aperitur modus inuestigandi coniunctiones & oppositiones eorum. Ad tempus enim propinquum, quod hoc uel illud futurum existimauerimus, quæremus motum Lunæ æqualem, quem si inuenerimus, iam circulum compleuisse coniunctionem intelligimus, in se-
K micirculo

这是第一版《天体运行论》第四卷第二十八章的开头。它采用了艺术化的大写字母 E，而在第二版中每章开头只是使用了没有装饰的朴素字母，参见本书第 183 页图（译者补图，摘自金格里奇的《哥白尼〈天体运行论〉评注普查》）

折起来，一张插在另一张里面，每八页成为一个书帖（signature）。佩特赖乌斯有一套由艺术化的大写字母构成的字母表，被用作《天体运行论》每一章的首字母排版，这套字母是由纽伦堡画家汉斯·泽巴尔德·贝哈姆（Hans Sebald Beham）设计的。整本书只有一次他在同一张纸上需要两次使用同一字母，第二个就只好从另外一套字母表中找了。但是当他在两个连续的书帖上需要相同的字母时，例如他在从 P 到 S 的四个书帖上都需要 A，便每次都使用了同样的艺术字母。也就是说，他的排字工人将在排下一版之前将每一个书帖的铅字拆版（distribute）[①]。如果两个书帖同时在两台印刷机上运转，他就需要有完全相同的艺术字母供第二个书帖所使用，但他没有，也就不可能同时在两台机器上印刷。由于需要校对，在拆

① “拆版”是一个专业印刷工人所用的术语，意思是将铅字拆散并按照字母顺序重排到一个特别的铅字盒中，以备被再次排版。

散一个印刷过的活字架到准备好下一次印刷之间必须有一个小的停顿。由此看来，他绝不可能日复一日地以最高速度进行印刷。在全力以赴的七或八个月中，他最多能够印刷3000本拷贝，但实际上第一版的数量比这要少得多。

尽管我们没有从佩特赖乌斯的印刷厂得到有关记录，但我们在16世纪安特卫普的普兰廷－莫雷图斯印刷厂（Plantin-Moretus Press）找到了一份非常好的记录。尽管它比佩特赖乌斯的印刷厂更大（至少它印刷了更多的书），但它在许多其他方面与佩特赖乌斯的印刷厂一定是差不多的。在安特卫普的车间，文献表明印刷数量的范围是从200本（资助出版或特别版本）到2500本。对于流行的作品，比如礼拜用书或是药典，1250本是这家印刷厂最喜欢的数字。由于纸张的成本是印刷中最昂贵的部分之一，佩特赖乌斯当然不愿意过高地估计他的销售量。可以想象，像《天体运行论》这样技术性强的大部头作品，其印数显然会比1250本少得多。但究竟少多少呢？

有两种方法可以由现存拷贝的数量来推算佩特赖乌斯到底印了多少。第一种，可以比较《天体运行论》的存世数量与由记录可知真正印数的类似书籍的存世数量，从而推算出我们想要的结果。例如，伽利略的《对话》印刷了1000本拷贝，并且现在有大量的存本，所以它的第一版价格比《天体运行论》要低得多。OCLC[①]的大型计算机数据库列出了18本《天体运行论》和33本《对话》的拷贝。也就是说《天体运行论》的印数大约是《对话》的一半，约为500本。

比较OCLC中的图书数量看起来很简单，但事实并非如此，

---

① OCLC最初是Ohio College Library Center的缩写，是1967年为了实现俄亥俄州的大学和研究所共享图书资料而建立的计算机系统。1977年开始接纳俄亥俄州以外的用户并成立了OCLC公司。1981年OCLC改为Online Computer Library Center的缩写。——译者注

因为数据库在这种问题上讹误百出。在全国各地，很多大学都会雇用未经训练的学生把数以千计的图书资料输入数据库，并且，在很多较小的学校中，只有这些珍本图书的复制品而根本没有珍贵的原件。结果，大约有三分之一的所谓哥白尼《天体运行论》的 16 世纪拷贝被证实是 20 世纪仿制的。我打算把四种印刷情况已知的早期科学著作与四种未知的做个比较，其中后者就包括《天体运行论》的第一版和第二版。最后，我的助手们不得不像马拉松式地给数十家图书馆打上一连串的电话以排除清单上那些赝品的条目。

在我的 OCLC 调查中出现了三个令人惊奇之处。其一，开普勒曾收到国王用纸代钱结给他的部分欠薪，这些纸足够印 1000 本他的《鲁道夫星表》。而那本书现存数量的稀少表明其实际印数大约只有 550 本，假如这样的话，开普勒就是出售了剩余的纸张以补偿其欠薪，否则就是印了 1000 本但是很大一部分并没有被卖出去，而最终被重新化为了纸浆。

第二个惊奇关系到牛顿《数学原理》第一版的印刷数量。我们知道其第二版印了 750 本拷贝，而对第一版印数最好的猜测曾经是 400 本。或许在发现第一版拷贝似乎比第二版拷贝还多的时候，我不应该表现得如此吃惊，因为《数学原理》的市场价格一直只有《天体运行论》的三分之一，显然它是一本更为常见的书。一个不争的事实，就是牛顿 1687 年的第一版印了超过 600 本，或许可能是 750 本。根据同样的推理，《天体运行论》的实际出厂数要比这更少一些。

最后，调查中最大的异常来自一份非凡的珍品，即伽利略的第一篇天文学论文《星际使者》（*Sidereus nuncios*），其中发表了他用望远镜所观察到的一些重大发现。在 1610 年给科西莫·德·美第奇（Cosimo de'Medici）大公私人秘书的一封信中，伽利略提及他的论文共印了 550 本。这篇论文在 OCLC 调查中只找到 5 本，可以参照的是，哥白尼的第二版或许也印了大约这么多，但在OCLC中只找到了21本。这么少的原因我只能把它归咎于我那个所谓的斯托达德法则：“越大的书，传世越久。”（在书架上，要六本的《星际使者》才能填得上一本《对话》或是《天体运行论》所占的空间。）我记得曾试图劝说哈佛最渊博的图书管理员之一罗杰·斯托达德（Roger Stoddard）去买一本《论六角形的雪花》（*De nive sexangula*），这本小册子是开普勒作为一份新年礼物为他的一位高贵的朋友而出版的，现在被认为是在矿物学领域具有开创性的一篇论文。我说：“它不会太贵的，因为它很薄。”罗杰哼了一声，反驳道：“你所说的关于它的一切都会使它更具身价。毕竟，在其他条件相同的情况下，薄的书比厚的更难找到。”[①]

在坎布里奇的一位邻居、麻省理工学院的物理学家菲利普·莫里森（Philip Morrison）给我建议了另一种精巧的推算哥白尼拷贝印刷数量的方案，它有点类似于民意测验专家所用的方案。他建议列出一份大约1543—1610年可能拥有哥白尼著作的天文学家的名单，然后再看看有多少人的书已经找到了。以下就是这样一个典型的样本：

雷蒂库斯　*墨卡托　*普雷托里乌斯　穆尼奥斯（Munoz）
*赖因霍尔德　卡尔达诺　哈格修斯　第谷
霍米留斯　*斯塔迪乌斯　*克拉维于斯　隆戈蒙塔努斯（Longomontanus）
舍纳　*维蒂希　*马吉尼（Magini）　奥里加努斯（Origanus）

---

① 不管怎么样，斯托达德还是进行了一次成功的竞价，今天，哈佛拥有世界上最大的开普勒著作的收藏，仅次于德国斯图加特的巴登-符腾堡州州立图书馆。

斯特夫勒	* 奥弗修斯	黑森的威廉	* 梅斯特林
阿皮安	迪伊	* 开普勒	罗特曼 (Rothmann)
* 波伊策尔	* 迪格斯	乌尔苏斯	哈里奥特 (Harriot)
* 杰马·弗里修斯	* 萨维尔	* 伽利略	* 施雷肯福克斯 (Schreckenfuchs)
等等			

在我的调查中，如果已经有一半的拥有者和书相对应（表中带有星号的名字表示在《普查》中已经确定的拥有者），并且我们假定表中其他的人也拥有哥白尼的书，但他们的书已经遗失，那么我们就可以通过推断得到现在的存世率为50%的结论。这个过程中的漏洞很明显：可能并不是名单上的所有人都真正拥有过这本书，或者可能拥有者并没有费事去在书上题字。比如开普勒，似乎就从未在他的藏书上签过自己的名字，他那本《天体运行论》的鉴定是源自其他的证明。所以这个过程中除非再考虑一些修正因素，否则书的印数会被高估。如果假定修正后的存世率接近60%，那么我的《普查》中所记录的276本第一版拷贝和325本第二版拷贝就表示两版的印数分别为400—500本和500—550本，这个数字与《数学原理》那个稍大一些的印数对应起来非常合理。[①]

如果我对印数的估计是正确的，那么超过一半的拷贝还在世

① 也许有人会提出，如果1543年的《天体运行论》是1687年的《数学原理》价格的两到三倍的话，那么前者应该稀有到后者的二分之一至三分之一才对。而实际上这种基于数量上的守恒定律在这里是行不通的，因为哥白尼的书恰好稀有到了一定的程度，而使它的定价与它的稀有程度看上去相当不协调。

间。与那个短命的《永恒的预言》不同，《天体运行论》印行后很快就被作为一本重要的著作而赢得了声誉，因此很少有人会故意地毁掉一本拷贝。然而，一想起16世纪中期，整个牛津大学图书馆被当作废物卖出的事情，就令人心有余悸。这种情况不只发生在牛津，整个英国的图书馆都遭此劫难。激进的英国新教改革家、曾经的剧作家约翰·贝尔（John Bale）在1549年的作品中谈到那些图书馆的购买商“囤积这些图书馆的藏书，一些被用作厕纸，一些被用来擦拭他们的烛台或是靴子，一些又卖给了杂货商和肥皂商用作包装，还有一些被发送给海外的装订商用作衬料等，这可不是少量的，有时会装满整只船……我就知道一个商人，姑隐其名，他花了40先令买下了两座著名图书馆的藏书，说起来真是丢人”。

《天体运行论》是一本相当昂贵的书，这一点可能有助于保护它。尽管货币的价值并不太清楚，但我在各处都发现了写有价格的拷贝。最好的记录是我在德累斯顿的一本拷贝中发现的。1545年，天文学家瓦伦汀·恩格尔哈特（Valentin Engelhart）在那里记录了基本装订在一起的著作的价格。《天体运行论》价值1弗罗林，相当于12格罗申。那时候，大学的学费是6—10格罗申，当雷蒂库斯被吸引到莱比锡大学做教授时，他得到了每年140弗罗林的特别薪金。在很长一段时间里，我一直在与16世纪欧洲货币的价值较劲。那时候，服务业与食品的价格都很便宜，所以，相对的金钱效能不能简单地与今天的生活标准来比较。或许一个对待科学研究严肃认真的天文学家不会吝惜拿出他年薪的百分之一去购买一本重要的书，但他一定会对他的书呵护备至。[①]

---

① 16世纪斯特凡·罗特（Stephan Roth）的藏书令人惊骇。他曾在维滕堡随马丁·路德学习，最终成为茨维考市的首席书记员。1976年夏天，我去那里看哥白尼的著作，那是一个乏味的东德小城，但图书馆非常棒。在1530—1540年间，罗特积累了一个有6000本著作的收藏。看来当一个城市的书记员一定是个肥差。

那么，在1543年印刷的400—500本拷贝中，除了在《普查》中作出说明的276本，那些失落的拷贝又到哪里去了呢？对数百本《天体运行论》拷贝的检查，使我深信，水是书的最大敌人。有相当数量的图书表现出因受潮而污损的痕迹。数千年来，建筑师们一直为建造完美的屋顶而不懈地工作，但是我每一次在暴风雨中到达哈佛的科学中心，我都知道那是一场失败的战争。当我在耶鲁的图书馆巡视委员会任职期间，我们的第一个任务就是去查看斯特林图书馆屋顶悲惨的渗漏情况。而在《普查》中记录的每一本因严重受潮而污损的拷贝，一定是一本被废弃的拷贝，因为它们已经被彻底浸泡以致变紫发霉或是完全变成了纸模子。

书虫在很多拷贝上打了洞。我想我从未见过哪怕一只书虫，无论是活的还是死的。我的很多学生都认为那是一种杜撰出来的“野兽”，并且对书虫在书页上行进所穿的洞表示怀疑。我甚至不记得看到过书虫的图片，所以当我在罗伯特·胡克（Robert Hooke）1665年的《显微图录》（*Micrographia*）中看到书虫的图片时，着实吃了一惊。从早期书籍上那些圆圆的小洞，我总是想当然地认为那些饥饿的昆虫是一种圆柱形的蠕虫。胡克的放大图片清楚地展示了一条蠹虫的样子。他本人把这种昆虫描述为“银色的书虫”，他还介绍说：“这种动物大概以纸张和书的封面为食物，并在上面刺穿若干个小圆洞。”事实上，《不列颠百科全书》指出有多种昆虫被界定为书虫，蠹虫（Lepisma saccharina，学名衣鱼）是其中的首选。[①]

我对蠹虫怎么会弄出圆洞感到大惑不解，最后在尼古拉·皮克

① 该条目指出，书虫是对一切咬书昆虫的俗称，包括许多种类的成虫或幼虫，可食干燥的含淀粉的物质或纸张，因此可损坏书籍，可咬坏书籍的封皮及钻入书页造成许多小洞。常见的有衣鱼和书虱，白蚁和蟑螂也常危害书籍。——译者注

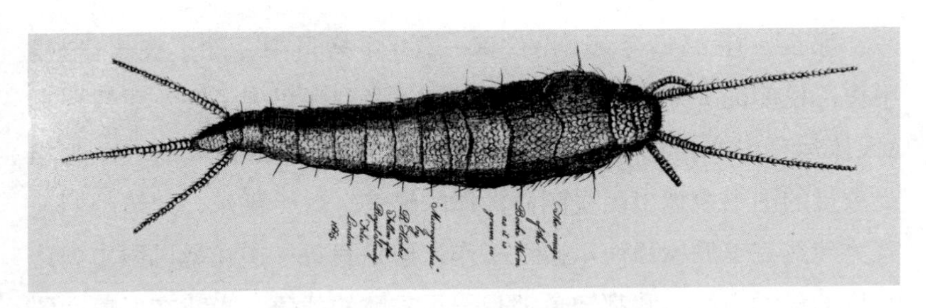

罗伯特·胡克《显微图录》(伦敦，1665)中的蠹虫图

沃德(Nicholas Pickwoad)那里找到了答案。皮克沃德是一位英国专家，一直帮助哈佛大学解决有关图书保存的诸多问题。蠹虫以真菌为食，所以会在潮湿的环境中迅速生长繁殖。它通常会对书页的表面或是皮革的装订造成损害。其实，在早期书籍上经常出现的圆洞是由粉茶蛀虫(窃蠹科)饥饿的幼虫造成的，它们能完全吃穿图书馆书架上的书页或是钻透家具。蛀虫会把卵产在食物附近，比如摆满书的书架的缝隙或是裂纹中，幼虫在这些地方钻孔得到食物，有时候在它们变为成虫之前，这个过程要花去十年之久。真正蛀蚀严重的《天体运行论》大概早已经被抛弃了。

啮齿类动物可以使那些命运凄惨的书霉运来得更快。数年前，华盛顿的卡内基研究所在房屋改建时把藏书转到仓库保存。藏书被放在货橇上，并小心地盖上了防水油布以防止水渍；直到数周后，才有人在仓库中放入了老鼠药以防止鼠咬，但这已经太晚了。于是，现在卡内基研究所的藏书就有几十本由于遭到鼠噬而没有书脊。

在书籍毁坏者中，火灾排名靠后。我曾试图证明是否有一些《天体运行论》的拷贝在1666年伦敦大火中被毁掉，但没有成功。可能确实如此，只不过没有证据罢了。1728年哥本哈根的大塔(Great Tower)烧毁时有一本拷贝葬身火海，可能还有一本在1870

年德法战争期间随斯特拉斯堡图书馆被烧毁，另外，1944 年秋季纳粹撤退时故意纵火烧毁华沙的波兰国家图书馆时也烧掉了一本第一版拷贝。第二次世界大战期间，在杜埃、法兰克福、慕尼黑和德累斯顿，爆破炸弹也使《天体运行论》大为减员。

回过头来，让我们谈谈令人感到愉快的事情，这当然不是书的敌人而是它们的朋友——书商们，是他们使得人们可以在第一时间得到拷贝。1543 年《天体运行论》首印时，活字印刷在欧洲应用还不到一百年。在那时候，国际性的配送方式已经建立起来，主要是通过大型的区域性博览会。特别是在法兰克福，它在中世纪晚期已经成为印刷商与书商碰头的主要博览会。[①]在 1543 年，书商们可以在这里获取《天体运行论》的现货，但通常是一叠叠尚未装订的书页。当时，书籍装订与印刷是完全不同的职业，直到 17 世纪，印刷者自己用便宜而临时的纸封皮进行包装才逐渐流行起来。

1564 年发行了第一本法兰克福图书博览会所提供的著作的书目，它成为这类书目传统的一个开端。16 世纪末，当年轻的约翰内斯·开普勒骄傲地出版了他的第一本重要著作时，法兰克福图书博览会也提供了书目，但开普勒糟糕地发现，上面他的名字被拼错了。当我读到这个插曲的时候，并没有对开普勒表现出多少同情，因为他常常把他名字中的“K”写得模棱两可，很容易被别人误认为“R”。[②]不管怎样，我还是对这样一本有问题的书目感到非常好奇。

---

① 即使在今天，每年秋天举办的法兰克福图书博览会仍然吸引着世界各地的出版商。

② 在用开普勒的书信对第谷·布拉赫进行粗俗的攻击时，乌尔苏斯就曾把“Kepler”拼成了“Repler”。

有一天，我在哈佛的霍顿图书馆忽然想起此事，于是向他们询问了一下怎样在诸如慕尼黑图书馆或是斯图加特图书馆这样的大型图书馆中找到这本书目。我知道欧洲的图书馆通常只是按作者列出图书目录，所以我想知道是否必须知道书目制作者的名字才能了解图书馆里有没有法兰克福图书博览会的旧书目。直到一年后，当我和霍顿图书馆的资深管理员在阅览室偶遇时，我几乎已经把我的询问忘得一干二净。

他问我："你还记得你关于法兰克福图书博览会书目的询问吗？"我这才想起了这件事，点头以示肯定。"好的，我们已经find[①]它们了。"

我对他的表达方式感到吃惊："你的意思是说，你们已经'找到'了它们？"

他煞有介事地点点头，然后解释道，有个人想要做其中一个目录的复本，所以他最近向图书馆询问了有关情况。事实上，就在第二次世界大战前夕，哈佛得到了一大批那种目录，但这些小册子编起目来过于繁杂以致没有人有勇气去给它们做目录，于是它们就一直待在霍顿图书馆的书库里直到所有人都把它们忘得干干净净。当职员们由于被询问意识到书目必定在那里的某个地方时，他们最终把这捆书找了出来。

在20世纪70年代初，一家德国出版社为整套的法兰克福图书博览会书目做了复制版，其中只缺了1598年秋季博览会的目录，因为它在欧洲已经找不到了。研究者们最终追踪到了哈佛购买的那批东西，其中果然就有那本缺失的目录，它很可能还是唯一存世的

---

① "find"一词除了"找到"还有"查明下落"的意思，所以下文作者会对管理员表达是哪一种意思感到疑惑。——译者注

（“小册子存留的时间更短”）。那些薄薄的、弱不禁风的小目录充满了魅力，每年春季和秋季各有一本，交易的书籍被分成很多类别：新教神学、天主教神学、音乐、历史、诗歌以及“哲学、高雅艺术和优雅的文学”。拉丁书名用罗马字体表示，德语书名用哥特字体表示。在晚些时候的1566年秋天，也就是出版这种目录的第三年，哥白尼的《天体运行论》也赫然在列。那是一本来自巴塞尔的对开本，出版商和价格都未标明。这本第二版的拷贝来自巴塞尔的学术著作印刷商海因里希·彼得里（Heinrich Petri），他可能是纽伦堡的约翰内斯·佩特赖乌斯的亲戚。到了1566年，海因里希把儿子塞巴斯蒂安也拉进来了，这个年轻人最终以塞巴斯蒂安·海因里希彼得里（Sebastian Heinrichpetri）的招牌继承了生意。所以，在那一年，书的扉页上写有“Ex officina Henricpetrina（海因里希彼得里工场出品）”的出版商标记。

而这个故事中最具有戏剧性的是，哈佛的霍顿图书馆那套法兰克福书目并不完整。虽然拥有独一无二的1598年的目录，却缺少了1597年春季和秋季的两本目录，其中一本列有开普勒的《宇宙的奥秘》（*Mysterium cosmographicum*）。我现在知道必须在书目制作者格奥尔格·威利尔（Georg Wilier）的名字下才能找到它们，但我仍然没有亲眼看见过一本写有作者为“Repleo”的原版目录。

顺便说一下，书的消失还会有另一种方式——当它们被列在《禁书索引》中的时候，就会被故意毁掉。而1616年的天主教《禁书索引》中，出现了《天体运行论》的身影。

第九章

禁忌游戏

雷蒂库斯花了数月的时间才说服哥白尼把他的书送到印刷商那里。这位波兰天文学家之所以不愿意出版他的手稿一定是事出有因，而且原因错综复杂，其中还有恐惧。首先，在附近并没有能够胜任如此复杂工作的合适的印刷商，另外，还有很多不够完美的细节也令他不够满意。然而，真正潜在的却是恐惧：他害怕他那有悖于当时常识的、关于地球移动性的观点会导致他遭遇嘘声一片。这正如他后来在给教皇保罗三世的献词中所表达的。[①]他知道，他可能会因此卷入带有宗教敏感性的麻烦。所以，他在给教皇的献词中写道："恐怕会有些胡言乱语的人妄作断言，尽管他们对数学一无所知，他们却敢不知羞耻地通过对《圣经》中一些段落的歪曲，来

---

① 哥白尼在献词使用了"explodendum"一词，它在此处的意思就是"被嘘声或掌声轰下舞台"。《牛津英语词典》表明这是英语单词"explode"的现在已经废弃了的本义，直到 1700 年前后，它才有了现代的含义"大声的爆炸"。莎士比亚从未在其戏剧中使用过这个词，但他同时代的开普勒用了，毫无疑问这是对哥白尼用法的响应。在其《新天文学》的序言中，开普勒用拉丁文写道："首先，托勒密肯定遭遇了 explodendum。"开普勒对这个词的敏感可能是来自伽利略，因为伽利略在 1597 年给开普勒的第一封信中就用了这个词。

挑我的错，向我的作品发难，以达到他们的目的，而对于这些无稽之谈，我将嗤之以鼻。”虽然哥白尼这么说，但他一定对那些潜在的批判有所顾忌。

在那些可能引起麻烦的《圣经》诗句中，首当其冲的就是《约书亚书》中的一段生动的描述：

> 当上帝把亚摩利人交付以色列人的日子，约书亚就祷告上帝，在以色列人眼前说：
>
> “日头啊，你要停在吉比恩，
>
> 月亮啊，你要止在艾加伦谷。”
>
> 于是日头停留，月亮止住，
>
> 直等国民向敌人复仇。
>
> 这事岂不是写在《雅煞珥书》[①]上吗？日头在天当中停住，不急速下落，约有一日之久。在这日以前，这日以后，耶和华听人的祷告，没有像这日的。

在维滕堡，甚至在《天体运行论》印刷之前，马丁·路德就曾在一次宴会交谈中引用《约书亚书》中的这段描述。很显然，路德在大学里从雷蒂库斯或是赖因霍尔德那儿听说过新的宇宙论。尽管用餐时只是闲聊，但一个名叫安东·劳特巴赫（Anton Lauterbach）的热心学生还是将那些评论记录下来：“谈论中提到了一个新的占星家，他想要证明是地球在运动而不是天空、太阳和月亮在运动。这就好像是一个人坐在一辆车上或是一条船上，想象着他自己静止不动而陆地和树木都在运动。路德评论说：‘现在看来，无论谁想

---

① *The Book of the Just*，古代以色列人的诗歌集，《旧约》屡加引用。——译者注

要变得聪明点，就不要盲从，就必须身体力行。这就是那个想扭转整个天文学的家伙所做的……我还是更相信《圣经》，因为约书亚命令太阳保持不动，而不是地球。'”

也许这个记录并不完全准确，因为还有另一个学生，约翰内斯·奥里法贝尔（Johannes Aurifaber），他后来的叙述与此略有不同。据说路德是这样说的：“那个傻瓜想要颠覆整个天文学。”尽管专家们普遍认为这个版本是杜撰的，原因是奥里法贝尔当时并不在宴会的现场，但这是路德被引用得最为广泛的句子之一。

尽管这些即兴评论与路德的其他大量的谈话观点在他去世后一起被收入了1566年首版于维滕堡的《桌边谈话录》（*Tischreden*）中，但它们很可能早就被遗忘了。然而在1896年，康奈尔大学第一任校长安德鲁·迪克森·怀特（Andrew Dickson White）出版了他的《基督教世界神学与科学论战史》（*A History of the Warfare of Science with Theology in Christendom*），其中引用了路德对哥白尼的评论，于是路德的观点就流行起来。作为一个自由派基督教徒，怀特宣称他的目标就是要让“种种陈腐的思想在历史真相的光芒照耀下衰亡，因为那些思想使现代世界依附于中世纪的基督教观念——它们是宗教与道德的最严重的阻碍”。他渴望求证他所相信的宗教憎恶科学的进步，于是他就让他的研究生尽可能地去发掘更多的案例。所谓的“伽利略事件”在他的论述中具有举足轻重的地位，下面这一完全虚构的情节就是引子：

> 这是一则极为动人的预言的实现。很多年以前，哥白尼的反对者对他说：“如果你的学说是正确的，那么金星应该表现出与月亮相似的种种相位。”哥白尼回答：“你说对了，我虽不知道该怎么说，但仁慈的上帝会及时给你答案。”天赐的答案果然在

1611 年降临，伽利略那简陋的望远镜中显示出了金星相位的变化。

事实是，尽管伽利略的望远镜第一次揭示了金星围绕太阳的运动情形与托勒密体系的布局不符，但无论是哥白尼还是他的对手都不曾考虑将这作为一种检验。英国天文学家约翰·基尔（John Keill）在他 1718 年出版的拉丁文教科书中不经意地为这个传说埋下了伏笔。尔后这个故事每次被复述时都会被添油加醋，而怀特更是用精心润饰的小品文把它神化了。

不管怎样，既然这个声名狼藉的“伽利略事件”是在天主教背景中发生的，怀特就渴望着在宗教与科学进步的假想对抗中为新教徒也找到一个角色。这就是他重新发掘出一篇路德评论的原因。但这位前康奈尔大学校长不想在路德身上就此打住。尽管哥白尼的著作实质上是在路德教派的赞助下才得以出版的，例如在《天体运行论》基础上编制的第一卷星表，但怀特还是置此于不顾，继续写道：“当路德教派谴责地动说的时候，其他新教分支也不甘落后。约翰·加尔文（John Calvin）在他的《〈创世记〉释义》（*Commentary of Genesis*）中带头声讨了所有声称地球不是宇宙中心的人。他通过简单地参考《圣经·诗篇》第九十三章第一节[①]就下定了结论，并反问道：‘谁会冒天下之大不韪把哥白尼的权威置于圣灵之上呢？’”

无疑，怀特对加尔文观点的引用增加了加尔文作品的读者，因为它使得那些科学史学家苦心寻找那位日内瓦改革家是在什么地方提到了哥白尼，却一无所获。1960 年，专注细节的大师爱德华·罗森不仅追踪到了一群只会对怀特的记述鹦鹉学舌的作者，而且还从那篇评述本身追溯到了受人尊敬的英国圣公会教士法勒（F. W.

① 该句是“世界就坚定，不得动摇。你的宝座从太初立定，你从亘古就有”。

Farrar)，法勒曾担任维多利亚女王的宫廷教士，正是他自负地依赖自己的博闻强识，才产生了加尔文对《诗篇》第九十三章的所谓评论。广泛地加以归纳后，罗森得出结论：加尔文从未听说过哥白尼，因而也就无从对其发表看法。[①]

鉴于《天体运行论》有一个相当广的传播范围，那么我想约翰·加尔文很可能看到过这本书，但根据扉页背面所写的《就本书中的假设致读者》，他或许认为哥白尼这本书是一个便于计算的数学设计而不是对自然的真实描述。这篇《致读者》声明："一个天文学家的责任就是通过勤奋而富于技巧的观测来记录天空中的运动，然后他必须对此提出原因，或者更确切地说，是提出假设，因为他不可能期望找到真正的原因……我们的作者在这两方面做的都很好，然而这些假设并不需要都是成立的或可能的；只要计算与观测相符合就足够了。"这篇致辞由纽伦堡圣劳伦斯教堂的学识广博的神学家兼教士安德烈亚斯·奥西安德尔添加，他曾校读了《天体运行论》大部分篇幅的文字。当哥白尼的朋友蒂德曼·吉泽（Tiedemann Giese）主教看到了这个未经授权的补充时，感到非常不安并向纽伦堡市政委员会致函，要求对书的前页部分进行修改和重印。他还向哥白尼第一个也是唯一的弟子雷蒂库斯提出了一个愿望，希望他能在那些尚未售出的拷贝中插入一篇短文，"用您的生花妙笔来证明地球运动的观念并不有悖于《圣经》的文句"。这样的抽换还是比较容

① 进展停顿了十年，直到 1971 年，一位法国学者注意到，在对《圣经·哥林多前书》第十章和第十一章的布道文中，加尔文曾经公然谴责那些"认为太阳不动而地球在运动和旋转的人"。在这里，加尔文既没有提到哥白尼的名字，也没有引用《圣经》来反对日心说本身。事实上，曾有人中肯地指出，加尔文在此所指的是西塞罗（Marcus Tullius Cicero）作品中的内容，西塞罗曾在同一位曾被自己器重但后来失宠的弟子的辩论中提到这一问题。因此，加尔文对于哥白尼及其著作有无看法，看法如何，至今尚无定论。

易的，因为那时书未经装订就销售，卖的只是一摞折好的书帖。

由于吉泽主教的信，哥白尼研究者们很早就知道，除了为激进的日心说宇宙论撰写过充当探路石的《初讲》外，雷蒂库斯还写过另外一本小册子，讨论如何理解那些看起来与地动说相悖的《圣经》引文。然而，雷蒂库斯的同时代人，也包括后来的安德鲁·迪克森·怀特和他的学生，没有一个人知道雷蒂库斯这样一个坚定的路德教派信徒对于日心说和《圣经》都写了些什么。多年以来，大家一直以为雷蒂库斯的报告已经在历史的垃圾箱中不知所终了。然而，几乎是个奇迹，这本小册子在由1973年五百周年纪念年所掀起的哥白尼研究热中被重新发现了。

结果证实，雷蒂库斯对于哥白尼理论与《圣经》之间所做的调和确实曾被印刷过，1651年在乌得勒支出版了一本小册子，但它并没有署名。这本被长期忽视的小册子现在似乎只存有两本拷贝[①]，荷兰科学史学家赖耶·胡伊卡斯（Reijer Hooykaas）对它们进行了鉴定和描述。因此，我们现在了解到，雷蒂库斯认为《圣经》只是从日常的说法中借用了一种叙述风格，“所以《圣经》可以完全被世人理解却并不遵从人世的智慧”。他所引用的是奥古斯丁的话，这一观点也被他多次强调。他引述了一系列通常被用来谴责日心说真实性的《圣经》段落，包括约书亚和吉比恩战争的那段，并且说明，事物看起来在移动，或者是由于物体本身运动造成的，或者是由人们视野的运动引起的，而通常发表的看法大多是追随感官所做出的判断，认同事物本身在运动的现象。“但作为探求事物真理的人，”他写道，“我们会在头脑中区分现象与本质。”

然而，数十年后，同样的《圣经》段落还在拿它们的字面意思

① 一本拷贝在大英图书馆，另一本在德国的格赖夫斯瓦尔德图书馆。

说事。雷蒂库斯的小册子在写完后一个多世纪才被印出来，而此前很早，他的观点就分别被两位哥白尼学说的拥护者发现和提倡，他们就是开普勒和伽利略。这两个人的《天体运行论》拷贝现在都保存在欧洲的图书馆里，其中的评注都在讲述着宗教上如何接受这部划时代巨著的一些故事。

1972年夏天，就是五百周年纪念庆典的前一年，我在莱比锡大学图书馆首次见到了开普勒的那本拷贝，并给它拍了照。那时候，人们要进入东德是需要担保的，米里亚姆和我在莱比锡书局（Edition Leipzig）找到了一个。它为我们提供了进入这个用栅栏隔开的警察国家的通行证，并让我们能去看收藏在几座图书馆里的珍本图书。然而，最令人难忘的也是最让人感到心有余悸的一幕出现在我们离开这个国家的时候。起初我们很担心行李中那些尚未显影的胶卷，但值得庆幸的是，那个年轻的官员对拿我们练习英语的兴趣远远超过了检查我们的行李，于是我们轻松地通过了可能十分麻烦的东德海关检查。夜幕降临的时候，一辆大卡车挡住了到真正出境口的视线，所以我们无意中走错了道路来到一段废弃的高速公路，它蜿蜒于东德和西德之间的无人区之内。沿着这段昏暗而又不见车辆的道路走了一段距离，我们发现，公路中的荒草逐渐多起来了。在极度恐惧中，我们急忙调头来了个一百八十度大转弯，祈祷没有边防卫兵拿枪在瞄准我们。现在时过境迁，就算再怎么描述那种在“冷战”时期从“铁幕”背后最终回到西方世界时所特有的解脱感，别人也很难体会了。

于是，我带出了开普勒的《天体运行论》的拍摄胶卷。这本书最与众不同的特点不是他在上面所做的那些记录，而是在他得到书的时候上面已有的东西。这本拷贝最初是被纽伦堡的印刷商佩特赖乌斯送给了当地的一名学者耶罗姆·施赖伯（Jerome Schreiber）。

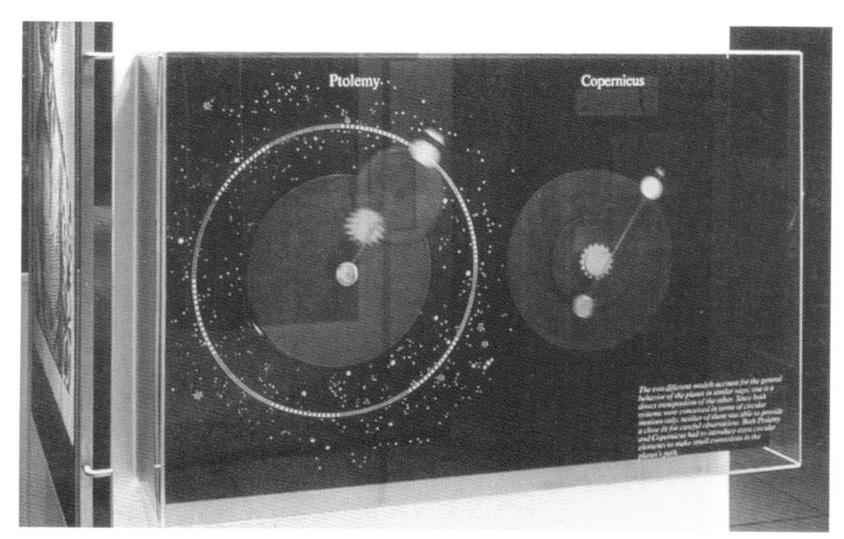

1a. IBM 所办的哥白尼展览中的“埃姆斯装置”。它演示了托勒密的本轮模型（左）与哥白尼日心说的火星轨道（右）的等效性——当两个系统分别旋转时，两根直杆始终保持平行

1b. 哥白尼在他那本约翰 · 施特夫勒的《大罗马历》中所做的有关日月食的评注

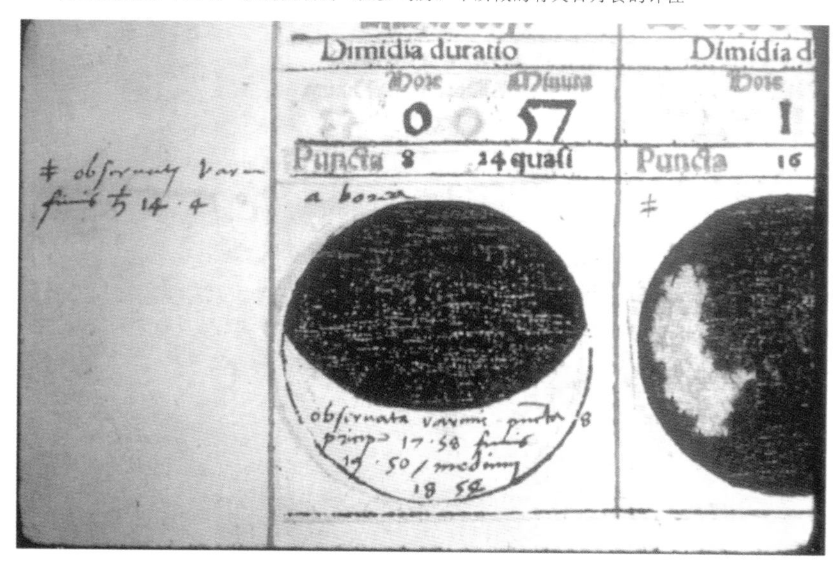

2. 托比亚斯·斯蒂默所绘的哥白尼肖像。它是斯特拉斯堡大教堂巨大的天文钟装饰的一部分

3. 托伦市政厅的尼古拉斯 · 哥白尼肖像。很可能是根据斯蒂默所提到的哥白尼自画像而作

4a. 雷蒂库斯带给哥白尼的装订成三大本的书以及雷蒂库斯的题赠词

4b. 赖因霍尔德写在他那本评注丰富的《天体运行论》扉页上的天文学格言

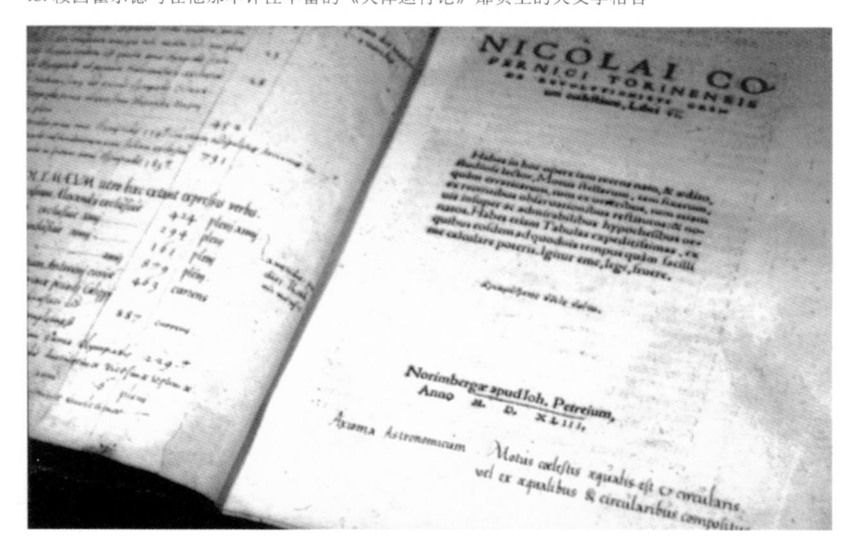

5a. 乌普萨拉大学保存的哥白尼的藏书。哥白尼的那本雷吉奥蒙塔努斯的《〈至大论〉概要》没有找到，为了拍照我们从别处找了一本（左下方）代替

5b. 查尔斯 · 埃姆斯在乌普萨拉大学图书馆中给哥白尼的藏书拍照

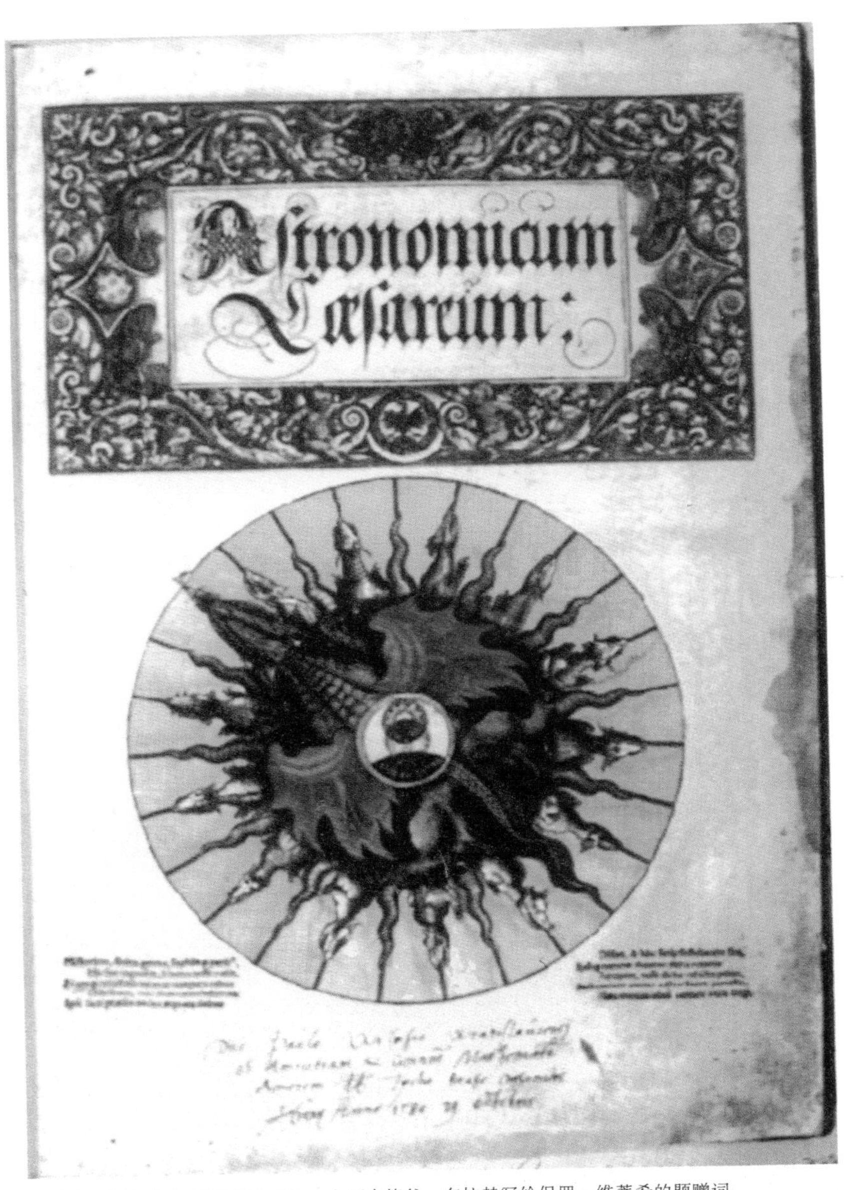

6. 彼得 · 阿皮安的《帝王天文学》。上面有第谷 · 布拉赫写给保罗 · 维蒂希的题赠词

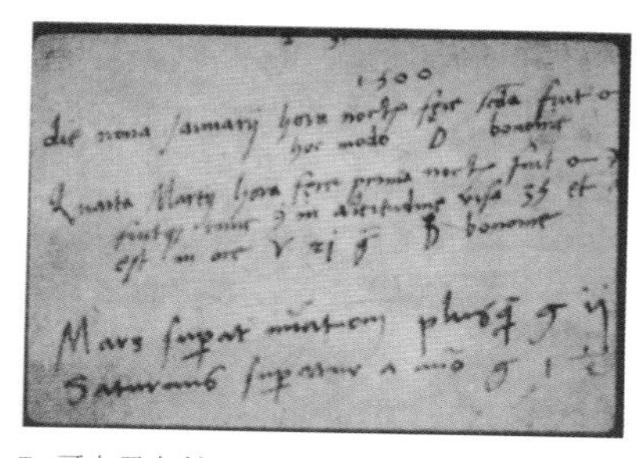

7a. 哥白尼在所谓的“乌普萨拉笔记本”上所做的简短的观测记录

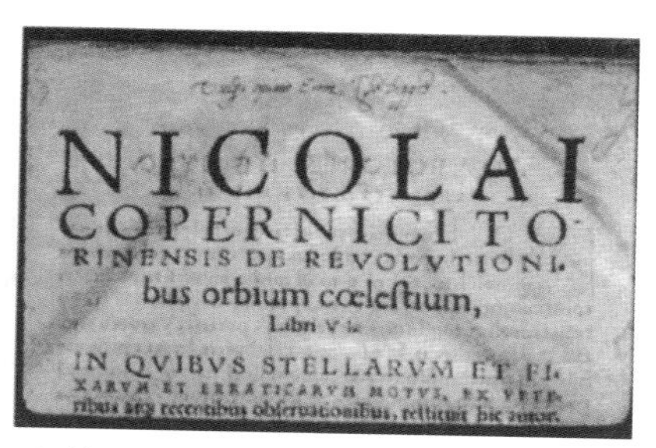
NICOLAI
COPERNICI TO-
RINENSIS DE REVOLVTIONI-
bus orbium cœlestium,
Libri VI.
IN QVIBVS STELLARVM ET FI-
XARVM ET ERRATICARVM MOTVS, EX VETE-
ribus atq; recentibus obseruationibus, restituit hic autor.

7b. 托马斯 · 迪格斯写下的对哥白尼的认可：“通常的观点犯了错误。”

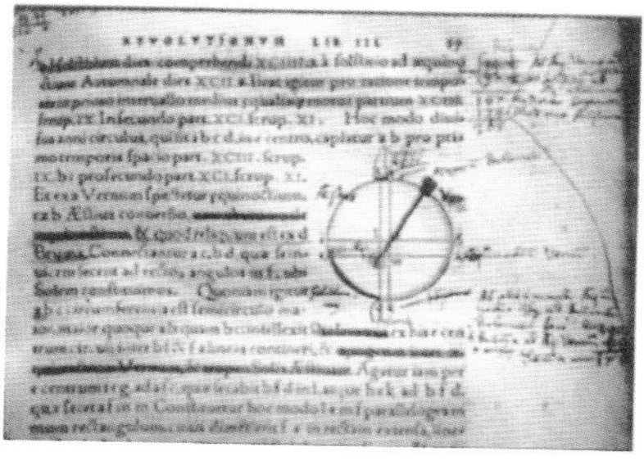

7c. 赫尔瓦特 · 冯 · 霍恩伯格在其《天体运行论》拷贝上所做的彩色评注

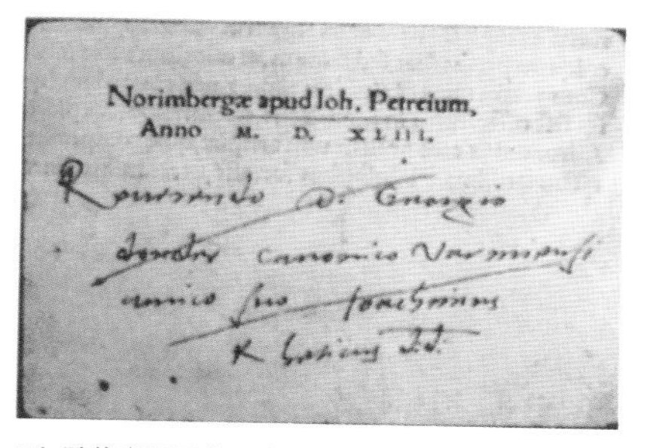
Norimbergæ apud Ioh. Petreium,
Anno M. D. XLIII.

7d. 雷蒂库斯写给瓦尔米亚教区教士乔治 · 唐纳的题献词

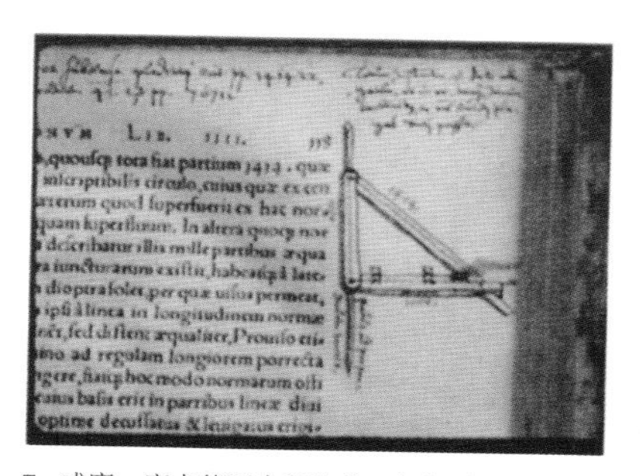

7e. 威廉 · 席卡德画在页边的三角仪（triquetrum）素描图展现了他的艺术才能，这是哥白尼所提到的仅有的几种天文仪器之一

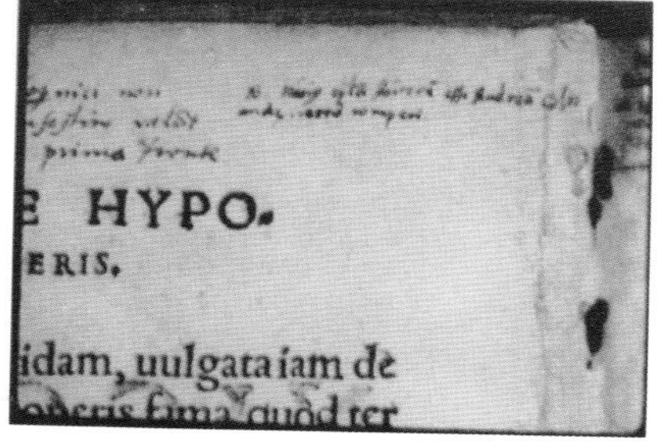
HYPO.
ERIS,
idam, uulgata iam de

7f. 迈克尔 · 梅斯特林的笔记确定了《天体运行论》扉页背面那篇《致读者》的匿名作者正是安德烈亚斯 · 奥西安德尔

8a. 1985 年，欧文 · 金格里奇与翁士达和李佩珊在北京的中国国家图书馆善本特藏部查看第二版和第三版《天体运行论》以及开普勒的《鲁道夫星表》

8b. 欧文 · 金格里奇在耶鲁大学拜内克图书馆检查保存于那里的西半球最重要的第一版《天体运行论》拷贝，前方放着的是他自己的一本第二版拷贝

显然，施赖伯是一名知情者，他知道是谁写了那个印在《天体运行论》扉页背面的匿名的《致读者》。我在莱比锡拍的一张幻灯片上显示施赖伯在《致读者》的上方写了一个名字“奥西安德尔”。正是这个名字向开普勒泄露了那个匿名作者的身份。

开普勒被这个匿名的序言激怒了，因为与大多数16世纪的天文学家不同，他是一个唯实论者，他相信哥白尼，也认为日心说体系是对行星系统的真实描述而不仅仅是一个数学上的计算方案。因此，他对于将自己所写的致读者函放在他1609年出版的伟大的《新天文学》的扉页背面感到很满意，在这本书中，他提出火星的轨道不是一个正圆而是一个椭圆。在这篇致函中，他第一次以出版物的形式透露是奥西安德尔写了《致读者》。奥西安德尔的忠告说，书中的宇宙论只不过是假设的，“或许一个哲学家会追求真理，而一个天文学家只会接受最简单设计，但是除非得到神启，两者谁也不会知道任何确定的事情”。数十年来，这段话实际上保护了哥白尼的著作免于宗教上的责难，而开普勒对于哥白尼并未写作或认同这篇告诫文字的揭示，立即引起了轩然大波，它破坏了教会的立场——日心说是一个纯粹的假设方案，数学上有用，但并不等同于物理实体。因此，《新天文学》扉页背面的小小忠告成为随之而来颁行禁令的导火索。

我第一次看到伽利略那本第二版的拷贝，是1974年7月在佛罗伦萨的国立图书馆。我简直无法相信那本书真的就属于那位意大利天文学家，因为在拷贝的页边空白处并没有技术性的注释，事实上，没有任何书写痕迹可以证明伽利略确实读过这本拷贝的某些重要部分。然而，最终我还是相信了，因为我找到了他的笔迹。他按照1620年罗马发布的修正禁令仔细地审查了这本书，而对于这个禁令的触发，他也难辞其咎。

发现伽利略审查过的哥白尼拷贝是我在意大利中北部这次为

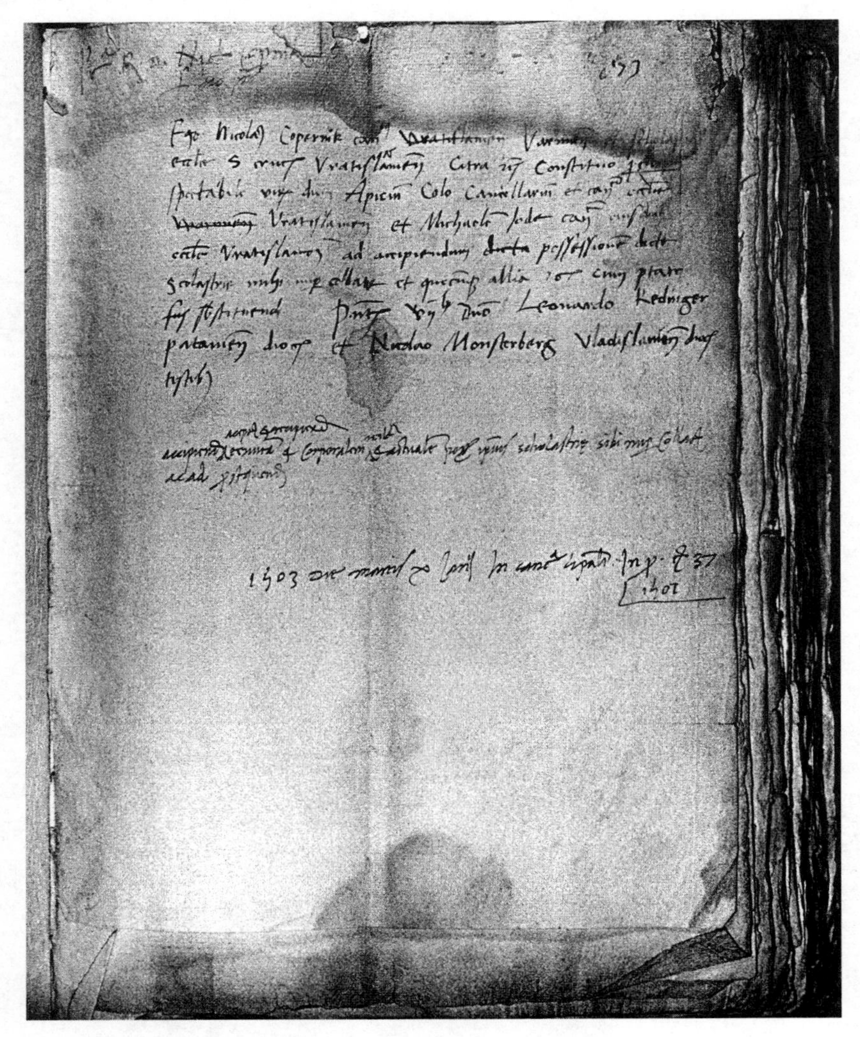

哥白尼最早的带有日期的签名，1503年1月10日。来自帕多瓦国立档案馆

期一周的紧张考察中最让人兴奋的一件事。还有另一个难忘的瞬间来自帕多瓦，我得到当地档案馆的允许，拍摄最早的带有日期的哥白尼亲笔签名的文献。我带着我的泛光灯箱，找了一个靠近电源插座的合适地方，以便既可以固定住泛光灯又能够放置打开的文献。[①] 1503 年，哥白尼还是帕多瓦的一名医学学生的时候，他曾经写了一份待送公证的文件，这也就是我所要拍摄的手稿。

在 20 世纪的中欧，爆发了关于哥白尼种族血统的激烈争论，尤其是在纳粹时期，这种争论变得更为尖锐。德国人认为，哥白尼的姓源于日耳曼语的"Coppernigk"或是"Koppernig"，而波兰人则认为是"Copernik"。尽管哥白尼对名字的拼法并不在意，但在帕多瓦的文献中，他的签名清楚地显示为"Nicolaus Copernik"，而后来他偶尔也会以"Coppernicus"签在文章的结尾。[②]

这次意大利的考察之旅，除了记录到十几本哥白尼的拷贝外，米里亚姆和我还在拉韦纳的教堂欣赏到深沉而圆润的亚美尼亚赞美诗演唱，又在米兰欣赏了斯卡拉歌剧院芭蕾舞团演出的《葛蓓莉亚》(*Coppelia*)，而佛罗伦萨的波提切利（Botticelli）、弗拉·安杰利科（Fra Angelico）和米开朗琪罗（Michelangelo）的作品以及帕多瓦的乔托（Giotto）的作品让我们享受了视觉的盛宴。我们在帕多瓦的时候，还拍摄到了现存仅有的两处文艺复兴时期的解剖学阶梯教室之一（另一处在瑞典乌普萨拉）。在这里，哥白尼时代的医学学生们——或许就有哥白尼本人——拥入小小的椭圆形观众席的一排排座位中去观看人体解剖。通常，在教授读出盖伦（Galen）教

---

① 尽管布置得比较仓促，但照片效果还行，完全有资格用在波兰科学院的《哥白尼全集》中。

② 这种对名字拼写的不在意是那个时代的特征：Kepler 就常常把他的名字拼成"Keppler"。

科书中相关的部分时，一个“理发匠外科医生”[1]就会在旁边进行相应的切割。意大利人喜欢切割圣徒尸体作为神圣遗物的强烈倾向很可能有助于医学解剖为社会所接受。在参观费拉拉图书馆（存有一本经过审查的《天体运行论》）时我们就领教了这种风俗，我们在一个大容器中惊奇地发现了卢多维科·阿里奥斯托（Ludovico Ariosto）[2]的心脏。在佛罗伦萨的科学史博物馆（其《天体运行论》拷贝是未经审查的），我们则看到了保存在遗骨匣中的伽利略的食指。

尽管伽利略在帕多瓦完成了他最重大的天文学发现——月球上的山脉、组成银河的无数恒星，以及木星的卫星——但他的声望是在佛罗伦萨获得的，并且在那里，他与教会发生了对抗。与开普勒一样，伽利略也是一个唯实论者，为此，在一封私人信件中，他指出——就像雷蒂库斯所做的一样，尽管伽利略并不知道这一点——《圣经》以一种日常惯用的语言为大众所理解，但它并非一本科学教科书。他的妙语是：“《圣经》教给人们的是如何去天堂，而不是天堂如何运转。”对于被培养为一位路德教派神学家的开普勒，通过其《新天文学》的序言，在路德教的环境下提出这个观点是一回事，而最多算是一个业余神学家的伽利略，在天主教的环境下提出同样的观点就是另外一回事了。

1545年，教皇保罗三世召集特伦托公会议，讨论了教会改革

---

① 中世纪欧洲人认为生病主要是因为体内各种元素不平衡，只要引出多余元素即可，而血液最容易引出，因而“放血是康复之始”。但医生认为这是下等人做的事而不屑动手，于是理发匠就成了业余外科医生。文艺复兴时代，欧洲医学院学生在学解剖学时，其实都是由“理发匠外科医生”来操刀的。直到1745年，才成立了独立的“外科医生协会”，但仍准许理发匠给人放血和拔牙，却不准外科医生给人刮脸了。现在理发店门口的红蓝白三色旋转招牌就分别代表以前给病人放血时的动脉血、静脉血和纱布。——译者注

② 米其林指南中把阿里奥斯托的《疯狂的奥兰多》（*Orlando Furioso*）比作文艺复兴时期的《飘》。

tillantia illorum lumina demonstrant. Quo indicio maxime di-
scernuntur à planetis, quodq; inter mota & non mota, maximam
oportebat esse differentiam. Tanta nimirum est diuina hæc
Opt. Max. fabrica.

De triplici motu telluris demonstratio.

Cum igitur mobilitati terrenæ tot tantaq; errantium sy-
derū consentiant testimonia, iam ipsum motum in sum-
ma exponemus, quatenus apparentia per ipsum tan-
quam hypotesim demonstrentur, quem triplicem omnino opor

宗教裁判所对《天体运行论》所做的审查，此图为伽利略在其拷贝中的手笔

和对异教徒的强硬路线，随着 1564 年教皇庇护四世颁布了公会议教令，新教的主张便不再作为宗教内部的争论。天主教对《圣经》的解释权只保留给受过训练的教士团，当罗马忙于应付阿尔卑斯山以北的异端分子时，可不喜欢一个业余神学家来捣乱。如果伽利略侵犯了他们的解释权，梵蒂冈会毫不犹豫地通过禁止哥白尼的著作来提醒每一个人，是谁拥有解释的权力。但也不是说禁就可以禁的。梵蒂冈宣称他们有权订立历法，正如 1582 年的格里高利历法改革中所做的一样。历法改革的一个基本部分，就是详细地说明如何确定复活节的日期[①]，这需要有关太阳和月亮的天文学知识，而《天体运行论》中就包括对太阳和月亮的观察记录，它对教会具有潜在的价值，所以全面禁止这部书是不明智的。日心说也不可能被简单地剔除，因为它牢固地深植于该书之中。唯一的途径就是改变一些地方，使它看起来只不过是基于纯粹的假设罢了。

① 复活节日期的确定有些复杂，通常是在 3 月 20 日后第一个满月之后的第一个星期天。在西方，复活节有可能落在 3 月 23 日至 4 月 26 日的任何一天。由于这样的安排非常复杂，据说要经过 570 万年后，复活节的日期才有可能循环。——译者注

因此，1616年，《天体运行论》被列于罗马教廷的《禁书索引》之中，“直至被修正为止”，1620年教廷公布了十处需要被修正的细节。这里有两个例子可以显示出梵蒂冈所做的处理。第一卷第十一章的标题《关于地球三重运动的解释》被改为《关于地球三重运动的假设及其解释》。在上一章的结尾处，哥白尼宣称，布满星星的宇宙极为广阔，使得根本不可能检测到任何由于地球的周年运动所引起的恒星位置的周年视差。他解释道：“毫无疑问，如此广阔的宇宙只能是全能的造物主的杰作！”而这也遭到了审查者的责难。为什么对上帝表示出如此敬畏的语言还会被罗马查禁呢？很简单，就是因为它是从日心说角度来谈及的上帝创造宇宙。所有这些更正都被伽利略忠实地记录在他的那本《天体运行论》拷贝中，不过他画去原来文字时的线条非常轻，这样他仍然可以阅读它们。

由于梵蒂冈主教会议对于索引中的修正指令非常明确，所以我在检查或是重新检查那数百本拷贝的时候，某一本拷贝是否经过审查就显而易见。另外，我还系统地记录了这些书的出处，也就是说，它们曾经到过哪里，为谁所有。我可以确定大约半数的拷贝在1620年该书的审查指令发布时的所在之处。由此，出现了一个那些审查官们永远也不会知道的非常有趣的结果。在意大利，大约有三分之二的拷贝经过审查，但实际上在其他的国家没有一本是被审查过的，其中甚至包括像西班牙、法国这样的天主教国家。显然，世界上的其他地方只不过把这次行动看成是一场意大利的地方纠纷，他们根本没有介入其中。事实上，西班牙版的《禁书索引》根本就没有禁止这部书！[①]

---

① 顺便提一句，尽管对于哥白尼著作的宗教接受来说，安德鲁·迪克森·怀特并不是一个可靠的指路人，但他的确曾经拥有过一本第一版的《天体运行论》，现在这个拷贝保存在康奈尔大学图书馆。它以前的一位拥有者曾是英国古董收藏家约翰·奥布里(John Aubrey，1626—1697)，所以这本书在英国度过了关键的岁月，没有经过审查。

哥白尼的《天体运行论》和后来增加的开普勒的《哥白尼天文学概要》（*Epitome of Copernican Astronomy*）以及伽利略的《对话》一直保留在《禁书索引》上，最终这件事变得类似于一个丑闻。直到1835年，罗马颁行的《禁书索引》才将这三本书除名。

20世纪80年代中有两年的时间，我接待了一个从中国大陆来哈佛-史密森天体物理学中心的学生翁士达。他在中国正当可以读研究生的时候，却赶上了上山下乡，但他并没有因此而放弃，而是利用这些时间自学了英语。1982年，中国政府送他到哈佛学习天文学史。在此期间，翁士达作为我的客人，与我一起参加了在诺沃克召开的科学史学会的会议，在那里我和韦斯特曼展示了我们对维蒂希那本带有评注的《天体运行论》拷贝的研究结果。在去开会的路上，我问翁士达，美国给他留下的最意外的印象是什么。他回答说，在美国，我们有如此之多的机会，谁都能选择自己穿什么、吃什么和读什么——我想，这是一个很有见解力的观点。我告诉他，我很希望有一天可以去他的国家做客。

1985年秋天，我们的机会来了。我和米里亚姆决定从中国开始我们的亚洲之旅，而翁士达及时地发出了邀请。除了长城和西安令人称奇的兵马俑是非看不可的，我还有两个特别的目的：一是要看一看很可能是由路易十四赠送给北京的那部帕斯卡计算装置，二是希望去检视一下那两本在1618年由耶稣会传教士带到中国的《天体运行论》拷贝。

很多世纪以来，天文学家一直要对付大量的数字。在1623—1624年间，开普勒的朋友威廉·席卡德（Wilhelm Schickard，他那本评注丰富的《天体运行论》现存于巴塞尔大学图书馆，彩图7e）设计了一部计算装置以帮助开普勒解决那些连续不断的数字问题，但不幸的是，还没有经过真正的计算检验，这部机器就在一次火灾

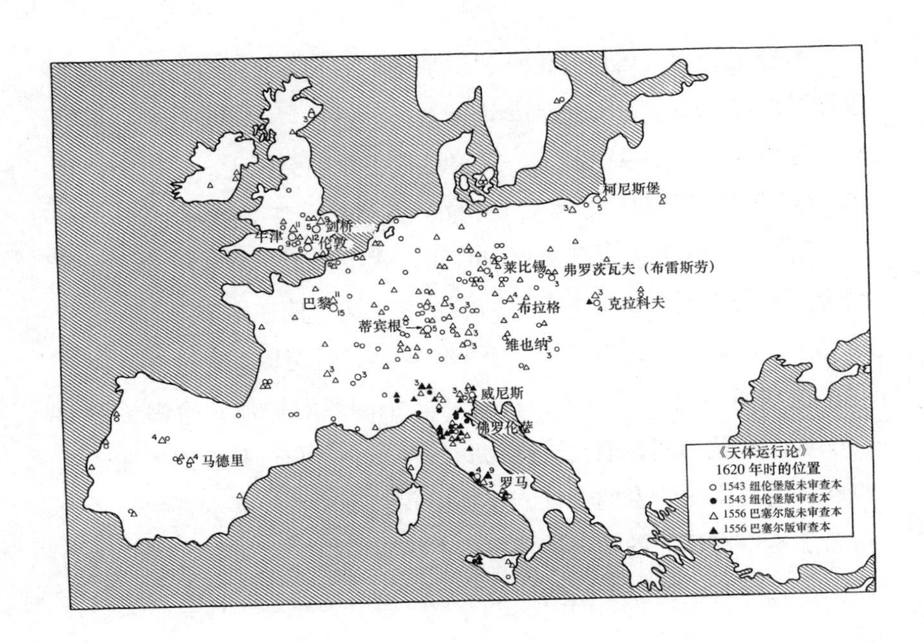

中被毁掉了。现存最古老的机械计算装置是法国数学家布莱兹·帕斯卡在 1642—1644 年间设计制作的，但他并不是给天文学家设计的，而是为了帮助他的父亲完成关税局的财政计算，这种机器有几部侥幸被保存下来。[①] 17 世纪，富有的欧洲人对中国特有的丝绸和瓷器垂涎三尺，但中国人对欧洲人所提供的东西并不是很感兴趣。然而有一个例外，就是那些奇特的钟表以及自动装置，比如可以随着机械音乐盒的曲调跳舞的机械娃娃。

帕斯卡计算装置正是那种可以引起中国宫廷好奇心的新鲜玩意儿，在为查尔斯·埃姆斯的一个展览而对自动计算装置的历史进行研究时，我得知有两部帕斯卡计算装置现存于北京紫禁城的皇宫

① 巴黎的国立工艺技术学院存有几部，克莱蒙－费朗（帕斯卡的家乡）的历史博物馆存有一部，德累斯顿的国立数学物理沙龙（State Mathematical-Physical Salon）存有一部，纽约的 IBM 收藏中心也有一部。

中。然而，甚至当我和米里亚姆都到了北京，翁士达还是不能确定我们是否可以获准去看那两部机器，因为它们在故宫的限制区内。而结果，就像中国许多其他事物一样神秘莫测，我们竟然得到了允许。我们被带进了通常不对游客开放的房间里，然后，那两部机器被轻轻地从包装箱里抬出来。其中一部被证实是真正的法国进口货，而另一部，我们吃惊地发现，它竟然是一部几乎完全一样的中国复制品。后来，当我把在中国的经历告诉了英国杰出的中国科学与文明史研究者李约瑟（Joseph Needham）时，他承认，我们很可能是过去半个世纪中唯一检视过这两部机器的西方人。

那两本《天体运行论》的拷贝来到中国的时间比帕斯卡计算装置早了差不多三十年。翁士达本人以前还从未获准过查看那两本书，所以看它们的过程就像是仅次于看帕斯卡机的一部惊险小说。我们被带到了中国国家图书馆，在 1931 年建立之初，这是一个大小合适而美观的建筑，但像世界上很多图书馆一样，在 1985 年它已亟待扩建。[①]善本特藏室的气氛冷淡而严峻，但我特别要求的三种书都给我们准备好了：一部第二版的《天体运行论》和一部 1617 年的第三版，它们都是耶稣会传教士在 1618 年带到中国来的；另外还有开普勒的《鲁道夫星表》，它来到中国的时间显然要稍晚一些，因为它在 1627 年才出版（彩图 8a）。在中国，1949 年解放以前，耶稣会的图书馆并不是国有的。在这方面中国是比较滞后的，因为欧洲的大多数耶稣会图书馆在一个半世纪以前就已经完成国有化了。

这两本《天体运行论》是在一个非常有趣的时间来到中国的，因为梵蒂冈教廷在 1616 年宣布要禁止这本书“直到修正为止”，而直到 1620 年修正方案才颁布，而此时两个耶稣会传教士已经带着

① 新的图书馆于 1987 年 10 月开放，它是迄今世界上最大的单体图书馆建筑。

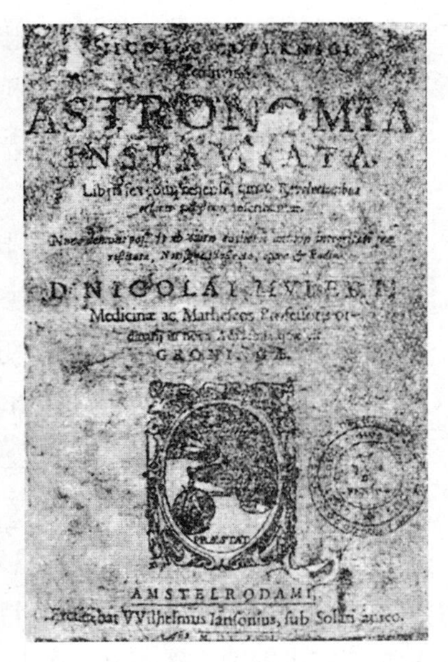

左图为中国国家图书馆收藏的第二版《天体运行论》（巴塞尔，1566）的扉页；右图为该馆收藏的第三版《天体运行论》（阿姆斯特丹，1617）的扉页（译者补图，摘自席泽宗等《日心地动说在中国——纪念哥白尼诞生五百周年》，载于《中国科学》第16卷第3期，1973年）

书出发去北京了。1566年的版本是罗雅谷（Giacomo Rho，1592—1638）带来的，其中包括作为附录重印的雷蒂库斯的《初讲》；罗雅谷在扉页上画去了雷蒂库斯的名字，因为雷蒂库斯作为路德教徒而被天主教会列为“第一类”作家，也就是说他的所有作品都是被禁止的。虽然《初讲》本身并没有被切除（有的书就会被切除），然而，这位路德教徒在附录开始处的名字也被抹去了。另外，这本拷贝没有评注也未经过审查。

由金尼阁（Nicholas Trigault，1577—1628）带到中国的第三版被做了略微不同的处理，第一卷第八章《对前人反对地球移动性的证据的驳斥》用拉丁文标着“不要阅读这一章”。这是一个精明的

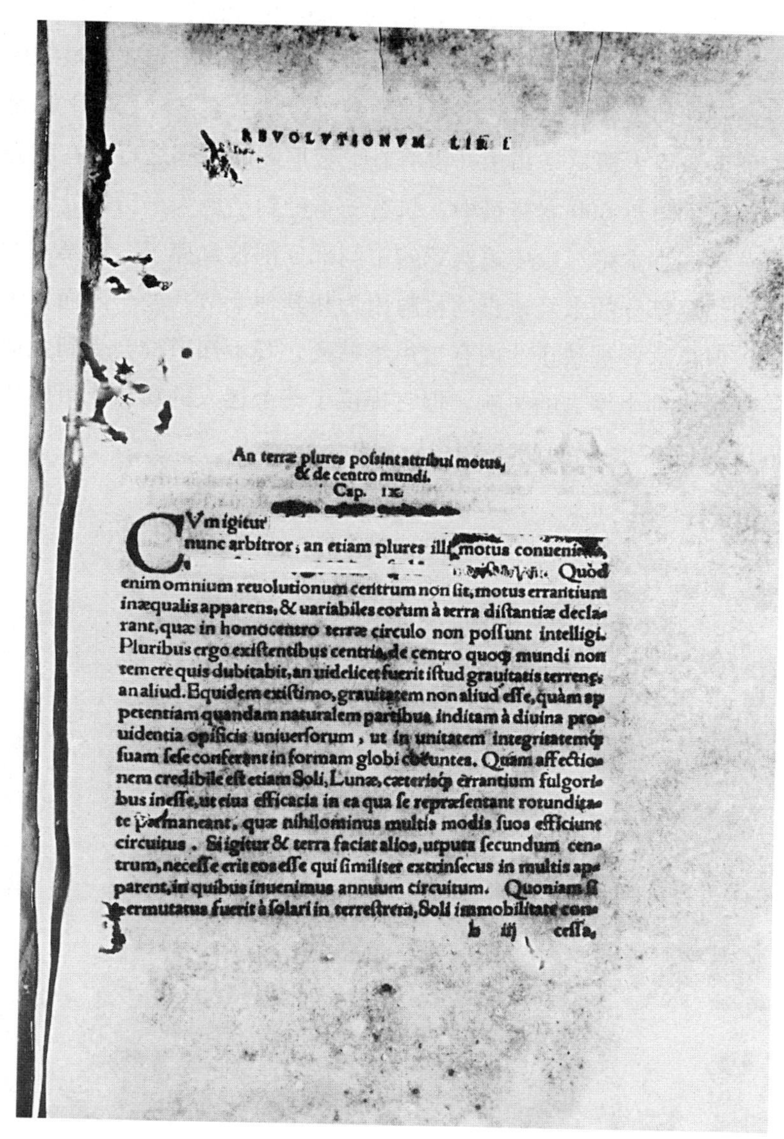

REVOLVTIONVM LIB. I.

An terræ plures possint attribui motus, & de centro mundi.
Cap. IX.

CVm igitur [illegible]
nunc arbitror, an etiam plures illi motus convenien[illegible]
[illegible] Quòd
enim omnium revolutionum centrum non sit, motus errantium
inæqualis apparens, & variabiles eorum à terra distantiæ decla-
rant, quæ in homocentro terræ circulo non possunt intelligi.
Pluribus ergo existentibus centris, de centro quoque mundi non
temere quis dubitabit, an videlicet fuerit istud gravitatis terrenæ,
an aliud. Equidem existimo, gravitatem non aliud esse, quàm ap-
petentiam quandam naturalem partibus inditam à divina pro-
videntia opificis universorum, ut in unitatem integritatemque
suam sese conferant in formam globi coëuntes. Quam affectio-
nem credibile est etiam Soli, Lunæ, cæterisque errantium fulgori-
bus inesse, ut eius efficacia in ea qua se repræsentant rotundita-
te permaneant, quæ nihilominus multis modis suos efficiunt
circuitus. Si igitur & terra faciat alios, utputa secundum cen-
trum, necesse erit eos esse qui similiter extrinsecus in multis ap-
parent, in quibus invenimus annuum circuitum. Quoniam si
permutatus fuerit à solari in terrestrem, Soli immobilitate con-
b iij cessa,

第一卷第八章整章被严厉地审查，这是唯一已知的严格执行了罗马教廷禁令而切除该部分的一本拷贝，现藏于意大利的克雷莫纳国立图书馆预见，很可能是金尼阁的手笔，因为1620年的法令中要求把整个第八章都切除。不过法令中接着说，由于学生们可能想要知道书中的讨论是如何展开的，重写这章中的两个段落会在某种程度上满足他们的要求。大概这个指示并没有赶上金尼阁的中国之行。在我先前检查过的将近600本拷贝中，只有一本受到了更为严厉的处置：克雷莫纳的那本第二版中第八章的中间部分都被拿掉了，但第八章开始和结尾部分的未经审查的材料因为和其他章节共处一面而留了下来，但是这些被禁止的内容被用纸贴死。我不知道谁会受到金尼阁第三版中那个警告的影响，但它提供了一个迷人的窗口，可以让我们了解到17世纪初期梵蒂冈人士的心态。

第十章
宇宙的中心

风景如画的瑞士小城沙夫豪森位于一个大体被德国环绕的叶状凸出部之内，它仍旧保留着中世纪风格的市中心。当我在附近想找一些赶赴那里的捷径时就发现，这个古怪的地理结构实际上本身就包裹着若干属于德国的小区域。我曾在沃尔夫斯堡的大众汽车厂买了一部出口车，但由于我的免税权已经过期了，所以无意中，穿越德国成了一件相当麻烦的事。然而，在第二次世界大战中，对于沙夫豪森的居民来说，住在莱茵河北部的凸出地区就不只是麻烦了，那简直就是一场灾难。1944 年 4 月 1 日，上千枚同盟国的炸弹错误地抛撒在了这个位置危险的小城上。

在那个春天的晚上，20 架 B24 轰炸机向博登湖以东 20 英里的路德维希港的一家德国化工厂进发，但法国上空的云层和大风扰乱了他们的编队，他们迷路了。当一个镇子的灯光从云层的缝隙中透过时，编队中有 13 架飞机上的人以为他们已经到达了德国的上空，于是错误地把他们装载的致命弹药投向了沙夫豪森。中立国瑞士的损失和平民伤亡使美国陷入了外交危机。随之而来的就是道歉和 100 万美元的赔偿，而在 10 月份又追加了 300 万美元的赔偿金。

这次损失还包括，16世纪瑞士画家托比亚斯·斯蒂默的九幅油画。斯蒂默为著名的斯特拉斯堡大教堂的天文钟所做的装饰中，曾包括了一幅哥白尼的肖像（彩图2)。在该画像的显著部位，他写了一句话“对他自画像的真实模仿”。斯蒂默的这个说明使得专家们猜想，现在挂在托伦（哥白尼位于波兰的出生地）市政厅的那幅优美而相似的哥白尼肖像，即使不是真正出自哥白尼之手的自画像，也至少是对那位多才多艺的天文学家自画像的临摹。斯蒂默还曾雕刻过一幅漂亮的木版画，就像斯特拉斯堡的那幅画一样，画中哥白尼手持铃兰——文艺复兴早期医学博士的标准象征。

美国赔偿金的一部分被用来建立托比亚斯·斯蒂默基金，基金用于收购替代品，以此为沙夫豪森博物馆那些无法替代的珍品做一些补偿。轰炸后的幸存品中有一件带有可移动面板的奇特木制仪器，它可以用来计算月相。几年前，博物馆用斯蒂默基金会的钱购

托比亚斯·斯蒂默制作的哥白尼木版肖像，哥白尼手持的铃兰是文艺复兴早期医学博士的标准象征

买到这件仪器唯一的说明书，随后，基金会询问我是否可以给那件仪器和说明书做一些评价。我爽快地答应了，其实还有另一个原因让我很想去拜访一下沙夫豪森：因为在博物馆隔壁的图书馆（显然没有毁于战争中的袭击）存有《天体运行论》最重要的拷贝之一。就这样，1944 年美国对沙夫豪森的轰炸拐弯抹角地为我 1987 年的沙夫豪森之行埋了单。

城市图书馆位于沙夫豪森迷人的中世纪风格的市中心。因为它还没有大到需要一个专门的珍本图书管理员的程度，所以为了看那本《天体运行论》，我不得不向儿童部请示，但是我被允许把那本书带到主阅览室去看。在那里，我怀着敬意打开了书卷。作为一个评注本，它仅次于赖因霍尔德那本促成我整个追寻计划的精品，原因是开普勒的老师，欧洲 16 世纪和 17 世纪初期最重要的天文学家米夏埃多·梅斯特林在上面做了通篇的评注。这并不是我第一次看到这本书，在 1972 年我就曾检查它并拍过照片，图书馆还为我提供了微缩胶卷。在阅读这些评注时，它阅读起来既让人感到兴奋也让人感到挫折。墨水已经半褪色了，但更麻烦的是，梅斯特林的字出乎意料地小，甚至有些地方，即使在微缩胶卷上，我也看不清他写了些什么。所以必须对这本拷贝进行一次直接的细查，以“破译”一些关键的旁注。

《天体运行论》出版七年后的 1550 年，梅斯特林出生在格平根，这个小村子就在他后来度过大部分职业生涯的蒂宾根以东约 30 英里。与大多数年轻学者（包括他最出名的学生开普勒）一样，他在一所预科学校完成大学的学习，然后来到一所大学进行毕业考试，并获得了他的学士学位。后来，经过神学课程的学习，他又获得了硕士学位。因为蒂宾根大学的首要任务就是为路德教派培养年轻的教士，所以，有了这样的教育背景，他在 1576 年就作为助理

二十八岁的米夏埃多·梅斯特林。出自《新星历表》(*Ephemerides novae*，蒂宾根，1580)，本书作者收藏

教士被派到格平根西北20英里的巴克南任职。在他那个时代，这就像现在的年轻人在从事他所中意的职业前到和平部队去服役一样。

梅斯特林的真正才能在天文学上，他在硕士期间就熟读了他那本《天体运行论》。二十一岁时，他已经负责编辑了新版的赖因霍尔德的《普鲁士星表》，此书使用了基于哥白尼体系的一套参数来计算行星的位置。在巴克南做教士时，他出版了自己对1577年大彗星的观察记录；像第谷·布拉赫一样，他证明了彗星离地球比月亮更远，这与当时公认的亚里士多德的教导正好相反。他在离开那里之前，唯一所需要做的就是履行委派的服务任务，最终，在三十岁时，他得到了海德堡大学的数学教授职务。也正是在那里，他首次出版了基础天文学教科书，此书前后共出了七版。四年后的1584年，他得到了召唤，重回蒂宾根大学。

在沙夫豪森图书馆，我看着梅斯特林那本《天体运行论》，拷贝中那层层叠叠的评注让我吃惊，那些评注见证了这样一位拥有者长期的频繁使用。封面内部是一个手工上色的带有盾形徽章的藏书标签，日期是1584年，也就是他被召回蒂宾根的那一年。而在扉页上是一行更早的题字："格平根的米夏埃多·梅斯特林藏书，公元1570年"，并且封底内部的一处笔记表明此书是他花了1.5弗罗林从维克托林·施特里格尔（Victorin Strigel）的遗孀那里买到的。施特里格尔曾是维滕堡的一名学生，他创建了一所学校——后来发展成为耶拿大学，随后他又成为莱比锡的一名神学教授，并在那里写了一本天文学教科书。在书中的其他地方，梅斯特林的笔记还引用了1617年第三版的《天体运行论》，此外，1620年梵蒂冈教廷审查或更改过的地方还用红笔做了强调。从1570年到1620年，他整整做了五十年的评注！

在书开头部分的页边处，梅斯特林写下了对哥白尼成就的独一无二的欣赏，任何其他的《天体运行论》拷贝中都没有类似的评注。梅斯特林指出："这部书中所提出的布局对所有星体的运动和现象做出了非常准确的解释，因此这种假设将使它受到有才智者的欢迎。"他继续写道，其他人如果不是对地球静止坚信得太久，也会支持哥白尼的观点的。哥白尼可不仅仅是在玩一个聪明的游戏，他写道：

天界运动正处于崩溃的边缘，所以，他的结论就是：必须有一个恰当的假设来解释这些运动。而当他发现通常的假设根本不能胜任时，最终他接受了地球移动的观点，因为事实上，它不仅能够很好地符合那些现象，而且也不会导致任何荒谬之处。

实际上，如果有人能够理顺通常的假设而使它们与现象相符并毫无矛盾，那么我会心怀感激地相信他；很明显，他的观点将吸引很多人。然而我看到的却是，一些人，甚至是非常杰出的数学家们，为此不辞辛劳，最终却一无所获。因此，我想除非那些假设被改良（由于能力所限，这是一项我无法胜任的任务），我将会接受哥白尼的假设与观点，抛弃天文学家心中的王者托勒密的假设和观点。

由于梅斯特林在他的基础天文学教科书中只介绍了地心说，所以他对哥白尼体系完全信奉的态度总是让人起疑。上面这篇《天体运行论》拷贝的开头处的陈述也是因为他再三使用“假设”这个字眼，而让人无法尽释疑虑。今天，当用“假设”这个词来描述一个科学概念（比如进化）时，许多人往往不自觉地在心里加上“纯粹是”，成为带有贬义的“纯粹是个假设”。而16世纪的天文学家工作在一个完全不同的知识框架中，对这个词的使用也就非常不同。他们通常把天文学更多地看作几何学科而不是物理学科，而假设就是用来说明天体运动的几何设计或布局。后来，梅斯特林对他的学生开普勒把物理学拖入天文学领域颇为不满，认为这很不恰当，还对他进行了指责。所以即使梅斯特林承认哥白尼对行星现象的解释是最好的，他对于哥白尼学说的物理真实性也可能是完全持有保留态度的。

在这本书的后面章节中，梅斯特林用蝇头大小的手迹所做的大段笔记显示了他曾试图继续哥白尼遗留下的一个极为技术化的问题，而这个问题的答案很可能成为支持日心说的另一个令人信服的（但很精微的）证据。哥白尼认为所有行星的运动都是围绕地球轨道的中心而不是围绕一个固定不动的太阳。除非哥白尼注意到了自托勒密时代以来，太阳与地球轨道中心间的距离在缩小，这两种假设并没有太大的差异。如果地球轨道的中心是真正的宇宙中心，那么即使太阳相对地球轨道的距离是变化的，也不会使行星的轨道发生变化。另一方面，如果太阳真的是行星轨道的固定参照点，那么从地球轨道轻轻摆动的中心来看，其他行星的轨道中心就会随着时间而变化。于是梅斯特林就开始着手行动看能否确立这种影响。假使他成功了，那么太阳与行星之间将会有更进一步的联系，对理解行星排列中的太阳的中心性就有了一个很好的证据。然而，他失败了，不是因为他的数学方法有什么不足，而是由于托勒密的观察数据对于所要进行的比较来说还不够精确。

与赖因霍尔德一样，梅斯特林的评注也是集中在《天体运行论》后面的技术部分。但不同的是，对这本书的前页，梅斯特林也有着一些恰到好处的评论；事实上，在现存的拷贝中，这也是最有魅力的前页评论。在最开头的地方，也就是匿名序言《致读者》的上边，就有很多种笔记。梅斯特林的开场白是这样的："这段序言是某个人后来加上的，他也许是作者本人（事实上，风格的软弱与用词的选择显示，它并非出自哥白尼之手）。"[①]

在迎面页的顶端空白处，梅斯特林还补充了另外的笔记。

> 注意：关于这篇《致读者》，我在菲利普·阿皮安那些书（我从他的遗孀那里购得的）中找到了下面这段话；虽然没有署名，但我能够认出是阿皮安的手迹：
>
> 由于这篇《致读者》，哥白尼的弟子、那个莱比锡的教授格奥尔格·约阿希姆·雷蒂库斯与印刷商发生了激烈的争吵，印刷商声称这篇序言是与书的其他部分一起交到他手中的。而雷蒂库斯却怀疑是奥西安德尔（此书的校对者）所作。他宣称，如果这是真的，他就会对付那个家伙，让他规矩一些，以避免更多对天文学家的诽

---

① 自从读过那段话，我就向往着自己阅读拉丁文的水平能够好到足以做出这样的判断。考虑到它的作者误导了大批读者，使他们认为引言就是哥白尼自己写的，我不得不认为能够察觉如此微妙之处者是一个特别精明而敏锐的批评家。

谤。不过，[彼得·] 阿皮安告诉我，奥西安德尔开诚布公地向他承认，是他把这篇序言加上的。

后来，我做了一些侦察工作，以找出这段混乱笔记的来源——说它混乱，是因为其中提到了不止一个阿皮安。当我在慕尼黑图书馆发现另一本含有那个引用段落的拷贝后，我意识到，菲利普·阿皮安和他那更为出名的父亲彼得·阿皮安都被卷入了梅斯特林的笔记中。巴伐利亚首府的那本《天体运行论》自 1571 年起就已经在那里了，然而梅斯特林所看到的写有那些笔记的拷贝（不一定是《天体运行论》，也可能是其他的书）是在 1589 年以后才到他手中的，当时菲利普·阿皮安已经死了。于是，我推测事情的经过是这样的。彼得·阿皮安，慕尼黑北部因戈尔施塔特的一位知名的作家和天文学教授，直接从奥西安德尔本人那里获悉了关于匿名序言的信息，并把它告诉了自己的一个同事，这个同事于是在自己的《天体运行论》中对此做了记录。可能是在 1552 年父亲去世后，年轻的菲利普·阿皮安无意看到了这段笔记，就逐字逐句地把它抄了下来。银行家约翰·雅各布·富格尔（Johann Jacob Fugger）得到了那本最初写有这段笔记的《天体运行论》，并对其进行了重新装订（因此修剪掉部分边缘的笔记）。1571 年，在富格尔因对藏书的狂热而破产时，他把那本《天体运行论》卖给了巴伐利亚的阿尔布雷希特五世公爵，这位公爵创建了慕尼黑图书馆，而那本拷贝从那时起就一直在那里。虽然菲利普·阿皮安的有第二手抄录的拷贝后来不见了，但那个很可能是第一手笔记的拷贝和梅斯特林的有第三手抄录的拷贝都幸存下来。

然而，这并不是奥西安德尔故事的结局，因为梅斯特林在那篇匿名序言的上边还写下了一个第三手的简要评论："注意：我很肯定这篇序言的作者就是安德烈亚斯·奥西安德尔。"（彩图 7f）是什么让他如此肯定呢？答案就围绕着梅斯特林最著名的学生展开，而这位学生也是人们至今仍能记起梅斯特林的主要原因。

与梅斯特林一样，约翰内斯·开普勒也出生于蒂宾根附近，并同样先在预科学校学习，然后进入大学修习硕士学位，他学习神学课程，期望着能够成为一名路德教派的教士。所以，当他被派去担任数学和天文学老师时，他极为不满，并抱怨说他在天文学方面根本没有显示出任何特别的天分。这似乎是显而易见的，因为在所有其他科目上他都是 A 等，而只有天文学得了个 A⁻。[①]然而，开普勒在天文学上自有其家养。他回忆起在他只有六岁的时候，他的母亲就亲自带他观看了 1577 年的彗星。另外，他还从家族继承了那本《天体运行论》，而这本书很可能来自他的一位先人，纽伦堡的一位叫开普纳（Kepner）的书商。

1972 年在莱比锡第一次看到开普勒那本拷贝时的情形我至今记忆犹新（那次考察之旅我们最初去的是沙夫豪森），那也是我和米里亚姆第一次比东柏林更远地深入东德。这是一个单调乏味的警察国家，但是各地都有友好而又忧心忡忡的人们，他们谨慎地表达着与外界交流的渴望。自从我们来到这个国家，我就渴望马上去看维滕堡那些档案，以便找到一些与赖因霍尔德有关的蛛丝马迹，它将会使这次旅行更加令人难忘。但是，我们必须先赶往莱比锡。

莱比锡书局是东德的一家重要出版社，它热衷于印刷精美的艺术书和仿制图书馆的珍本，以此来获得硬通外币。16 世纪图书印刷的一大杰作便是在《天体运行论》出版的前三年印刷的彼得·阿皮安的《帝王天文学》，也就是第谷曾题字送给维蒂希的那部书。那是一部庞

① 在蒂宾根大学的成绩单中，大写的“A”代表 A 等，而小写的“a”则代表 A⁻。

大的对开本，其中收有很多带有旋转部件的天文学图表，它们都有鲜亮的手工上色。最复杂的一套转盘有七层，是作为一个模拟计算装置以推演托勒密的本轮理论确定水星的经度。莱比锡书局以哥达图书馆的一本散页的拷贝为蓝本，做了豪华的仿制本。但遗憾的是，虽然这本仿制本在印刷上精巧绝伦，但对可移动部分的组装做得很拙劣，一些转盘装错了页，另外的一些又黏在一起以致根本不能旋转。于是，我在《天文学史杂志》上发文提醒大家注意这个错误的组装，因此莱比锡书局邀请我前去担任顾问。

我向主人们说明，除了尝试解决这本不完美的仿制本[①]的问题外，我还希望去考察一下维滕堡大学的档案文件。然而，他们答复我，那个著名的老维滕堡大学已经不复存在了，它早已与哈雷大学合并了。此外还有一个麻烦，那些编辑告诉我，我们的东德签证只在莱比锡行政区才有效，而如果我们开车去哈雷，那显然是危险的。他们提议第二天用火车把我们和他们的一位助手一起送到哈雷，这样想来就不会有人注意了。

那位助手非常乐意陪我们去哈雷。那是一个特别的日子，美国激进主义分子安吉拉·戴维斯（Angela Davis）正在莱比锡参加一次集会，每个公司都有一定的配额员工要去参加。陪我们到哈雷的那个年轻助手就被指派为“志愿者”去参加集会，而她根本就不愿意去。所以，能陪我们去哈雷以代替参加集会她自然非常高兴。在火车上，她用英语毫不掩饰地表达自己的想法，这让我们非常吃惊。

我们在哈雷受到了热烈欢迎。那里大学图书馆中的《天体运行

① 莱比锡书局本来同意为《帝王天文学》印一个修补套件，但几乎没有购买者觉得有这个必要，于是书局又放弃了这个计划。那以后，我用这套流产计划的彩色校样纠正了十几本拷贝——通常每个拷贝要花差不多八个小时的时间——并且我还把这个修补套件分发给了十几位其他拥有者。

论》拷贝已经丢失了一段时间，但图书管理员还是极度热情地把一些其他的珍品展示给我们看。最珍贵的莫过于16世纪维滕堡大学的院长工作簿。我马上就认出了赖因霍尔德那清晰而简洁的笔迹。院长的职务是事务性的公职，从一个教师到另一个教师轮流担任，传得很快，但由于赖因霍尔德的笔迹清晰易读，所以一些其他到任的院长就请他代笔。两次由赖因霍尔德记下的特别的讲座记录跳入我们的眼帘，其一是赖因霍尔德自己关于天文学假设的讲座，另一次是“反对再洗礼派教徒（Anabaptist）”的讲座。由于我出身于再洗礼派世家，所以这个题目很能引起我的共鸣。我带着我的尼康相机，但只有彩色胶卷。这是我仅有的一次用柯达公司的爱克塔反转片（Ekatachrome）进行微缩拍摄。

回到莱比锡，我很自然地就去大学图书馆看了《帝王天文学》和第一版的《天体运行论》。看到开普勒那本《天体运行论》时我激动得有些发抖，但后来想起来，我还是错过了最重要的几点。因为莱比锡书局已经发行过这本拷贝的仿制品，所以，看到书中空白衬页上开普勒用拉丁文翻译的莱比锡人文主义学者约阿希姆·卡梅拉留斯的那首希腊文长诗，我并不吃惊，同样，看到匿名序言《致读者》上面所注的奥西安德尔的名字，也没有恍然大悟的感觉。它可以很准确地证实，在莱比锡书局的仿制品中并没有出现这所大学获得的这本最早的《天体运行论》时所写的古老题词。当这本拷贝作为重复收藏拿出去拍卖的时候，这个题词就被删除了，因此它对于《天体运行论》一书的整体历史来说是一份重要的文献，所以尽管它与开普勒的拷贝本身并没有什么特别关系，但我还是非常渴望看到它。

当我开始理解书中存在多层评注时，有两条注文引起了我的注意，但遗憾的是我都没有拍摄。大多数的页边评注都出自开普勒之手，但并不是所有的。一些细小的行间更正出自该书最初的拥有者耶罗姆·施赖伯，在书扉页的一角，他写明了这本书是印刷商作为礼物送给他的。施赖伯来自纽伦堡，但在维滕堡从事研究工作，还一度在那里担任过数学老师。可以说，他是个知情者。后来证实这相当重要，因为在仔细检查我那本仿制品拷贝中的那些更正时，我发现了一些不寻常的东西。书中前四分之三的更正都是直接来自一些拷贝中都附带的印刷勘误表，然而，直到勘误表页结束时，更正仍在继续，直至书的结尾。当我发现还有几本拷贝中也有同样扩展了的更正之后，我意识到，这些知情者使用了一份比印刷商佩特赖乌斯提供给顾客的那份更为完整的勘误表。

在查看了那些有着扩展了的勘误标记的拷贝之后，我发现在第 96 对开页上的一个页边笔记与这些更正有着联系，虽然它完全是一个注释，而并不是一个更正。在那个地方的原文中，哥白尼正在思考着宇宙的固定中心是什么：是太阳本身，还是地球轨道的中心？由于哥白尼相信恒星位于一个遥远的球壳中，于是问题就成了地球周年环绕的轨道，也就是哥白尼所说的那个“伟大的轨道”，其中心是否优美地位于恒星的中心（这样太阳就被推到了略微偏离中心的地方）；或者，还是太阳本身就是正中，而地球在 12 月比在 6 月时更接近恒星天球。如果太阳是宇宙的中心，哥白尼就真正拥有一个日心说的体系。如果宇宙的中心就是地球轨道的中心，略微偏离于附近固定不动的太阳，那么这就是一个日静说体系。在《天体运行论》中哥白尼并没有对此给出正面的结论，它还是一个悬而未决的谜。然而，一些拷贝的边注指出，雷蒂库斯的《初讲》对此有更多的说法。其中施赖伯的一处笔记曾用拉丁文写道：“这些在约阿希姆［·雷蒂库斯］的《初讲》中做了讨论，而在此书中则被忽略了。”事实上，《初讲》中也没有明确地讨论这个问题，而只是完全假定太阳本身就是宇宙的中心。

接下来是一个细节上的问题，最终却极大地激发了我了解开普勒与梅斯特林之间特殊师生关系的兴趣。在施赖伯笔记的下面还有另一处笔记，乍看很像是开普勒的手迹，但与书中其他地方开普勒的评注有明显的不同。[①]事实上，我认为它更像是出自梅斯特林之手。它不像是梅斯特林自己那本《天体运行论》中颇有特点的小字，却很像他写给开普勒的信件中的笔迹。这段笔记宣称："关于这个问题，可以接受的说法在书的第五卷中，他们让太阳固定，让所有行星的中心稍微偏离它。"梅斯特林不仅在他位于沙夫豪森的拷贝中同样的位置表达了类似的意见，而且在开普勒拷贝第五卷中的相应位置做了标记。

为什么我会对这个秘密感到如此兴奋呢？因为这个小东西的存在告诉我们，开普勒曾经把他的这本拷贝拿给他的老师看，所以梅斯特林才非常肯定，在哥白尼书上的匿名序言正是奥西安德尔所写。因为正是在这本拷贝中，白纸黑字地写明了那则来自维滕堡的知情者施赖伯的信息。此外，梅斯特林这少许评注还暗示着，他和开普勒曾就"什么是宇宙中心"的问题专门做过讨论。并且，在1600年开普勒开始为第谷·布拉赫工作的时候，开普勒笔记本上的

---

① 为了把整个事实说清楚，我有必要指出，有两个研究开普勒的德国重要学者坚持认为我是错的。然而他们不能说明类似的评注也同时出现在梅斯特林的《天体运行论》中这一事实。很明显这两处笔记有着紧密的联系，因为它们都是用同样的语句"Quae de hac quaestione ... possunt"来开头的。如果开普勒仅从其导师的著作中抄袭这样一个简单的注解，而置其余丰富的内容于不顾的话，似乎也是无法令人理解的。另外从笔迹上看，"quaestione"这一单词中的字母"s"和"t"是连写在一起的。我在研读了大量开普勒手稿后发现，他很少这样写。而对于梅斯特林来说这种连写方式是很常见的，甚至当他写自己名字的时候，用的都是类似的笔法。

记录表明，他研究计划的首要任务就是校准火星的轨道使其合乎太阳而不是那个碰巧成为地球轨道中心的空点。这成为开普勒物理学研究方法的关键部分，也是使他成功地改写日心说细节的一个基本原则。他与梅斯特林在蒂宾根决定性的师生对话已对此做出了预示。

开普勒因发现行星轨道为椭圆形而负有盛名，而另一处的边注看起来与此颇有关联。在第 143 对开页上有一处单独的希腊单词“ελλειψσ”（椭圆），另外还有一些强调标记，它们与施赖伯对第 96 对开页上的强调标记相同。

当我第一次在莱比锡看到这本书时，我认为是开普勒在页边写下了希腊单词“椭圆”，但我并没有给它做个彩色的幻灯片。可后来，我却发现了关于这个双层评注的更多信息和它很可能是出自施赖伯手笔的证据，我不得不对它真正的书写者感到疑惑。由于是希腊文而不是拉丁文，所以笔迹对照并没有什么帮助。我决定回莱比锡对墨迹进行细致的审查，但不巧这本拷贝正好被拿出去展览了。最终，我得到了一些非常棒的彩色幻灯片，结果毫无疑问，这个希腊单词确实是出自施赖伯之手，后来开普勒继承了这本书。

难道就是这个至关重要的单词给开普勒的伟大发现提供了线索？哥白尼本人是否已经想到行星的轨道是椭圆的？对于第二个问题，我们可以底气十足地给出答案：“并非如此！”很显然，这会令我的许多同行大吃一惊。

1985 年，路易斯维尔神学院一位叫哈罗德·内贝尔西克（Harold Nebelsick）的神学家出版了一本引人入胜但观点错误的书《上帝之圆》（*Circles of God*）。他煽情地宣称，“必须使用圆并且只

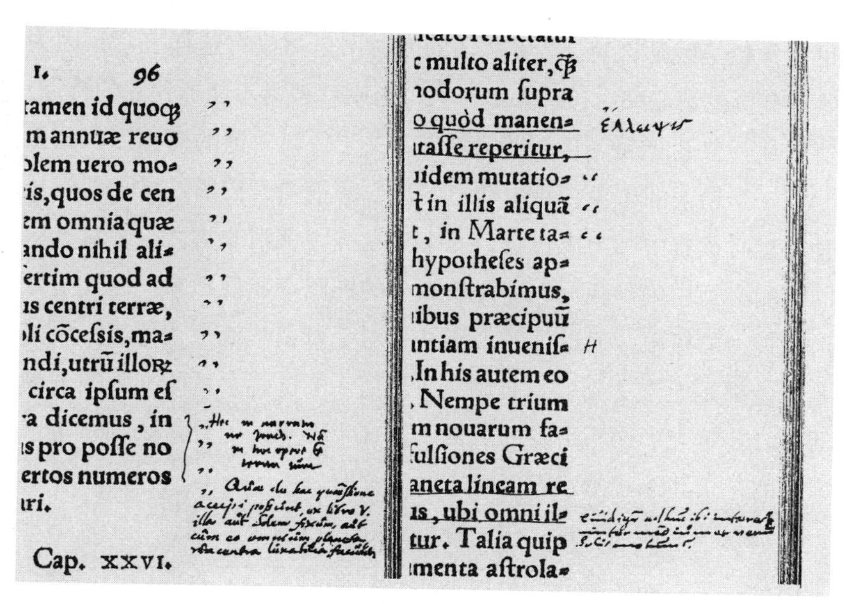
1. 96
tamen id quoq;
m annuæ reuo
olem uero mo-
is,quos de cen
em omnia quæ
ando nihil ali-
ertim quod ad
is centri terræ,
li cōceſsis,ma-
ndi,utrū illorꝝ
circa ipſum eſ
a dicemus, in
s pro poſſe no
ertos numeros
ri.
Cap. XXVI.

c multo aliter, q;
nodorum ſupra
o quòd manen-
taſſe reperitur,
idem mutatio-
t in illis aliquā
t, in Marte ta-
hypotheſes ap-
monſtrabimus,
ibus præcipuū
ntiam inueniſ-
In his autem eo
Nempe trium
m nouarum fa-
lſiones Græci
aneta lineam re
s, ubi omni il-
tur. Talia quip
menta aſtrola-

耶罗姆·施赖伯和米夏埃多·梅斯特林所做的页边评注（第 96 对开页，图左）以及开普勒所做的页边评注（第 143 对开页，图右）

有圆才能解释天体的运动”这一观点是古希腊人的神学发明，而这个糟糕的观念奴役了天文学长达两千年。他的观点还影射，哥白尼失败就是因为他坚持圆轨道，而没有注意到行星的轨道实际上是椭圆的。事实上，哥白尼绝没有发现椭圆轨道的可能，因为他所拥有的观测数据还不够精确。

如果你画一个与火星轨道相符合的椭圆，这个问题就会变得很清楚。拿一张普通的信纸，在上面相隔 1.5 英寸的距离钉两个大头针表示椭圆的两个焦点，然后在大头针上套一个绳圈，用绳圈套住铅笔，拉伸铅笔使绳圈张紧，这样就可以在纸上画出一个椭圆。而如果你再用绳子操纵铅笔画出一个相应的圆（半径大约 4 英寸），那么你就很难分辨出哪一个是椭圆，哪一个是圆，因为它们的差异也就像铅笔线那么宽。[1]天文学的教科书自然没有这样表示，因为除非椭圆的离心率[2]被极大地夸大，否则就根本不能抓住它的特点。所以从开普勒算起，几个世纪以来，关于行星轨道的椭圆形状建立起了一个错误的印象。行星轨道的离心率很受人们的注意，即使托勒密也必须集中精力应付它，而事实上椭圆率则非常微小。对火星的观测必须精确到弧分，才能使微小的椭圆率显现出来。这几乎是肉眼视力的极限，而这样的观测结果对于哥白尼或是他任何一位前辈来说都是无法达到的。直到有了第谷·布拉赫大量而准确的观测活动，才建立了必不可少的数据库，在十五年间，开普勒利用手中第谷的记录终于找出了行星轨道的椭圆率。

那么《天体运行论》中，施赖伯在页边写下“椭圆”字样的那个段落又是怎么回事呢？哥白尼是否已经找到了有关椭圆的线索？哥白尼发现，当他用一个小的本轮代替托勒密的等分点时，结果得到的线路不会是一个正圆。事实上，虽然他从没有这样明确地说出来过，均轮与小本轮的结合确实就形成了一个椭圆。但那是一个错误的椭圆，它在正确的椭圆呈弓形缩进的地方反而呈弓形伸出。哥白尼的曲线是其模型的人工产物，与真实的行星轨道并无关系。至于推测施赖伯在页边写下的希腊单词下意识地暗示了开普勒，这还是有些过于传奇化的。

---

① 作者在这里并没有交代绳圈的周长，这会无法给出确定的椭圆，事实上，在绳圈长度为 9.5 英寸而使椭圆半长轴方向与圆重合的情况下，半段轴方向只与圆相距约 0.07 英寸，因此如果适当延长绳圈长度，则两个图形最小的最大径向距离只有这个数字的大约一半，即不到 1 毫米宽。——译者注

② 离心率（eccentricity）是指椭圆对中心的偏离程度，下文的椭圆率（ellipticity）则指是图形在边上的弓形程度。如果设椭圆的半长轴和半短轴分别是 a 和 b，那么离心率为 $\sqrt{1-(b/a)^2}$，而椭圆率为 1-b/a，显然对于 a 和 b 相差很小的情况，前者要比后者大几十倍。——译者注

就像几百年前的托勒密一样，哥白尼使用了很少的观测数据就确立了行星轨道的参数。他无疑满心欢喜，因为他并没有觉察到，他与托勒密关于火星轨道的预测在一个短暂的十七年周期内都会出现可怕的错误。对于托勒密，火星比他的预测落后了 5 度；对于哥白尼，这颗红色的行星则提前了 4 度。显然，开普勒是第一个对此发表评论的人，而他或许仅仅是在由于其他原因而修正了火星轨道后才注意到这一点的。

最初我觉察到这个异常时，认为它是由于在计算中选择了错误的常量而引起的。我曾试图校正代入哥白尼模型中的那些引起错误的数字，但结果让我有些不安。因为我在一个地方消除了的错误，常常又会突然出现在其他某个地方。很显然，模型本身存在着缺陷，而不可能仅仅是缺少了椭圆。

哥白尼在这件事上失败，不是因为他没有抓住椭圆，而是由于他自己并非彻底的“哥白尼学说论者”。开普勒在一个类似的情形下曾谈道，哥白尼并没有意识到他自己的富有。如果哥白尼真的相信地球只是若干行星中的普通一员，他就会对它们一视同仁。那才是“哥白尼学说”所要做的。然而托勒密并没有对太阳使用等分点，因此哥白尼也就没有对地球使用等分点。(地球和太阳是处于它们连线两端的天体，而数学计算时不论哪一端被当作固定的参照点结果都是一样的。）总结起来：在托勒密体系中，太阳按照它的圆形轨道匀速运动，但看起来好像作变速运动，原因就是它的轨道圆心偏离于地球。同样，在哥白尼体系中，地球按照它的圆形轨道匀速运动，而太阳看起来却在作变速运动，原因就是太阳并不是地球轨道的中心。

而开普勒相信，这无疑是错误的。如果离太阳最近的水星移动得最快，而离太阳最远的土星移动得最慢，那么这是因为水星离太阳近，所以吸收了太阳更多的动力，自然跑得就快。地球在冬天比夏天离太阳更近，开普勒就推断它在冬天实际上会沿轨道跑得更快。这是物理学上的事情，作为世界上第一个天体物理学家，开普勒给出了这些结果。梅斯特林因此对他的学生进行了严厉的斥责。他写信给开普勒："我认为那个现象不应该用物理原因来论述，解释天文学事件只能通过天文学方法，借助于天文学的，而不是物理学的原因和假说来进行。就是说，天文学计算要根据几何与算术领域的原理进行。"

但开普勒仍然坚持己见。他不得不调整地球轨道的中心来计算，而当他这样做了之后，火星预测中那周期性的5度误差就正好消失了。这是开普勒在行星位置预测中最大的单个校正，可他并没有因此而获得多少声誉，原因在于，后来的天文学家们选择了开普勒的另外三个发现并将它们命名为三定律（可能是为了与牛顿三定律相对应），而这一个发现则被认为过于明显而忽略了。

就在这个发现之前，开普勒已经找到了一种烦琐但非常准确的方法来计算火星按其轨道围绕太阳运转时的黄经。然而，就在他试图对从地球上看到的火星位置进行定位时，他遇到了麻烦。计算结果与火星在天空中东西方向的运动轨迹非常吻合，但无法消除火星在南北方向上的偏离。在发现偏离之后，他对计算进行了修正，还是以大约半度的最大误差告终。虽然这已经比托勒密或是哥白尼所达到的结果精确了十倍，但对于开普勒来说，它还不够好，因为它还不能与第谷那出色的观测记录完全相符。他可以用一个物理上说不通的救急方案得到一个差不多再好五倍（或者比哥白尼的最大误差好五十倍）的黄经，但是对于开普勒，它并不是真实的，因为一则它并没有给出正确的黄纬，再则开普勒与他的老师不同，他是一个彻底的唯实论者。当开普勒用一个椭圆（并非完全正确的那个）作为近似曲线来尝试时，真相大白的时刻随之而来。"哦，我是多么可笑！”他写道，“我无法找到椭圆轨道更适合行星运动的原因……我的理由就是经验，对于行星的轨道，没有比完美的椭圆更合适的形状了。”

他是从他那本《天体运行论》中的那个小边注上得到了提示吗？我表示怀疑。但谁又知道是什么激发了他的灵感呢？

椭圆对于哥白尼来说会是很难接受的，因为他完全忠于一个天体运动的原则，就是天体的运动是匀速圆周运动，但最终，他肯定还是赞成去探索一个物理上真实的体系。

第十一章
无形学院

1993 年 2 月的一个星期日，鬼使神差的运气让米里亚姆和我错过了离开俄克拉何马城的航班。航空公司的柜台空空如也，我们马上预感到一定是什么地方出了问题。“你们来得太早了。”工作人员乐呵呵地通知我们。但在查过我们的机票后，她叫了起来：“哎哟，你们的飞机半小时以前就已经起飞了！不过别担心。你们可以经芝加哥转机去波士顿，而不必经达拉斯转机，这两段航程客舱都还有空位。”

过了一会儿，我才意识到我们犯了怎样的错误。那时我们前往达拉斯的飞机正在登机，但不是在俄克拉何马城，因为从俄克拉何马城飞往达拉斯的飞机早就起飞了。我们在正确的时间出现在错误的州。但是，如果我没有犯那个愚蠢的错误，我可能永远不会弄清约弗兰库斯·奥弗修斯（Jofrancus Offusius）出生在哪里，也不会理清他与《天体运行论》之间的联系，我甚至可能会一直以为这是一个出自于蛇夫星座（Ophiuchus）的有典有据的希腊文笔名呢。

我们到此是为了参加位于俄克拉何马城南部诺曼的俄克拉何马大学所举行的一次会议，而且我还打算趁机利用一下那里杰出的科学史珍本收藏。很早前我曾经检查过那里的《天体运行论》拷贝，但说实话，那时我还并不十分清楚自己要在书的评注中找些什么。

我的同行韦斯特曼也参加了会议，当知道在会议结束后，图书馆会专门在星期日早上对他开放时，我决定沾他的光，跟他一起去看看那本《天体运行论》。如果把航班记得清清楚楚的话，那么我就不会有这个额外的早上再次坐到哥白尼那本书的前面，抄下一些更为有趣的笔记。并且我就会遗漏一条揭开有关《天体运行论》的谜团的线索，而这个谜团令我困惑了将近十年。

遗憾的是，并不是每个《天体运行论》的拥有者都会费心地把名字写在书上，特别是我那些评注非常相似的拷贝，都没有注明原始的评注者是谁。对于真正想要计算一颗行星的位置的读者来说，《天体运行论》的一个实际上非常有用的特色之处就是那些所谓的匀动星表，它是对行星定位的第一步。但使用那些星表，需要确定一个起始的位置，或者说，一个“基数”。而可惜的是，哥白尼把这些隐藏在了正文中，找起来很麻烦。于是，这群评注者就在每个相关星表下面，写下了 1550 年的起始位置。由此，我把这一系列评注的始作俑者称为“1550 年基数之主”，但他的神秘身份一直在和我捉迷藏。

星期日早上，当我坐在俄克拉何马大学那本第一版《天体运行论》前面的时候，一个不寻常的细节引起了我的注意：有三处页边笔记都把原始的评注归于一位叫维萨留斯（Vesalius）的人。韦斯特曼承认他以前曾注意到这个名字，但和我一样，他唯一知道的维萨留斯就是那个著名的医学博士，他在《天体运行论》出版的同一年，也就是 1543 年，出版了人体解剖学研究的革命巨著《人体结构》（*De humani corporis fabrica*）。难道安德烈亚斯·维萨留斯

（Andreas Vesalius）还有一段不为人知的天文学家生活吗？虽然调查中的怪事此起彼伏，但没有再比这更令人吃惊的了。

非常感谢美国航空公司工作人员的帮助，我们回坎布里奇的时间只比原计划晚了一个小时。几天后，查阅笔记的时候，我突然注意到在第127对开页上的那段最长的抄录，正好与一段以前曾在另外七本拷贝中出现过的评注相吻合。但让人抓狂的是，每一条评注都用了第一人称“我曾发现……”，可它们却分别出自八种不同的笔迹。

后来，我得到一条关于那个难以捉摸的原始评注者的似乎有价值的线索，却并非来自“1550年基数之主”系列中的一本，而是出自另一本完全不同的《天体运行论》拷贝。那是耶鲁的拜内克图书馆的一本拷贝，几年前，当我确认它遗失了很久，又曾经属于与保罗·维蒂希至少有直接联系的某人时，我激动万分。书末，一位早期的拥有者在上面写道：塔德乌斯·哈格修斯（Thaddeus Hagecius，鲁道夫二世皇帝的私人医生，本人也曾是一个天文学）曾从保罗·维蒂希那里发现了《天体运行论》的三个错误。他列出的三个错误无关紧要，后两个是《天体运行论》第一卷中的小计算错误，因此不说也罢。但是第一个则与第127对开页有关，这正是“1550年基数之主”系列拷贝中拥有大量评注的地方。

那八本拷贝中至少有一本——在匈牙利德布勒森的那本《天体运行论》中标记了同样的三个错误，完全相同的标记方式使其不可能是个巧合。[①]这条线索事实上非常微弱，可是它让我嗅到了中欧

① 由于我并没有看到全部的微缩胶卷，所以很难判断是否其他的拷贝中也包含了这三个错误。在这些拷贝被初审的时候，很有可能由于这些错误看来似乎无关紧要而被忽略了。就像在许多推理小说中一样，次要细节的重要意义只有在回头琢磨的时候才会呈现出来。经证实，爱丁堡的拷贝也有这些错误，甚至比德布勒森的拷贝还要彻底。

的味道，嗅到了雷蒂库斯的味道，那个反叛的年轻人是哥白尼唯一的弟子，也就是他把《天体运行论》送到了印刷厂。后来，他受到高薪的吸引离开维滕堡到了莱比锡，而最终在克拉科夫定居下来。在那里，他后来与哈格修斯和维蒂希的家族都有来往。

但为什么是雷蒂库斯呢？在赖因霍尔德担任维滕堡大学的天文学教授时，雷蒂库斯是那里的数学教授。在我的调查中，发现了十多本书都部分地抄录了赖因霍尔德的评注，而来自雷蒂库斯的只有两本题赠本，也没有什么有意义的评注。到波兰去旅行，第一次了解日心说体系，又把哥白尼的手稿带回德意志印刷，年轻的雷蒂库斯一定会把其中的细节讲给下一代学生听。但他的教学传统在哪里呢？他在评注本拷贝中的缺席真令人感到好奇。

因此，要是能找到雷蒂库斯的评注，那可就是一项重要突破。我暗地里希望，就在这八本书中能够保存有雷蒂库斯本人主要笔记的珍贵记录。雷蒂库斯曾仔细地计算了一个1551年的星历表，也就是一本给出了当年每一天行星位置的年鉴，而这当然是以《天体运行论》中的星表为基础的。如果一个人要开始这样一项工作，很可能第一步就要计算某个恰当的开始日期上，每一颗行星的平均位置，比如1550年1月1日的位置，然后把它写在一个方便看到的地方。那八本拷贝中的七本，我都在星表中发现了这样的记录，使我马上意识到它们之间的联系。而在俄克拉何马大学的那本拷贝中却没有这样的数字，也正因此，我没能立刻把它归入同一系列。

那个神秘的“1550年基数之主”真的就是雷蒂库斯吗？

1992年，我的波兰同行耶日·多布任斯基到坎布里奇做访问研究，我向他提出了这个意见。他略作迟疑，就否定了我的看法。尽管几年来，我一直在收集有关材料并考虑这个问题，但我还没有对第127对开页上那个最长的旁注做最终的抄录和翻译。耶日就从我最初的笔记和微缩胶卷着手工作。他指出，“在这个非常技术性的段落，评注者对他所认为的错误做出了有力的批评。但看看这里，在最后，他认为哥白尼可能委托了他的学生写了这个段落。但由于雷蒂库斯是哥白尼唯一的学生，所以他几乎不可能去写那些评论。”

于是，我又回到了起点，寻找另一位“1550 年基数之主”的候选人。八本拷贝中的一本存于巴黎国家图书馆，书的扉页上真实地写着笔记抄录者的名字：让·皮埃尔·德梅姆（Jean Pierre de Mesmes）。他曾是巴黎的一位天文学家，除了出版过一本文雅但缺乏创意的《学院天文学》（*Les institutions astronomiques*）之外，人们对他所知甚少。在其他七本拷贝都没有的一处旁注中，他为岁差运动加入了一个值，并注明“来自我的老师约弗兰库斯（Jofrancus）对今年 1557 年的计算”。并且，他还在此书快结束的地方写下了“约翰内斯·弗兰西斯库斯（Johannes Franciscus）[①]可不是一个等闲的天文学家，他曾经制作了一个精彩的哥白尼学说的演示仪器”。

约弗兰库斯并不是一个很常见的名字，显然是指那个 1557 年在巴黎出版了一部当年星历表的约弗兰库斯·奥弗修斯。在该书中，他自称是德意志人，但对自己的出身、职位或是庇护人（如果有的话）都很少提及。在德梅姆的拷贝中，不仅有关奥弗修斯的笔记非常少，他还把一些第一人称的“我”改成了约弗兰库斯，但另外一些则仍旧保留为“我”，这让情况有些混乱。而事实上，在俄克拉何马大学的那本拷贝中，把剩下的那些写着“我”的笔记中的三处改成了“维萨留斯”，这使情况更加混乱了。雪上加霜的还有一个古怪的细节：有一本与德梅姆的版本相近的拷贝，如今也在巴

① Johannes Franciscus 的简写就是 Jofrancus。

黎，其扉页上这样写着“出自C.波伊策尔的手笔”。（卡斯珀·波伊策尔是赖因霍尔德在维滕堡大学的接班人。）我们当然可以循其线索从德国追踪到今天的巴黎，但认为那些评注出自天主教的巴黎，又来到路德教的维滕堡，再回到大革命前的法国，这看起来确实有些荒谬。

渐渐地，虽然情况还是有些混乱，但有一点变得清晰起来，就是约弗兰库斯·奥弗修斯一定是这个事件的主角，只是还不清楚那些最初的注释是否由他独自完成，有没有一个名叫维萨留斯的同事也参与其中呢？

要解决这方面的问题需要一张莱茵河下游流域的地图和另两份资料：一份是奥弗修斯在1553年写给伊丽莎白一世时代的数学家、唯心论者约翰·迪伊的一封信，其签名写作“J. F. van Offhuysen”，还有一份就是意大利数学家、占星家、内科医生吉罗拉莫·卡尔达诺（Girolamo Cardano）在提到他时所采用的Johannes Franciscus Geldrensis。Geldrensis是奥弗修斯的地理缀名，意思就是他来自盖尔登（Geldern）。[①]今天的盖尔登位于莱茵河附近荷兰与德国接壤的地方。而距此不远处，就是位于莱茵河畔的韦瑟尔（Wesel），而那里的地理缀名就是维萨留斯（Vesalius）。逆流而上的不远处是奥伯豪森（Oberhausen），赫拉尔杜斯·墨卡托（Gerardus Mercator）曾在其1568年所出版的地图册中的威斯特伐利亚地区图把它拼写为奥弗豪森（Overhausen），这个地名显然与方言中的姓“Offhuysen”或“Offusius”有关。1993年夏天，多布任斯基再次回来和我一起进行调查，他带来了《国家地理世界地图册》（*National Geographic*

① 在名字中加入地理标识的用法在16世纪的中欧都非常流行，在维滕堡或是莱比锡，被录取的学生几乎都会在签到时留下这样的名字。

Atlas of the World）并使我确信维萨留斯和奥弗修斯就是同一个人，这时我真是感激万分。可以肯定地说，“1550年基数之主”就是约弗兰库斯·奥弗修斯。

我们很容易了解到，奥弗修斯在其有生之年曾出版一本1557年的《星历表》。对那些基数之重要性的正确判断让我有些自鸣得意，因为他肯定在他那本《天体运行论》的星表中添加了1550年的起点位置，以便简化他对星历表的计算。在我们的寻踪中还发现，1552年奥弗修斯曾经住在英格兰，其庇护人就是约翰·迪伊。更晚些时候，在1570年，奥弗修斯的遗孀发表了她已故丈夫的一部占星学著作《论星象的预言》（*De divina astrorum facultate*）。这本书让那位年老而怪僻的迪伊非常气愤，他公开宣布此书剽窃了他的一些占星术言论，但现代的评论家由于证据不足而认为奥弗修斯并无过错。

最后，还有一个重要的问题有待解决。奥弗修斯的那本《天体运行论》拷贝现在是否还存在呢？由于越来越多的证据开始把始作俑者的矛头指向了奥弗修斯，我一度认为，现存匈牙利德布勒森的那本拷贝很可能就是奥弗修斯的那本。这本拷贝有一个非常有趣的流传记录，它曾经为匈牙利学者约翰内斯·桑布库斯（Johannes Sambucus）所有，此人曾在1559年和1561—1562年两度去巴黎购书。由于正是这段时间，奥弗修斯本人神秘地从巴黎消失（正如几年前他神秘地出现在那里一样），所以此书有可能就是那时从他留下的财产中卖出的。此外，此书的边注中还有删删改改的痕迹，这就很让人期望它是来自评注者本人的。

除了苏格兰国家图书馆的那本拷贝外，“1550年基数之主”系列中另外七本的传承史都很清楚。那本拷贝是怎么到爱丁堡的无从得知，而让它有别于其他那些拷贝的正是装订在书后的大约50页天文学笔记。这些笔记的手迹与书中评注的笔迹相同，并且据其性质显然

1979 年，欧文 • 金格里奇在他位于哈佛 – 史密森天文台的办公室中与耶日 • 多布任斯基一起研读微缩胶卷

是亲笔手书，也就是说，它们是出自作者本人的手笔。事实上，承认这才是奥弗修斯的原作并不像一个晴天霹雳或一个突然的结局，当侦探汇集了所有的疑犯并宣布不可忽视的逻辑线索时，就会引出一个不可避免的结果。尽管这个结论是逐渐得到的，日益令人信服的，但它也是最终不可改变的，并且极其令人满意的。谁是这一系列拷贝的神秘评注者？这个多年悬而未决的难题一直是我《普查》一书出版道路上的一个障碍。许多有误导的线索和错误的思路拖延了研究的进度，但最终，一个可靠的答案到手了。约弗兰库斯·奥弗修斯的原始批注就是爱丁堡的那本拷贝，而不是德布勒森的那一本。

揭开了那个神秘评注者的面具，多布任斯基和我也略作休息，但同时我们也在思考着，是否我们仅仅是解答了又一个《纽约时报》的周日纵横字谜，还是我们真的已经对文艺复兴时期的天文学传奇有所了解。

在奥弗修斯事件中还有一件引人入胜的事情，有他那本现存于爱丁堡的哥白尼拷贝末尾的一些天文学笔记作证，我们就有机会了解他对日心说宇宙论的态度。他谨慎地赞扬了哥白尼的成就，而对奥西安德尔偷偷加在前面的、怯懦的工具主义立场的匿名《致读者》进行了批评，尽管如此，但他还是不愿意完全承认日心说。他声称（正如奥西安德尔曾要求的），对于这样的事情，“出自几何学和物理学的论据是不充分的”，最终必须由《圣经》来决定。他还继续引用了一系列赞同地球静止的《旧约》文字。《诗篇》第十九章说：“神在其间为太阳安设幕帐，太阳如同新郎出洞房，又如勇士欢欣奔路。它从天这边出，绕到天那边。”还有《诗篇》第九十三章：“世界就坚定，不得动摇，你的宝座从太初立定，你从亘古就有。”以及《传道书》第一章：“地却永远长存，日头出来，日头落下，急归所出之地。”

在16世纪的欧洲，《圣经》在所有的书中具有独一无二的地位。人们普遍认为《圣经》每字每句都是神的神示。所以，尽管奥弗修斯在某种程度对哥白尼的宇宙观持开明态度，但最终他还是回到了《圣经》，其实也正是《圣经》使哥白尼、开普勒和伽利略的地位更显得离经叛道，尤其他们每个人都是虔诚的信徒。

在我们瞄准奥弗修斯和他那一组人之前，还没有人想要对16世纪巴黎环境下的，或者以天主教为主要背景的《天体运行论》拷贝进行严肃的技术性研究。然而，这位占星家兼数学天文学家奥弗修斯虽然不是大学教授，他的学生们却热心地抄录了他对哥白尼原文的领悟与洞察。让人十分感兴趣的是，没有一个抄写者发现他们的大师在第 127 对开页上的大段评论中犯了错误。奥弗修斯的错误存在于他对太阳和月亮初始位置的重新计算之中。但毕竟，那是哥白尼整部书中最复杂的地方，这段涉及月亮的视差，也就是月亮由于与地球距离较近，因而随着地球的周年运动所引起的位置变化。学生们在未做仔细检查的情况下就完全轻信了老师的断言，囫囵吞枣，这在历史上恐怕也并不是第一次了。尽管开始有所错误，但奥弗修斯对后面一些数字的计算还是要比哥白尼稍微准确一些。

最终发现奥弗修斯错误的天文学家被证实不是别人，正是保罗·维蒂希。对奥弗修斯与维蒂希之间些微联系的探索本身就是一个不同寻常却又增长见识的经历。在耶鲁拜内克图书馆那本拷贝中后面的一处笔记中，记录了维蒂希提供给哈格修斯一份有关哥白尼书中三处错误的简要清单。[①]这三个错误与奥弗修斯自己那本《天体运行论》旁注中详细记录的三处错误正好相符。因此，维蒂希一定是看到过奥弗修斯那本拷贝（或者可能看到过现存于德布勒森的拷贝，它是唯一的另外记录了所有三处错误的拷贝），但是他没有将第 127 对开页上的大段评论抄录于自己四本拷贝中的任何一本。不过，在维蒂希现存于梵蒂冈教廷图书馆的拷贝第 127 对开页上，他仔细分析了奥弗修斯最初的断言，并指出了其缺陷。他还在页旁的空白处引述了其他两个微不足道的错误，并加上了“据约弗兰库斯所说”。

发现这个关于维蒂希的错综复杂的联系，完全是奥弗修斯事件

---

① 把哈格修斯同维蒂希联系在一起的耶鲁拷贝中的笔记出自约翰内斯·普雷托里乌斯之手，他于 1576 年起在纽伦堡正东的阿尔特多夫大学担任数学教授。他是通过某种渠道从塔德乌斯·哈格修斯那里得到这个信息的，而哈格修斯对天文学有着广泛兴趣且与布拉格宫廷圈关系密切。虽然至今也没有发现哈格修斯的那本《天体运行论》拷贝，但人们仍然禁不住猜测，他很可能曾经拥有奥弗修斯做过笔记的爱丁堡拷贝并且给维蒂希过目过。

中始料未及的副产品，它惊人地证实了“无形学院”，即16世纪在正式的大学教育之外的天文学交流网络的存在。构成无形学院的良师诤友的关系超越了制度上的界限。虽然这些社会学意义上的组织结构既没有正式地制度化也并非植根于大学，但这种关系的存在迹象现在已经被学者们的探究显示出来。

奥弗修斯的关联为这种交流网络提供了一些最好的证明，但它绝不是唯一的。我在波兰弗罗茨瓦夫的奥索林斯基研究所图书馆发现的一本《天体运行论》拷贝就是另一个例子。这本第二版拷贝中所包含的评注出自两个不同的源头——位于蒂宾根的米夏埃多·梅斯特林和位于中欧某地的保罗·维蒂希（或者来自苏格兰人约翰·克雷格对维蒂希笔记所做的抄录）。就像大量的其他拷贝一样，它并没有记录是谁做的评注或是这些抄录发生在什么地方；然而，尽管旅行和通信并不方便，但那些笔记告诉我们信息是以某种方式辗转流传的。

尽管约弗兰库斯·奥弗修斯作为“1550年基数之主”身份的确定使我所检查过的《天体运行论》拷贝中的一个大疑团变得明了，但还有一个重要的谜团存在。哥白尼唯一的学生格奥尔格·约阿希姆·雷蒂库斯曾说服那位年迈的波兰天文学家授权出版了其著作。可以肯定，雷蒂库斯是无形学院中的一员，他鼓舞后学，并与同辈交流。可是，出自他本人的《天体运行论》拷贝的评注一族又有什么蛛丝马迹呢？

雷蒂库斯离开波兰回到维滕堡后被任命为教授，也担任过学院院长，但在带着《天体运行论》的手稿南下纽伦堡之前，他在维滕堡的执教只是短暂的。大概他对维滕堡仍然没有感到完全合意吧。但他那位颇具影响力的朋友菲利普·梅兰希通则忙于为雷蒂库斯的利益在幕后奔走。杰出的古典主义学者、希腊学者约阿希姆·卡梅拉留斯从蒂宾根调到莱比锡，成为那里的首席教授。几年前，也就是在出发去弗劳恩堡看望哥白尼之前，造访蒂宾根的雷蒂库斯一定给卡梅拉留斯留下了深刻的印象。作为那时一位特别见多识广的天文学家，雷蒂库斯很快被邀请担任莱比锡大学的次席教授，并享有一份特别诱人的薪水，年薪 140 弗罗林（标准的年薪是 100 弗罗林）。因此，雷蒂库斯在 1542 年春天带着哥白尼的手稿赶赴纽伦堡，当印刷工作启动后，他就在秋天前往莱比锡。卡梅拉留斯曾经开设一个小作坊，专门写一些希腊文的序言诗，所以雷蒂库斯就请他写一篇得当的希腊诗作为哥白尼著作的序言。

1543 年 4 月，雷蒂库斯收到了第一批《天体运行论》的完整拷贝。当时他一定非常震惊。因为书中不仅遗漏了卡梅拉留斯的希腊诗，而且他在此书出版中所担当的角色也未被提及和感谢。取而代之的开场白是奥西安德尔的那篇辩解书，即不光彩的《致读者》。

雷蒂库斯被激怒了。他用红笔将那篇意外的《致读者》整个画掉，然后，他又请卡梅拉留斯在书前的衬页上写下了那篇为此书而作的希腊诗。这首抑扬格五音步诗讲述了一个哲学家与一个陌生人之间的一场柏拉图式的对话。陌生人最终受到劝告，不要像一个无知的人那样去随意地评判，而要进行研究然后试着做得更好。最后，雷蒂库斯把这本书作为礼物赠给了安德烈亚斯·奥里法贝尔（Andreas Aurifaber）——当时维滕堡大学的一位院长。另一本拷贝，雷蒂库斯只用红笔画掉了同样的部分，他把它题赠给了弗劳恩堡大教堂的一个教士乔治·唐纳（George Donner），但没有写那首诗（彩图 7d）。而一本类似的拷贝他题赠给了哥白尼最好的朋友——海乌姆诺的主教蒂德曼·吉泽，而事实上，他送了两本拷贝给吉泽。还有一本拷贝，卡梅拉留斯也在上面写下了他那首诗，但这本拷贝是给卡梅拉留斯的，还是雷蒂库斯为自己留的呢？无从得知。现在这些拷贝中只有三本尚存，还有一本尽管书已经不见了，但在历史资料中确有记载。但是，这些拷贝中没有一本可以确定为雷蒂库斯的工作拷贝，而与现存于爱丁堡皇家天文台的赖因霍尔德的那本完整评注过的最佳拷贝相媲美。

在雷蒂库斯收到他的完整版《天体运行论》拷贝后的一个月里，哥白尼都没能看到完整的全书拷贝，因为当时要把书运送到遥远的波兰北部需要更多的时间。最后送出的当然是开始部分的那些未编号的书页，也就是所谓非正文的前页，包括扉页、序言、目录等。哥白尼那时已经因中风而半身不遂了。或许哥白尼也受到奥西安德尔加入的那篇匿名序言的打击，因而病情恶化而去世。或者更大的可能是，他只是一直在顽强地支撑着与死神做斗争，而当他看到自己的作品终于印刷完成后，便带着满足离开了人间。

蒂德曼·吉泽在给雷蒂库斯的一封诚挚的信中描述了哥白尼离去时的情形。他对此书漏掉了对雷蒂库斯的致谢而深表歉意，并说在最后的那些日子里，哥白尼已经变得非常健忘。他还敦促雷蒂库斯向印刷商要求去掉奥西安德尔那篇文章而重印前页部分。但他的建议不了了之。

在莱比锡，雷蒂库斯既是天文学教授也是数学教授。他的声望使得他在维滕堡的一些学生随他转学到了莱比锡。但是他的旅行癖好再次攫住了他，他渴望着访问意大利——或许是因为他记起了哥白尼曾向他讲述了在意大利读研究生的那些日子。于是，在1545年的夏季学期，雷蒂库斯离开莱比锡到南方去旅行。历史再次重演，最初很可能只是一次短行的计划影响了他的一生，并且他这一去几乎就是三年。

此间他造访过意大利数学家吉罗拉莫·卡尔达诺。1545年，卡尔达诺在纽伦堡的佩特赖乌斯那里出版了他那本16世纪最伟大的数学著作，也是他最重要的作品《伟大的技艺》(*Ars magna*)，其中他对安德烈亚斯·奥西安德尔的校对技能赞不绝口。卡尔达诺写道："他不但通晓拉丁文和希腊文，甚至还是位数学家。"无疑，在雷蒂库斯访问期间，他一定和卡尔达诺讨论过哥白尼，但是否这次谈话就导致了卡尔达诺在其《天文学箴言》（*Aphorismata astronomica*）中写了那句话呢？此书于1547年在佩特赖乌斯那里出版，卡尔达诺在书中第69条箴言之下写道："事实上，哥白尼的观点还是不能被充分理解，因为看起来他几乎没有说出他到底想要做什么。"

从米兰回来后，雷蒂库斯又去了林道（Lindau），在那里他患了重病，在床上躺了五个月，然后又去了康士坦茨、苏黎世和巴塞尔。最终，在三年后，他回到莱比锡继续任教。他向他的任何学生讲授新的宇宙理论了吗？很可能他继续对技术细节进行探索，因为在1550年他以《天体运行论》为基础出版了一本1551年的星历表。此前一年，他还编辑了欧氏几何十三卷书中的前六卷加以出版。这段时间是雷蒂库斯职业生涯的最高峰。

此后，在1551年的春天，雷蒂库斯的世界彻底崩溃了。他欠了一屁股的债，差不多有他两年的薪水那么多。很快，他又陷于丑闻之中。盛传着一个有关他的谣言，是关于一次醉酒后的同性恋事件，其中涉及一名年龄只有他一半大的学生。那个年轻人的父亲非常愤怒，提起了诉讼。名誉扫地的雷蒂库斯只好逃离了莱比锡。

他向东先到了布拉格，在那里他开始从事医学研究（正像他的导师哥白尼曾经做过的那样），然后又到了维也纳大学，最后来到了另一座大学城克拉科夫，他在那里居住了近二十年直至生命中的最后一年才移居到匈牙利。他随身带着一份他计算的浩繁的三角学表格，其中将正弦和余弦值计算到了小数点后十位，其精确性在现代计算机时代之前一直无人能够超越。但这项工程随着他在医学上兴趣的增长而进展迟缓，当时医学是一些想向上发展的教授的职业跳板。作为一个曾经的叛逆者，他接受了特夫拉斯图斯·冯·帕拉塞尔苏斯（Theophrastus von Paracelsus）所宣扬的、相当于医学界日心说的激进的新医学（使用化学药品替代传统草药）。

就在他去世前不久，特别是在1573年，当年轻的合作者瓦伦丁·奥托（Valentin Otto）出现的时候，他对计算的热情重新燃起。雷蒂库斯是被他们显而易见的共同点打动：当年的雷蒂库斯作为一名热血的年轻研究者，曾与哥白尼一同工作并鼓励年迈的哥白尼出版他的《天体运行论》，而像雷蒂库斯一样，年轻的奥托成为雷蒂库斯出版那本把正弦和余弦值计算到小数点后十位的《三角学权威著作》（*Opus Palatinum de triangulis*）的促成者。

很显然，雷蒂库斯私人的《天体运行论》拷贝的命运是我整个哥白尼追踪中的谜团之一。即使他自己的工作拷贝现在已经无从查找，那他的一些学生也一定做过拷贝。雷蒂库斯在维滕堡大学担任院长和教授的时间虽然只有一个学期，但他有七个学生后来在维滕堡大学或其他路德教大学中担任数学教授。其中四人的哥白尼拷贝现在还在，对于第五本，我们也找到了他书中评注的证据。但这些拷贝中的评注没有显示出一种抄录自雷蒂库斯的标准模式的迹象。根据哥白尼的书编制一个星历表，就像雷蒂库斯在1550年所作的一样，这样的工作很不容易，因为一些基本的数字是散布在《天体运行论》的正文中的。标出这些数字似乎明显有助于教学，比如，在奥弗修斯学生们的那些拷贝上页边正好就有这类记录，但没有拷贝能证明雷蒂库斯也有这样的行为。

在我整个调查研究的几乎三十年中，情况一直如此。直到

1998 年，一本相当有趣的第二版拷贝意外地出现在伦敦。我在伊顿学院查看那里的两本第一版拷贝时，保罗·夸里（Paul Quarrie）就是那里的图书管理员，因此他很早就知道我的调查活动，后来他成为苏富比拍卖行的珍本图书专家。他提醒我对苏富比受托的一本拷贝多加留意。我检查了这本拷贝，发现它确实很有特点。在佩特赖乌斯完成了书的印刷后，他立即着手印了一份总共 400 来页的《天体运行论》前 280 页的勘误表。对于佩特赖乌斯为什么只印刷前一部分的勘误表，我想这样解释比较合理：当最后那部分书页印刷完毕的时候，对其中错误的更正还没有从哥白尼那里反馈过来，所以佩特赖乌斯就只印刷了他手中已有的那部分勘误表，仅此而已。后来，剩余部分的勘误表到手后，他也没有再付诸印刷。然而，维滕堡的一些知情者则有机会看到这些勘误。在对《普查》进行汇编的过程中，我发现有七本拷贝，是亲笔从头到尾更正的而不仅是只改了勘误表给出的前 280 页。苏富比的这本是第八本全书都做了勘误的拷贝。

保罗·夸里在拍品目录中对这本拷贝做了详细的描述。他提到了我曾在另外几本拷贝中所记录过的第 96 对开页上的一个独特的注释。这个相当有趣的旁注正好位于哥白尼提出宇宙的中心是太阳还是地球轨道的中心这个问题的旁边，对这里的正文，开普勒和梅斯特林一定做过特别的讨论。

我对拍卖中的这本拷贝垂涎三尺，但我没有足够的现金竞得它。一位对评注并不特别感兴趣的法国收藏家得到了这本拷贝，于是，不久以后，我就提出用我的第二版拷贝外加一笔现金与他进行交换。按照约定，我们在巴黎当费尔－罗什罗广场附近的一个普通的法国餐厅见了面，就书籍收藏谈得很开心，并且成功地进行了交换。带着满意的收获，我顺路去了附近的巴黎天文台，还把它展示

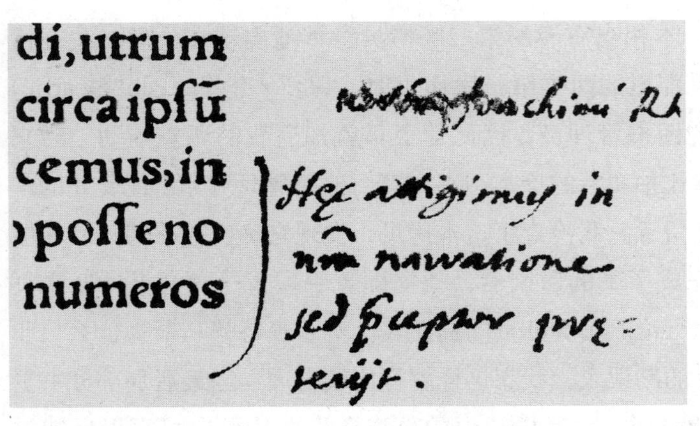

抄录自雷蒂库斯原始笔记的评注，可能是他的助手瓦伦丁·奥托所为，本书作者收藏

给我的同行阿兰·塞贡（Alain Segonds），他曾经为我的调查提供过很多帮助。然后，当我仔仔细细地查看第 96 对开页上的评注时，我惊呆了。

根据先前我对此拷贝的查看以及对苏富比拍卖目录上描述的浏览，我曾简单地认为这些评注与另外一些相关拷贝中的是相同的。我并没有注意到评注用的是第一人称，它是这样写的："在《初讲》中我们曾谈及这个问题，但我的老师把它略过了。"很显然，这个注释是来自雷蒂库斯的。尽管并不是雷蒂库斯的笔迹，但它肯定是一字不差地抄录自雷蒂库斯那本《天体运行论》拷贝。虽然我并没有发现雷蒂库斯自己的那本拷贝，但这里抄录着他一些稀疏的笔记和他的一长串更正，其中有一些更是另外那些有完整勘误表的拷贝中都没有的。第二版《天体运行论》的拷贝出版于 1566 年，数年后，瓦伦丁·奥托到了匈牙利跟随雷蒂库斯工作，所以我得到的这本拷贝很可能就是奥托在那个时候用的。唉，可惜的是，雷蒂库斯的评注，至少是那些抄录在我手中这本拷贝上的评注，几乎没有表现出任何出色的见地，至少是不如梅斯特林和开普勒的边注。雷蒂库斯对天文学的理解显然已经达到了一个很深的层次，但他似乎对深究技术细节失去了兴趣，有关他评注的抄录极为生动地显示了这一点。

当那位年轻的来访者到来的时候，雷蒂库斯是否又恢复了对日心说的兴趣呢？谁能猜出六十岁的约阿希姆向三十岁的瓦伦丁讲述了怎样一个四分之一世纪以前追随宇宙学大师的故事呢？我相信，在那些过去的日子里，雷蒂库斯与哥白尼一定讨论过天文学、医学以及在意大利的求学时光，甚至还可能包括占星学。

第十二章
行星运势

1973 年，在盛大的哥白尼诞辰五百周年纪念活动期间，一辆私人豪华轿车把两位杰出的学者从华沙接到哥白尼的出生地托伦，他们是资深的哥白尼研究者爱德华·罗森和欧洲的头号精密科学史学家威利·哈特纳（Willy Hartner）。这两位朋友话不投机，从轿车中出来时就无话可说了。哈特纳大胆地提出，哥白尼和雷蒂库斯很可能就占星学交换过意见。要知道，在《初讲》中，雷蒂库斯曾把一个章节取名为“人世的王国随着均轮的运转而变化”，又加上了“这个小圆事实上就是一个抓阄转轮”。当然，如果没有和导师谈论过，他是不会发表这些评论的。而对于罗森来说，有这样一个交谈的想法就应该受诅咒。对他而言，哥白尼就是现代科学家的典范，绝不会被“行星运势”这样的观念玷污。

当然，按照今天的编史学观点，罗森的观点绝对犯了时代上的错误。在哥白尼生活的时代，占星学的观念已经渗透到学术界。天文学课程就是要教会高年级学生怎样使用行星星表，以便他们能够在需要建立一个展现其庇护人出生时天空面貌的天宫图时，就可以计算出行星的位置。克拉科夫大学有两个天文学教授，一个在文学院，一个在医学院，后者专门教那些未来的医生们如何用天上群星做医学上的预测。哥白尼在博洛尼亚学习法律的时候，曾经与天文学家多梅尼科·玛丽亚·诺瓦拉（Domenico Maria Novara）过从甚密，后者就出版过占星学预测的年鉴，而哥白尼是不可能对此视而不见的。当他再次回到意大利并在帕多瓦学医的时候，他一定受到了更多占星学思想的影响。

在哥白尼生活时代的一个半世纪以前，杰弗里·乔叟（Geoffrey Chaucer）就曾用行星的布局来为他的《坎特伯雷故事集》（*Canterbury Tales*）和《特洛伊罗斯和克瑞西达》（*Troilus and Criseyde*）添加佐料，那些布局掌握着命运之结的关键，而如果说有什么不同的话，就是从那时候起，占星学的风气变得更浓厚了。即使在今天，我们的语言中也还残留着恒星和行星的痕迹：consider，disaster，ascendancy，jovial，martial，venereal，mercurial，saturnine，至于一周中每天的名字就更不用说了。[①]

哥白尼出生的时间是 1473 年 2 月 19 日下午 4 点 48 分，如果不是在慕尼黑的巴伐利亚州立图书馆发现的那份天宫图手稿中有所保存，那么我们可能根本无法得知这个信息。但是哥白尼母亲的产床边似乎不太可能会有一只时钟，所以时间当然也不会记录得如此精确。事实上，文艺复兴时期的占星学手册中指出，构建天宫图的第一步往往就是要倒推出庇护人出生的时间。通过检查九个月前的月相，再按时间往前推，可以精巧地推算出怀孕的时刻，在这种过程中，理论上是允许占星家构建缺失信息的。由于每一个天宫图的关键特征就是出生时刻正在升起的黄道十二宫的度数（所谓的命

---

① consider=cum sidera，即“把星辰算在内”；disaster 即“与星辰相悖的”（运气不佳的），等等。

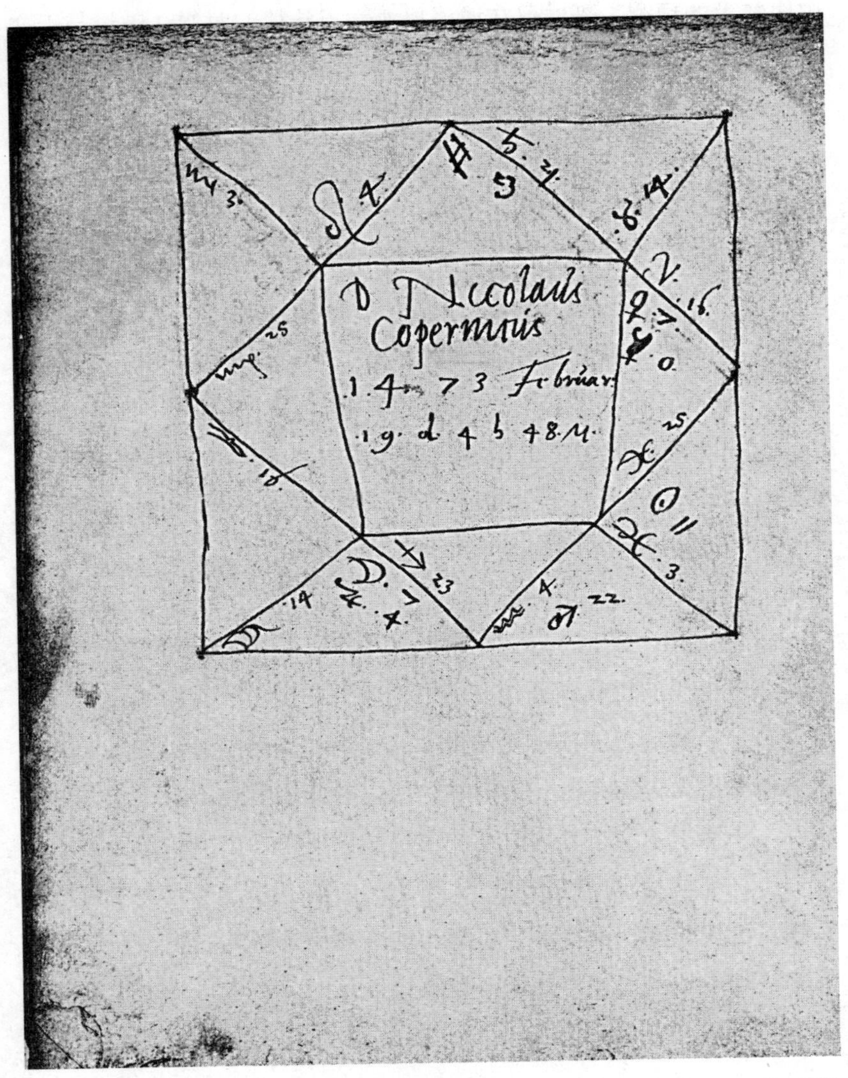

确定哥白尼生日的天宫图。慕尼黑的巴伐利亚州立图书馆，古代手稿，拉丁语类，27003 号，第 33 对开页左页

宫），并且这个变化平均每四分钟就会发生一次，所以就需要一个相当精确的出生时间。因此，哥白尼的出生时间就极可能只是通过推算得来的。[①]

所有能够见到的有关雷蒂库斯的传记信息都显示出他对于占星学的热情。奇怪的是，却没有找到一点证据表现出哥白尼对这个话题有什么兴趣，虽然他不可避免地也会学到有关占星术实践的标准法则。在当时的风气下，雷蒂库斯和哥白尼一定就这个话题做过探讨。哥白尼当然并不幼稚，他一定会意识到，占星家将会在他论文的读者中占有很大的比例。

与16世纪的现实能很好地合拍的是勒内·泰勒（René Taylor），他是波多黎各的庞塞艺术博物馆的馆长，在我开始对哥白尼的书进行追踪的前几年，他就曾拜访我并提出了一个不同寻常的要求，问我是否能够就马德里北边的埃斯科里亚尔宫（Escorial）的奠基事件草拟一个天宫图，这件事发生在1563年4月的圣乔治节上。我自然对他请求的原因感到好奇。原来，他得到了一份埃斯科里亚尔宫的建筑师胡安·德·赫雷拉（Juan de Herrera）的藏书清单。其中有少数是建筑学的，但大部分则是关于巫术、占星学和天文学的。泰勒认为赫雷拉很可能应用了占星术来选择时日，甚至奠基典礼的日子也是如此。因为我那时正利用空余时间计算出了从巴比伦时代至今的行星位置，所以我表示

① 在开普勒的手稿遗产中，有一系列草拟的天宫图，其中他为自己的出生与母亲的怀孕也做了草拟。一次在课堂上我把这两个天宫图并排放映时，一位坐在第二排的年轻女士举起手询问，为什么这两个事件的时间差只有七个半月。“哦，”我回答道，“开普勒把他父母成婚的那个晚上当成了母亲怀孕的时间。”不用说，这个解释在课堂上引起了骚动。

我可以很容易地帮助他验证他的假设。

答应的时候，我几乎没有意识到，每一位重要的文艺复兴时期的占星家似乎都有他们自己的把天空划分成所谓“天宫”的方法，并且对于历史研究而言，你不需要知道行星的真实位置，但你必须知道占星家所认为的行星所在的位置（这与事实往往是两回事）。为了泰勒的请求，我比我所预想的要投入得更多，但我最终拿出了一份可信的16世纪占星天宫图，并且我还帮泰勒找到了一个有着名副其实的13世纪头脑的真正占星家[①]来向泰勒解释这份图表，并使他相信，为了预示祥瑞，时间与日期都是按照占星学慎重选择的。

赫雷拉的藏书中有不止一本《天体运行论》的拷贝，他有两本。在我调查的开始，我就很想亲自去见识一下存放于埃斯科里亚尔宫的那两本拷贝。在1977年，我终于有机会去参观那座带有天文学壁画的壮观的图书馆了，那些壁画曾是泰勒研究的重点。在追寻那些哥白尼拷贝的过程中，我和米里亚姆曾经参观过一些装饰豪华的厅堂，如奥地利梅尔克修道院的图书馆、布拉格的斯特拉霍夫修道院图书馆和克莱门蒂努姆图书馆等。梵蒂冈教廷图书馆最初的阅览室也相当奢华，类似的还有维也纳的奥地利国家图书馆。但是，我们并不真正坐在这些华美的空间中来研究《天体运行论》，埃斯科里亚尔宫图书馆也是如此，那些富丽堂皇的大厅现在大多被当作艺术展厅。而与大厅相比，阅览室就逊色多了，但就我的全部体验来讲，要说阅览室的漂亮程度，剑桥圣三一学院的雷恩图书馆和牛津大学图书馆的汉弗莱公爵（Duke Humphrey）藏书室则是其中的佼佼者。

就算这样，当我们真正看到埃斯科里亚尔宫图书馆景象的时

① 这位专家是一位中世纪伊斯兰艺术的权威，他很好地与那个时代合拍。

候，还是禁不住感到特别愉悦。175 英尺长的拱廊为珍本图书和手稿的展示台以及一个宏伟的浑天仪的摆放提供了好好谋划的空间，大厅两边一字排开摆放着赫雷拉特别设计的黑檀木、雪松、橙木和胡桃木的书柜。那独特的壁画并不是埃斯科里亚尔宫唯一令人难忘的艺术品——宫殿的庇护人、保守的菲利普二世国王还在其他地方布置有埃尔·格雷柯（El Greco）色彩鲜明的绘画——但大厅中总体效果是最令人震撼的。拱形的壁画描绘了七门文科，开始的两处拱顶是语法和修辞，中间的三处拱顶是逻辑、算术和音乐，而几何与天文的拱顶则位于结尾处，正好在浑天仪的上方。天文学的拱顶中，一边是阿方索国王的画像，他曾赞助编修了一部《阿方索星表》，尽管它在 16 世纪中期被赖因霍尔德基于哥白尼学说所编的《普鲁士星表》取代。在与他相对的另一边是欧几里得，与那位卡斯蒂利亚的君主（阿方索国王）一样，他手中也拿着星象的符号，按照泰勒的说法，这与菲利普二世的天宫图有关。两者之间有另外一幅天文学壁画，画的是大法官狄奥尼修斯（Dionysius the Areopagite）正在观测耶稣受难时的日食。①

这个图书馆是世界上最大的中世纪手稿收藏地之一，仅次于梵蒂冈教廷图书馆。在简朴的阅览室里，我查看了图书馆的《天体运行论》拷贝。其第一版拷贝有着绿色的猪皮封皮，上有菲利普二世的盾形徽章，这是一枚有压痕但没有颜色的盲章。很显然，这位国王早先曾买下这本书，那是在 1545 年，他十八岁的时候。他没有在上面写什么，我们也就无从知晓他是否读过这本书。菲利普二世是一个令人敬畏的书籍收藏者，而这本拷贝只是他在 1576 年作为

---

① 当时应该并没有日食。耶稣在逾越节的次日被钉在十字架上，由于逾越节在阴历中是相对固定的，所以这个事件大约是在满月前后。而日食只发生在新月时。

埃斯科里亚尔宫图书馆的主廊，有七种文科的壁画

礼物送给埃斯科里亚尔宫图书馆的四千五百多本书中的一本。令我失望的是，我并没有在那里找到直接的证据，证明赫雷拉曾经是两本拷贝中某一本的拥有者。埃斯科里亚尔宫在 1671 年遭到了可怕的火灾，而如果赫雷拉的拷贝是第一版的，那么可能已经焚毁了。然而，在埃斯科里亚尔宫的收藏中，还有两本未有归属的第二版拷贝。如果赫雷拉拥有的两部都是第二版（完全有这种可能，因为大火之后，他也在收藏书籍），那么埃斯科里亚尔宫拷贝中的一本或两本都可能最初为他所有，并且还在大火中幸存下来。我们也许永远不会知道这位埃斯科里亚尔宫的建筑师是否真正读过哥白尼的著作，因为这些拷贝上根本就没有评注，而我也没有发现任何其他的拷贝与赫雷拉有什么联系。

在检查整个欧洲和北美洲的图书馆中那些拷贝评注时，我发现它们几乎都是用拉丁文写成的，而我也逐渐学会了区分不同民族的书写风格。但是不管出自哪个民族，都既有整洁清晰的手笔，也有一些凌乱或者怪异的手笔，后者读起来使人的心智和耐性都受到了极大考验。罗马的意大利国家图书馆中有一本拷贝扉页上的潦草题字与占星学有关，但当我和同事耶日·多布任斯基试图破译它的时候，困扰了我们很多天。那天凌晨，我还在床上迷迷糊糊的时候，那种解释方案忽然就来了。我有很多看起来很妙的见解都在这种半梦半醒的状态中出现，只是在黎明的曙光中又消解于无形，但此番这个难得的例外似乎经得起考验。多布任斯基这时候正好来找我，他对我解决了这个问题表示颇为怀疑，但很快又不得不感到佩服。我对这个成功非常高兴，因为我确实很少有机会可以在拉丁文的翻译上胜过他。这一段是这样写的："Vidit P.R^{d} Inquisitor inde Corrigatur si qua errant astronomiae judiciare die 2 apl 1597."（尊敬的宗教审判官对它做了检查，所以如果其中有任何神判占星学[①]的内容，它就会被修正。1597 年 4 月 2 日。）换句话说，这本书中没有占星学的内容，是符合要求的。罗森会为此感到非常高兴的。

有时一个评注用有隐含意义的手法来书写，那么它看起来几乎是不可能破解的。例如，位于圣彼得堡俄罗斯国立图书馆的一本拷

① 神判占星学（judicial astrology）一词主要使用于中世纪和文艺复兴初期，用以区分那些被教会认为是异端（干涉了由上帝决定的领域）的占星学，它包括择日占星学（electional astrology）、本命占星学（natal astrology）、世俗占星学（mundane astrology）、卜卦占星学（horary astrology）等。与之相对的则是自然占星学（natural astrology），这被教会认为是可以接受的，因为属于当时自然科学的一部分，它包括医药占星学（medical astrology）、气象占星学（meteorological astrology）等，但是随着科学的发展，后者的所谓科学依据也逐渐丧失，于是 judicial astrology 就逐渐等同于 astrology。——译者注

页上的注释就让我和多布任斯基迷惑了很长一段时间，下面是它的放大图：

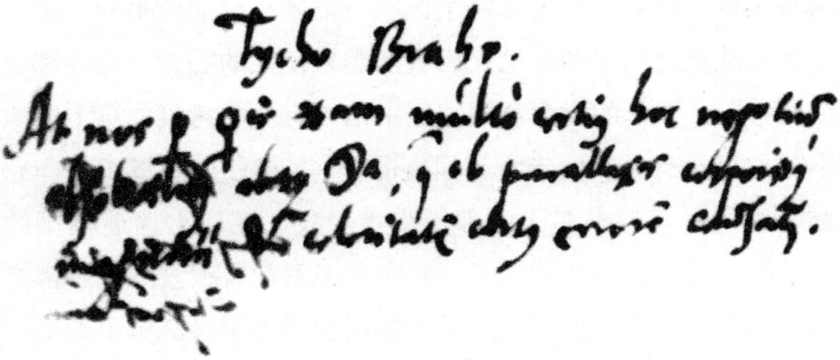

在第谷·布拉赫名字下面，我们认出了第一行字中第三个单词是在尾巴上画了一横的字母p，这在拉丁文中通常是“per”的缩写，但接下来我们又被难住了。最后，我把它拿给了埃马纽埃尔·普勒（Emmanuel Poulle），他是法国一位杰出的古文书学家，在我们的普查中曾经给予多方面的帮助。他拿到后，几乎马上就读了起来：“At nos per Veneris stellam multo certius hoc negotium observavimus alioquin Luna...”[①]这时，我觉得他好像是一个幼儿园的老师，而我们就是小朋友。因为在那些拷贝的笔记中，我们经常会碰到一些行星的符号，但这次我们完全没有认出那个代表金星的传统符号。这些符号就是一些简单的行星标记，用来表示希腊－罗马行星万神殿中每一个成员的显著特征：

① 这句话的意思是“但是我们曾通过金星比通过月球更为确定地观测到了这一事件……”这一段笔记指的是第谷比较太阳与恒星位置的方法。由于太阳与恒星不能同时被观察到，所以做起来并不容易。第谷则利用了金星在白天也可以被观察到的事实，通过在白天测量太阳与金星的距离而在夜晚观测金星与恒星的距离的方法，把太阳与恒星的位置联系了起来。在与笔记文字紧邻的原文里，哥白尼描述了如何通过月亮来达到同样的目的。但通过第谷的测量方法所得的结果更为精确。

☿ ♀ ♂ ♃ ♄

这是五个肉眼可见的行星的符号，按传统顺序的排列如上，最开始是众神的信使墨丘利（水星）拿着的平头蛇杖，上面有两条毒蛇彼此盘绕。然后是爱神兼美神维纳斯（金星）的镜子（第二个符号），战神玛尔斯（火星）的矛和盾（第三个符号），两者都显而易见。雷神朱庇特（木星）的符号是一个风格化的霹雳，而农神萨杜恩（土星）的符号是时光老人的长柄镰刀（最后一个符号）。

以今天的标准来看，在我调查的早期，也就是20世纪70年代，印刷方法的确是非常简陋的。当我得到新的拷贝细节和鉴定结果时，我的秘书就会把很多拷贝的条目打出来或是修改后重新打出来。尽管今天我已经几乎记不得旋转式打字机是什么样子了，但有一些年头中，它是计算机能够输出相对清晰字迹的首选设备。回想起来，自活字印刷术发明以来，世界上最丑陋的一些书就是那十年间问世的。

由于更多更快的计算机的出现，计算机排版日趋普遍。于是我想到，对于我的《普查》的排版，我不止需要行星的符号，还需要十二天宫的标记，因为那个时代的天文学家为了指明天文学经度，通常使用一个把黄道[①]等分为十二个30度区域的方法，比如♈14°。这里的白羊宫符号就是由公羊之角而得来的。为了让我的《普查》中能够有可以反映其历史根源的符号，我特别委托加利福

① 黄道（ecliptic）是指太阳路经黄道带（zodiac，黄道向两边各延伸约8度）的大圆。月球与其他行星的运行轨道相对于黄道略微倾斜，每条轨迹横穿黄道面并与之相交的完全相对（间隔180度）的两点被称为交点。只有当月球临近这样的交点并在穿过黄道面那一时刻（此时太阳也有一个白道交点），才可能出现日月食现象，由此单词日月食也被引申指黄道。

尼亚的印刷商克里斯·霍姆斯（Kris Holmes）在她的明星计算机字库中加入了这些字符，当然还有那些行星的符号。我把那些 16 世纪天文学星表中的图像发给她，下面就是我们达成共识的印刷样式。

♈ 白羊宫	♉ 金牛宫	♊ 双子宫	♋ 巨蟹宫
♌ 狮子宫	♍ 室女宫	♎ 天秤宫	♏ 天蝎宫
♐ 射手宫	♑ 摩羯宫	♒ 水瓶宫	♓ 双鱼宫

其中一些字符的意思非常明显：泛着涟漪的波浪是装满水的水瓶宫，天平代表天秤宫，箭代表射手宫。其他的要抽象一些，比如狮子宫的是浓密的狮子鬃毛，双线代表双子宫的双胞胎，还有金牛宫是公牛的犄角和牛面。（字母表很可能就是源自一套以金牛宫为首的晦涩的天文学符号系统，把金牛宫的符号转 90 度，就成了字母阿尔法。）最容易搞混的两个是天蝎宫和室女宫的符号，前者是蝎子尾巴上所带的尖锐的毒刺，后者是处女“玛利亚”（Maria）标准的中世纪缩写，大写的 M 带着一个交叉的尾巴，这样的速记法通常代表着后面还有其他字母。

就像这个“玛利亚”的缩写一样，早期的评注者常常在最近字母的上面、下面或者后面加一杠，或者在整个词的上方加一横，以标明那些省略了的字母。最常见的缩写就是在一个元音字母的上面画一杠，表示省略的 m 或 n。整个表示体系就是在此基础上发展起来的。比如，oā代表 omnia，而 rō 可以代表 ratione，在技术性的拉丁文中，这是一个多义词，可以是从“原因”到“原理”再到“观念”的任何意思。在与拉丁文手稿打交道的过程中，我很快就学会了区分代表 per 的ꝑ和代表 pro 的 ꝓ。而分清代表 qui 的ꝗ，代表 quae 的q̃和代表 quod 的 ꝙ 则要难得多。幸亏在我的《普查》中，这些词总是被完整地拼写出来的，所以我事实上并不真的需要一个像佩特赖乌斯用于《天体运行论》印刷的那样大的活字箱。[①]

在16—17世纪，对缩写词的应用通常取决于排字工人。当有必要把一些单词压缩在一行之内时，他们会在活字箱中选择更多的缩写词。而几行以后，有了恰当的空间，这个单词又会被完整地拼写出来。在伽利略的《星际使者》中发现的这类情形尤其有意思。在最后一页上，排字工人为了确保最后的内容不至于因为仅仅多出几行就再用一张纸，而星星点点地使用了很多缩写词。《天体运行论》中也有这样的情况。在第五卷的最后，排字工人使用了大大高于平均水平的缩写词。这样的情形也出现在折标为S的书帖中，是为了在四页表格之前刚好结束一章。这很可能是一个懂行的排字工人所做的，他使用 tꝑe 代表 tempore 或是用 qn̄代表 quando 等缩写，在有限的空间内完成了这一章的排版。

1974年，我在欧洲进行了两次艰难而具有冒险意味的猎书之旅，这使我的调查中又多添入了数十本《天体运行论》的拷贝。在牛津的赫特福德学院，我遇到了一个特别古怪的图书管理员，他怀疑我是个骗子，但是他还是给我看了赫特福德那部未评注的第二版拷贝。它曾经为托马斯·芬克（Thomas Finck）所有，芬克是17世纪的一位内科医生和数学家，正是他在三角学中引入了“正切”和“正割”这两个术语。那次4月份的旅行我最终要到达埃及，那里的天文学家们曾经得到了一笔哥白尼诞辰五百周年纪念活动的赞助，所以他们邀请我参加他们滞后了一年的活动，以便为会议增加一些国际性的色彩。而在那之前，我又去卡普里参加了一个会议，

① 不包括标点、数字、希腊字母、星宫标志以及行星符号等在内，这位纽伦堡印刷商除了用23个小写字母（拉丁文中没有j，v，w）和23个大写字母（拉丁文中没有J，U，W）以外，还运用了三十多种特殊符号以及连写字（ligature，例如æ）。

恰恰是这次行程导致了一个有关伽利略的相当意外的发现。

我知道卡普里是一个著名的旅游胜地，但让我吃惊的是那座岛竟然没有海滩。仅仅是到达那里的行程就像是一部惊险连续剧，这是比喻却毫不夸张。伦敦到罗马的飞机晚点了一个小时，我急忙追上一列高速列车奔赴那不勒斯，这列火车的预定到达时间比最后一班到岛上的渡船开走的时间要晚五分钟。我在大脑中紧张地想象着怎样花大价钱雇一条渔船带我去岛上，几乎没考虑对于小船来说那会是多么远的距离。但幸运的是，信息有误；更加幸运的是，我从正确的火车站下了车，而它紧挨着渡船总站，正好让我赶上了真正的最后一班渡船。黄昏的时候我到达了那个小说[①]中的海岛，坐缆车登上了高耸的峭壁，很快就处于一些研究文艺复兴时期科学史的主流历史学家的陪伴之下。

在会议中，我的角色就是对佛罗伦萨天文台台长古列尔莫·里吉尼（Guglielmo Righini）提交的一篇论文做出评论。里吉尼仔细检查了伽利略有关月亮的早期绘图，试图确定它们的绘制时间。1609 年，伽利略学会了使用一种在欧洲一些大城市出售的荷兰小望远镜（spyglass），然后把这样一个消遣用的东西有效地改造成一件科学仪器，并用它观察到了月球上的环形山。在 1610 年 3 月出版的《星际使者》中，他宣布了自己的发现，所以他做这些观测记录的可能日期就有了比较明确的范围。非常奇怪的是，并没有人曾经尝试为伽利略现存的两页观测记录确定出具体的日期，这或许是因为在里吉尼之前大家都认为这样的范围还不够准确。因此我指出，在出版的《星际使者》中，图像有一些严重的问题，与最初的

① 指瑞典医生、精神病学家和作家蒙特（Axel Martin Fredrik Munthe）的畅销书《圣米凯莱的故事》（*The Story of San Michele*），岛上有蒙特昔日的住处圣米凯莱别墅。——译者注

淡墨绘制图有极为关键的不同之处，因此里吉尼确定的日期并不一定是唯一可能的。

尽管里吉尼的分析还有缺陷，但其论文对于最终确定伽利略月球观测的准确时间，进而对其突然产生的天文学发现进行准确的编年，都起到抛砖引玉的作用。毫无疑问，伽利略在准备做记录之前就发现了月球上的环形山，当决定自己的发现是值得出版之后，他随即准备了墨水、画笔和专门的画纸，在 1609 年 11 月 30 日的晚上对坑坑洼洼的月球表面做了两幅仔细的描绘。然后，在整个 12 月期间，他又四度在画纸上添加过图像，总共画了六幅。然而，1610 年 1 月 7 日的那个星期，他对木星而不是月球所做的另外一系列观测，却使他的出版计划突然出现了新变故。在发现了围绕木星旋转的四颗卫星后，他非常激动但又害怕被别人抢先发布了消息，于是就匆匆出版了他的观察记录。从他开始向维也纳印刷商提供第一部分的手稿算起，仅仅六个星期，他的《星际使者》就开始印刷了，这样快的运转速度即使在今天也是非同寻常的。

在 1597 年写给开普勒的一封信中，伽利略曾私下承认，他已经接受了哥白尼的宇宙论。然而，在此后十几年里，伽利略都从未对他这个激进的信念有任何公开的表示。但一切都随着 1610 年《星际使者》的出版而发生了改变。一些批评家对地球可移动的思想表示抵触，责问一个围绕着太阳运动的地球怎么还能拖着月亮？伽利略向他们指出，每个人都认可木星是运动的，但它可以带着其卫星在天空中穿行，对于反对者来说，这是一个哥白尼学说的有力辩护。由此，伽利略更加公开了他对哥白尼体系的捍卫，很显然，他用望远镜所揭示的那些令人惊奇的新事物激发了他的这种做法。

伽利略写作《星际使者》还有第二个想法：他希望放弃他在帕多瓦的教授职位，而成为佛罗伦萨的美第奇大公的私人数学家和哲学家，为了这个目的，他把这本书印上了“献给美第奇大公”并将发现的木星卫星命名为“美第奇群星”。他的这个计划获得了成功，佛罗伦萨成为了他的家，他在那里度过了自己的余生。

1974年7月，我又去了意大利，在佛罗伦萨，我发现了伽利略得到美第奇宫廷那份工作的“秘密武器”。在卡普里会议期间，我并没有真正看到伽利略那些用稀释墨水所绘的月球图的原件。因为在19、20世纪之交出版的总共二十卷的所谓国家版《伽利略作品与书信集》中，就有精心复制的这两页月球图，这使得我在为了对里吉尼的论文进行评论而做准备时用起来非常方便。但是，在好奇心的驱使下，我还是利用到佛罗伦萨访问的机会不仅检查了国立图书馆保存的伽利略稀疏评注的《天体运行论》拷贝，还检查了他的天文学手稿。我一直认为，伽利略并不是那种能够把《天体运行论》从头读到尾的天文学家。甚至在我和杰里·拉维茨屈指细数《天体运行论》为数不多的几个早期读者的那晚，我们都不愿意把伽利略算在其中。与赖因霍尔德、梅斯特林或是开普勒不同，伽利略对天空结构的细节并不感兴趣。直到我看到佛罗伦萨的那本拷贝，对于它是否属于伽利略，我还是持怀疑态度，因为其中除了1620年宗教裁判所的那些审查外，几乎就没有什么评注。后来，当我对伽利略的笔迹比较熟悉了，我的怀疑才消除，我想那真的是伽利略的拷贝。

从另一个角度看，伽利略的手稿则被证明相当有魅力。因为让我吃惊的是，“国家版”中所收录的那两页月球图复制得并不完整。在第二页上有一个单独的月球绘图，现在认为它是1610年1月19日的图，但是在下面原本还有一个占星学的天宫图与它共享一页，但被略去了没有出版。无疑，如此醒目地承认伽利略会画这样的天宫图，对于被当作第一个真正的现代科学家的伽利略，其英雄身份

伽利略用稀释墨水所画的1610年1月19日的月球图以及他为美第奇大公所画的未完成的天宫图，这张纸的背面是一幅画好的天宫图

会大打折扣。

里吉尼的妻子玛丽亚·路易莎·博内利－里吉尼（Maria Luisa Bonelli-Righini）是佛罗伦萨科学史博物馆的馆长，我向她寻求帮助，希望得到那两张天宫图（因为在那张纸的背面还有一幅天宫图）的彩色幻灯片。我及时地拿到了那些幻灯片，正好在我的卡普里会议的报告上加上后记。我在其中指出，从所包含的行星位置推算，其中一个应该是1590年5月2日的天宫图。后来，我非常懊悔没有继续进行下一步。里吉尼受到我幻灯片所需要的天宫图的警醒，马上意识到这个日子正是美第奇大公的生日，而伽利略为他所期望的庇护人制作了一个生日的天宫图。事实上，在《星际使者》的献词中，伽利略在详述天宫图中木星的位置时，极尽恭维之词：

> 是朱庇特[①]，我是说，在陛下出生的时刻——他已经越过地平线的迷雾，占据中天，从他高贵的天宫照亮了东方的角落[②]——从那崇高的王座，俯瞰您极其幸运的诞生，在最纯净的天空中倾洒他所有的荣光与伟大，于是在第一次呼吸中，您那已经亲炙了上帝尊贵气息的柔弱的微躯与灵魂，就得以汲取宇宙间的权力与威严。

---

① 木星是太阳系中最大的行星，它被命名为朱庇特（Jupiter），这是罗马神话中统治诸神、主宰一切的主神，也是古罗马的保护神，所以他在这里才有最为高贵的能力。——译者注

② 在天宫图中有两个最重要的区域，或者说宫，一个是命宫（黄道圈中将要从东方地平线升起的部分），在这里被称为“东方的角落”，一个是中天（黄道圈中将要穿行子午线的部分）。在美第奇大公的天宫图中，木星（朱庇特）在中天的位置，而射手宫，即所谓朱庇特的日间守护宫（每个黄道星宫都有日月行星之一作为守护神，当行星入位时影响更大，射手宫的日间守护神就是朱庇特——译者注），则在命宫的位置。

在伽利略的作品中，占星学再没有担任过公开的角色。这与开普勒不同，后者的作品中有一本小册子名为《占星学的可靠基础》(*The Sure Fundamentals of Astrology*)，在扉页上开普勒有一篇辩词，他极力主张批评家们不要把婴儿连同洗澡水一起丢掉，并说他正在传统占星学的糟粕中努力寻找一些精华。不管怎样，占星学是那个时代风气的一部分，但令人吃惊的是，在《天体运行论》中没有一点占星学的线索。同样，在哥白尼留下的其他东西中也没有任何对占星学表现出兴趣的迹象。

第十三章

“老于世故的”拷贝

在认识亚历山大·波高（Alexander Pogo）很久之前，我就对他那非同寻常的经历早有耳闻。他在1893年出生于圣彼得堡，1911年开始到列日学习工程学。第一次世界大战期间德国入侵比利时，他成为一名战俘。战争结束后，他完成学业，但并没有回到那时已经成为“苏联”的故乡，而是去了雅典，在那里他得到了一份工作，是测量雅典卫城帕特农神殿的圆柱倒下所形成的一段段石鼓，以便为重新建造做准备。后来，他又移民到美国，在芝加哥大学获得了天文学博士学位。此时，他已经可以流利地讲八种语言，深厚的学识和语言天分使他成为公认的现代科学史之父乔治·萨顿（George Sarton）的一名助手。

尽管萨顿的办公室位于哈佛的怀特纳图书馆，但他与波高的薪金都是由华盛顿的卡内基研究所提供，而不是由哈佛提供。在哈佛，认识波高的人都记得他经常抱怨一些事情，比如特奥多尔·冯·奥波拉泽（Theodor von Oppolazer）在19世纪80年代编辑的《日月食宝典》（*Canon of Eclipses*）中忽略了通常称为半影月食的现象，即月亮只是掠过地球的半影区所发生的月食现象。

当萨顿快要退休的时候，要对波高负责的卡内基研究所决定让他到研究所在加利福尼亚州所资助的威尔逊与帕洛马山天文台作图书管理员，以便继续发挥他的能力。于是，波高在1950年从坎布里奇调动到了帕萨迪纳，这刚好使他错过了著名的“我要波高”骚乱。在等待漫画家沃尔特·凯利（Walt Kelly）出现的时候，有点过于放纵无序的哈佛学生们同当地警察发生冲突，凯利那时正在他的连环漫画《波高》（*Pogo*）中嘲讽1952年的美国总统大选，所以很受追捧。

亚历山大·波高不但在天文台的图书馆担当重任，事实上，他还是加州理工学院的珍本书管理员。院长欧内斯特·沃森（Earnest Watson）为他的学院建立了珍本书的收藏，1972年在我去那里寻找《天体运行论》拷贝的时候，波高带我去参观了那个收藏。他有点自豪地向我讲述，加州理工学院的第一版拷贝，并不是最初从伦敦帕尔摩街的道森珍本图书公司得到的那一本，而是换过一次。那本书来的时候，他仔细进行了检查，并捕捉到一个错页，一张第二版中的书页被混插在这本第一版当中了。这种替换是可能的，因为1566年的第二版实际上是根据第一版逐页重印的。即在1543年和1566年的版本中，每个书帖甚至书页都结束于完全相同的单词。最容易辨别的事实是，在两个版本中，每一章开始的大号首写字母是不同的；当然还有一些其他的差异，比如，第一版中用小写字母为图表做标注，而第二版则总是用大写。然而，两版间实在是有太多的相似，以至于不仔细检查很难注意到其中的不同。也正因为如此，波高完全有权利为他敏锐的观察而感到骄傲。这本拷贝被送回道森公司，又被及时地送来另一本作为替换。然而，正如事后所证实的那样，故事并没有到此为止。

能够说明珍本图书动向的重要资源是专业书商的目录，而我有幸得到了19世纪30—60年代的一份颇为丰富的目录收藏。这些目录曾经为克拉里斯·多丽丝·赫尔曼（Clarisse Doris Hellman）所有，她是一个专攻第谷·布拉赫的科学史学家，也是一位收藏不多却非常专业的收藏家。在她的几百份目录当中，有几乎一整套的来自厄恩斯特·魏尔（Ernst Weil）博士的目录，我虽然没有见过魏尔，但他很可能是第一个致力于早期科学书籍的独立书商。克劳福德伯爵在19世纪建立了重要的天文学收藏，像他这样的收藏者，主要是依靠那些知识渊博的书商来获取宝贵的珍藏。克劳福德伯爵最重要的后盾就是伦敦的夸里奇书店，它涉及所有领域的珍本书交易。当有更多人从事珍本科学图书的收藏时，专门的书商才有机可乘，而魏尔抓住了这个机会。

最初，魏尔与慕尼黑的一家老商号陶伯（Täuber）公司合作，但在1933年，作为从纳粹暴政下逃出的难民之一，他移居到英格兰。在那里，他成为著名的戈德史密斯（E. P. Goldschmidt）公司的一名主管。他最早推出的目录《科学经典》（*Classics of Science*）提供了一本伽利略《对话》的拷贝（1632），并夸称"第一版已非常罕见"，但其实《对话》是伟大天文学经典中最不值钱的书。还提供了开普勒的比《对话》更为罕见的《新天文学》（1609）以及"哥白尼最早出版的书"《三角形的边与角》（1542），最后又是一个错误，因为早在1509年，哥白尼就出版过一本今天几乎无法得到的翻译作品，它是拜占庭书信作家西莫卡塔的说教式书信集[①]。

十年后，魏尔开始自立门户，他于1943年出版了自己名下的第一本目录，上面记录了：花上10英镑，你就可以买到一本有牛顿亲笔签名的手稿，而花4英镑10先令你就可以拥有女天文学家

① 这一作品毫无文采，甚至算不上是真正合格的译文，这本出版物只不过是哥白尼学习希腊文的一种方式。

玛丽亚·库尼蒂亚（Maria Cunitia）的那本天文学星表（1650），而这本书我最近看到的标价是1.3万美元。在第4本和第6本目录中，他列出了一本第二版的《天体运行论》，根据其中提供的信息，我刚好可以确定它就是现在加利福尼亚州一个私人收藏中的那本拷贝。第22本目录中有一本第一版的《天体运行论》，它包括了没有详说的线索："上有一枚某知名图书馆的重复收藏印章。"这很可能就是哈佛的霍顿图书馆让出的那本重复收藏品。1976年，我在参观匹兹堡退休的广告大亨亨利·波斯纳（Henry Posner）的私人收藏时发现了那本拷贝。[①]他的收藏现存于卡内基－梅隆大学。

当我看到魏尔的第19本目录中的一条评论时，我的脉搏都加快了：他建议做一项有关哥白尼《天体运行论》的普查！他写道："我希望有一天，我为之收集资料多年的普查能够被出版出来。"虽然他的调查一直未能刊印，但很显然，他对这个主题很感兴趣，因为作为先驱和主要的珍本科学图书交易商，他曾经手买卖相当多的第一版拷贝。在我开始对《天体运行论》展开调查工作时，魏尔已经不在世了，但当我得到他的第19本目录时，我的好奇心一下就被激起来了。他真的着手过一次普查吗？或许他的成果就藏于其文书资料中的某处？

没用多少时间我就发现，魏尔的那些笔记被曾经在苏富比拍卖行图书部工作一段时间的费森伯格（H. A. Feisenberger）博士得到；对我的研究来说，最重要的是其中的一本工作笔记，魏尔曾在

① 波斯纳告诉我，在许多年前有人曾经让他看过一个新奇的小氖灯，"它发出的光芒令人目眩"。当他问那人此灯的用途的时候，被告知，这种灯通常被用于检测汽车的电火花线圈是否正常。而波斯纳却聪明地想到把氖灯用在广告牌上。他还谈到，由于早些时候电极是用重金属铂做的，所以在匹兹堡至今还存有一些最古老的霓虹灯招牌。结果他因此发了大财，得以建立一个令人羡慕的珍本书收藏。

上面标明了一些十分著名的科学图书在市场的流通踪迹。魏尔对大约30本第一版哥白尼拷贝的出售情况做了笔记，其中往往夹有一些内幕信息，这个数量虽然还算不上一个严谨的普查，但它仍然让人产生了强烈的兴趣。并且从中可以看出，尽管加州理工学院的那本《天体运行论》拷贝来自道森公司，但很显然，魏尔才是其真正的来源。

魏尔的笔记简洁但非常富有启发。由于我曾经对拍卖行的记录下过些功夫，所以他所列出的那些拷贝我大多已经有所了解，但是还有一些谜团我无法解开。1950年，佳士得拍卖行曾拍过赫恩·考特（Hurn Court）的藏书，其中有一本缺失了第97对开页的第一版拷贝，但是在我的调查中，并没有符合这种描述的拷贝出现。还有，魏尔的第19本目录中也提出了一个“阿瑟·埃伦·芬奇（Arthur Ellen Finch）拷贝”，但我同样没有发现与其出处相符的书。

魏尔的工作笔记真是让人大开眼界，我在其中找到了这样的记载：“1951年和舍勒买了芬奇拷贝，最后一页是仿制的，利用缺了一页的萨森－佳士得拷贝使这本芬奇拷贝变得完整。第19本目录，现存加州理工学院（沃森告知，1954年8月）。”显然，魏尔与一位重要的巴黎书商吕西安·舍勒（Lucien Scheler）联手在1950年佳士得拍卖行的拍卖中，购得了一本缺了一页的拷贝，并且一年后，他和舍勒还私下购买了所谓的芬奇拷贝。后来的事情就很清楚了：魏尔用并不完美的萨森－佳士得拷贝补全了那本缺失了真正的最后一页的“芬奇拷贝”。然而，他并没有认识到“芬奇拷贝”还有另一个瑕疵：其中一页是来自第二版拷贝中的。帕尔摩街的道森公司从魏尔那里买了“芬奇拷贝”，海运到加州理工学院。而当波高敏锐地查出其瑕疵之处的时候，书又回来了。道森公司把书退给了魏尔，而他很快就拆移了必要的对开页，修整好另外一本拷贝来代替。

魏尔在稍后笔记中又写道："1954年8月9日，用英国17世纪的小牛皮缝制萨森－佳士得拷贝（现存加州理工学院，1955年8月）。"在书商和收藏者中有一个由来已久的传统，就是要"使一本拷贝完整"。这个过程，比如重新装订一本旧书，可能是一个导致历史信息缺失的文献学上的悲剧，但有时也可能是一个明智之举。不管怎么说，用残本修整善本是司空见惯的事情。

甚至我也曾经做过一对我偶遇的残缺书籍的媒人。在费城的艾伦公司，楼上一个珍本书的角落里藏有一本相当糟糕的拷贝，是第谷·布拉赫1602年的一本关于仪器的书，缺少了六页，装订还用没有品位的现代图书馆用硬布装。缺页的地方是一些20世纪20年代后期用双倍重相纸所洗的照片，这种装订相当不协调，但我还是在心里暗暗记下了这个信息。几个月后，纽约书商布鲁斯·拉默（Bruce Ramer）向我哭诉，他刚刚在德国的一个拍卖会上购得了一本不看现货的拷贝（后来证实正是同一本书的另一本悲惨的拷贝），却发现纸张呈深深的褐色，扉页也破烂不堪。我对他说："量量那本书的页面尺寸，或许我可以买下。"

结果，拉默那本残破拷贝中品相最好的几页正好是艾伦公司的拷贝中所缺的，于是我把两本拷贝都买了下来，并且在福格艺术博物馆（Fogg Art Museum）的纸张保护实验室中对其深褐色的书页进行了清洗并稍加漂白，然后把两本书合成一本完整的拷贝。着手这项工作的同时，我曾向一个英国装订商询问他那里是否有闲置的17世纪的封皮板。幸运的是，他刚好有一对尺寸匹配的小牛皮旧封皮。我的这本《新天文学仪器》（*Astronomiae instauratae mechanica*）当然不可能与一本原版的未经过改换的拷贝有相同的市价，但是要知道，它的成本只是一本原版拷贝的零头。

我现在拥有的拷贝被委婉地称为“学者的”拷贝，而行里的称呼则是“老于世故的”（sophisticated）拷贝。这与该单词今天的主要含义（优雅的、礼貌的、有教养的）相比，乍看起来似乎颇为矛盾。然而，如果你查询《牛津英语词典》，你就会发现这个词的本义是“从原始的朴素而改变；不坦白、不诚实或者不直率的”。事实上，就是这本拷贝化了妆以掩饰其缺点，正是老于世故的。

有了魏尔工作笔记中那些内幕消息做后盾，1976年，我写信给亚历山大·波高，要求他检查加州理工学院那本拷贝的第97对开页。他起初有些恼火，回复说那本“老于世故的”拷贝已经被更换过了。但在我的一再督促下，他还是做了一次仔细的检查，结果回复了一份令人沮丧的分析：被替换的书页上有咖啡的污迹。

换句话说，（我想可能是）替换的书页曾经被仔细地上过色，以与书中其他书页的浅褐色调子相符合。事实上，我一直都没有真正理解波高的话的含义，直到一些年后，我有机会再次回到加州理工学院。那时候，那里设立一个专门的珍本书阅览室，其中有波高捐赠的一些很好的有关牛顿的藏品。由于疏忽，我忘记了被替换的对开页数，所以找起来十分困难。当我最终找到时，令我感到非常吃惊，为了使新加入的书页看起来与原书浑然一体，波高在前后若干页上都染了色。

所有的这些都留给我一个谜团，那本最初被送到加利福尼亚，而经过波高的检查后又被遣返的“芬奇拷贝”后来的遭遇如何呢？难道它被送到了作为半个拥有者的舍勒那里吗？

最终，在1982年，一本拷贝在巴黎的舍勒公司浮出水面，那时这家公司已经由伯纳德·克拉夫勒伊（Bernard Clavreuil）来管理。他告诉我：“哦，这本拷贝已经来到这里大约三十年了。”但它究竟遭受了怎样的经历我仍然不太清楚。显然，克拉夫勒伊买了另一本有瑕疵的拷贝，并且很可能现在被替换的书页要更多。在一次拜访书店时，克拉夫勒伊递给了我这本“老于世故的”拷贝，我自然非常仔细地查看了这本拷贝，然后指出，其中显然包含了一定数量的仿制书页。“你是怎么知道的？”克拉夫勒伊好奇地问。

我曾经注意到，这本书按照宗教裁判所的指示进行过审查，这就意味着在八张不同的书页上都有修正。而在克拉夫勒伊的拷贝中，并不是所有应该根据审查修正的地方都有修正的痕迹。缺少审查标记的那几页显然是被替换了。

我说道：“哦，这是一本按照罗马宗教裁判所的标准指示进行过审查的拷贝。但在那些仿制的书页上缺少了审查的痕迹。”这是事实，但我最主要的还是要借此让他知道，伪造品终究会留下各种线索而暴露自身。其实，我真正的探察手段来自水印。

在16世纪制造纸张的时候，布纤维被用精细的造纸网从纸浆中捞出，而网上每隔几厘米远都有一根稍粗一些的加固线。这些线就在纸上的相应位置形成了稍薄一些的有特点的图案，这就是水印，在这种只有加固线的情况下，水印也可以具体地指链线。事实上，真正的水印常常比简单的链线要精细得多。造纸者通常会在造纸网结构中加入额外的线形标志，由此就可以在纸张上形成一个识别标志。在哥白尼的《天体运行论》中，每张纸上都含有一个字母“P”。[①]

佩特赖乌斯把书印在长40厘米、宽28厘米的纸张上，就是我们所说的壶纸（pot paper）的标准尺寸。这种纸的长宽比例是

① 把这个“P”想象成是代表印刷商佩特赖乌斯的名字是十分讨巧的，但这个水印太过普通，所以专家们宁可相信它只不过是表示“Papier”——德语或是法语单词的“纸”。

造纸工人用造纸网提出一薄层纸浆，网上的加固线将形成纸张的水印。木版画，约斯特・阿曼（Jost Amman），1568 年

$\sqrt{2}$: 1，就是说每次纸张沿中线对折后，折出的每页纸仍然保持同样的长宽比例，就像现在欧洲通常用的标准 A 型纸张。佩特赖乌斯在一张纸的一面先并排印两页，然后在反面再印两页。这样折叠起来就成为两个成对的书页。对《天体运行论》的专业文献学描述是“双叠对开本”，就是说，用两张分立的折叠纸张，一张夹在另一张里面，就形成共四张书页或八个页面的书帖。每个书帖被给出一个字母，其中的每一张书页又有连续的数字标记，于是每个书帖中的书页就被确定了，比如，C1，C2，C3 和 C4。C1 与 C4 在一面，C2 与 C3 在一面。每一张纸上的水印 P 只出现一次，所以成对的书页中只有一个书页上会显示出这个标志，C1 或 C4 中的一个书页会有，C2 或 C3 中的一个书页也会有。

在克拉夫勒伊的拷贝中，纸张链线的间隔大小是符合原书的，但完全缺少了水印 P，这是仿制书页的明显漏洞。我应该事先说明的是，克拉夫勒伊并没有刻意隐瞒那本书的问题；而他的价格也显约斯特·阿曼所作木版画中的书籍装订者。出自汉斯·萨克斯（Hans Sachs）的《职业手册》（*Eygentliche Beschreibung aller Stande*，法兰克福，1568）

然是一个“老于世故的”拷贝的价格。不久以后，这本书就卖给了一位不愿透露姓名的买家，所以我对于它现在的拥有者关于这本减了价但仍旧昂贵的第一版拷贝的“老于世故的”本质有着怎样的认识就无从知晓了。

“老于世故”可以有很多种形式，也并非都容易察觉。对杰克·蔡特林的那次拜访就令我记忆犹新。蔡特林是一位著名的洛杉矶书商，他的专营领域就包括早期科学书籍。记得他塞给我一本打开的书（不是哥白尼那本），用挑战的语气问我：“哪一面是仿真品？”

我首先检查了水印。把书页对着灯光，我仔细地查看了那本书的链线，但两边的线条都正好相符。仿制品使用了正确种类的旧纸。

接下来，我细致地检查了铅字的咬纸情况，也就是每个字母压制纸张的方式，仍然真假难辨。无奈中，我只能根据压痕的细微差异而做出一个最可能的猜测。杰克笑了笑，然后翻到了他封面里的衬页，他在那里记录了那些被替换过的书页，我猜对了。但问题在于，他是用铅笔记下了那些信息，却没有任何方法可以保证后来的拥有者也能如此谨慎小心、明察秋毫。不管怎么说，这次经历给我上了一课，让我了解到那些仿制品可以制作得多么巧妙。

另一个巧妙的“老于世故的”拷贝是史密森学会下属的国立美国历史博物馆迪布纳图书馆的《天体运行论》拷贝。在书体的页边处有一处不显眼的蛀洞贯穿了书的一部分，而奇怪的是这个洞在勘误表页停止了，而这之后又再次出现。显然，勘误表页来自其他地方。大约只有30%的拷贝包含有勘误表，那是在正规印刷结束之后就马上加印的，而大多数拷贝显然没有包含这样一张纸。理想主义的收藏者当然更愿意看到那张难得的勘误页的出现。由于佩特赖乌斯印刷勘误表时没有特别地选择纸张，所以纸张本身并不能保证勘误表页的真实性。我猜想迪布纳图书馆拷贝中的勘误表页是真的，只不过是从其他拷贝中撤出来的，但这也很难说。

有时被拍卖的书，其缺陷是被明确注明的，而当它被再次出售时却变得完好无损。1979年，一本被明确指出“有缺陷的”第二版拷贝在阿姆斯特丹著名的范根特拍卖行被拍卖，买主是巴黎的托马斯－舍勒图书馆。可后来，它出现在日内瓦一个书商的目录中时，却没有提及任何瑕疵。我问伯纳德·克拉夫勒伊这是怎么回事，他却不害臊地回答说，他让人仿制了其中两张书页，为了展示其完美，他还让我看了影印件。他又补充说，被修复的拷贝进入了P. Z.的收藏，可他并不告诉我谁是P. Z.。于是就有了另一个让我感兴趣的谜。

P. Z.是谁呢？在巴黎做了一些调查以后，我有了自己的猜测，但差不多有十年之久不能确定。

后来，在1995年的时候，我接到了纽约一位著名书商的电话，

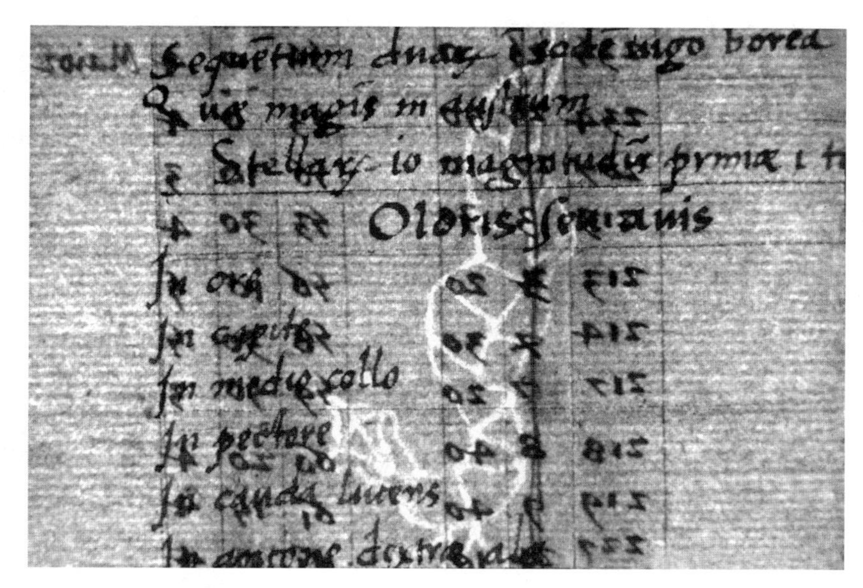

克拉科夫的雅盖隆大学图书馆中哥白尼手稿上的水印。由于查尔斯 • 埃姆斯在拍摄时使用了背光照射，所以书页反面的镜像就叠加在手稿的正面

他说："我们刚刚在巴黎的一个拍卖行买了一本第二版拷贝，我有一个问题是有关带有印刷者的铁砧标志的最后一页的，它看起来有点不对头，有些模糊，好像是伪造的。"

于是我向他询问了拍卖的相关情况，因为对我来说要了解德鲁奥（Drouot）拍卖行的情况是很困难的，因为它并不像苏富比或是佳士得拍卖行那样有统一的标准，而更像是一个商家聚结的伞性联合组织。他告诉我拍卖的是菲利普·佐梅洛夫（Phillipe Zoumeroff）的收藏。

"真是踏破铁鞋无觅处，得来全不费工夫！" Phillipe Zoumeroff 不就是 P. Z. 吗？于是，我向他告知了那个坏信息："你注意到有两页是仿制品吗？"

电话那边的他吃了一惊。沉默了一会儿，他问道："你怎么知道？”

“哦，因为伯纳德·克拉夫勒伊给我看过那些仿制品的影印件。”

我的这个信息使这次买卖黄了。书被退了回去，而德鲁奥拍卖行后来又把这本拷贝再次出售，虽然这次注明了这些页是后加上的，但没有说明它们实际上是仿制品。有必要说明的是，最终我得到了这个拷贝，并把两张仿制书页拿出来，换上了从我自己的残缺本中取得的真品。至于那个底页，我敢保证它是真的，只不过那个版本中大多数拷贝的印刷者标志都印刷得非常模糊。1999 年，我把这个拷贝送到了德国的赖斯拍卖行，售得 26000 德国马克，外加 15% 的佣金。最终，我在我的《普查》中完整地记载了这个拷贝的历史，它一波三折的过去不再是秘密。

我在一个最意想不到的地方发现了“老于世故的”拷贝最为疯狂的例子，如果还能这样称呼它的话。在 1976 年，在我研究一套列出了在伦敦交易的珍本书的年鉴《流通书价》（*Book-Prices Current*）时，一条线索最终把我引向了维多利亚－阿尔伯特博物馆的一本拷贝。在一本早期的年鉴中，我发现有一处提及了苏富比拍卖行在 1897 年 11 月 11 日的拍卖中所提供的一本第一版《天体运行论》拷贝，这场拍卖的标题是“一位业余爱好者所成就的图书收藏”。这本拷贝被形容为一本有着来自于 16 世纪法国著名收藏家让·格罗利耶（Jean Grolier）的豪华封面压印的装订。当我看到这个记载的时候，精神为之一振，因为那时我还没有见到过任何一本格罗利耶装订的拷贝。然而，拍卖的描述接下来说：“注意：这本收藏中的书，其装订比图书本身的罕见程度更为引人注意。尽管装订是现代做的，却符合历史。事实上，它们是非常高质量的现代仿制品。”换句话说，它们是赝品。

格罗利耶的图书收藏是如此有名，以至于纽约市的图书收藏者们还以他的名字成立了一个俱乐部，格罗利耶俱乐部是一个规模很大的机构，它甚至拥有自己的图书管理员。我猜想这个俱乐部一定了解所有已知的格罗利耶装订品的踪迹，于是就向他们进行询问。我得到的答复是，他们可以告诉我：假如那本哥白尼拷贝的格罗利耶装订是真的，他们就知道它的踪迹；假如是假的，我应该去问霍华德·尼克松（Howard Nixon），他以前曾是大英博物馆珍本书的管理员。

我至今仍珍藏着尼克松的回复，那时他已经是威斯敏斯特修道院的图书管理员了。他答复道："碰到这样一个可以轻松回答的问题，感觉真是不错。"然后他告诉我，那个安全地躺在伦敦南肯辛顿的维多利亚－阿尔伯特博物馆的装订，是法国制伪专家路易斯·阿格（Louis Hagué）制作的若干赝品之一。这些仿制品中的很多曾由伦敦著名的夸里奇书店卖给了一位19世纪的英国收藏家约翰·布莱克尔（John Blacker）。甚至在夸里奇书店也对那些装订变得有所怀疑的时候，布莱克尔还是拒绝相信它们是伪造的。

找了个适当的时候，我慕名前往维多利亚－阿尔伯特博物馆，那个伟大的博物馆收藏有各个时代的装饰艺术。哥白尼那本书自然也是装饰艺术的一个浮华样本，它无比豪华的装订使得它像面值3美元的钞票一样假不可言，而在这本特别的拷贝中，货真价实的古老藏书票也同样放错了地方。这本书的来源也许已经被19世纪重新装订的伎俩毁掉了，至少没有匿名的评注。

维多利亚－阿尔伯特博物馆的拷贝在我的普查中是唯一蓄意伪造的装订。当然，很多拷贝为了替换破旧不堪的封皮都曾被重新装订过，但是它们并没有任何要欺骗别人的意图。在市场上，品相良好的原版装订拷贝会比那些再装订的拷贝卖出一个更高的价钱，所以拥有者在替换一个古老但却已经残破的装订时常常进退两难。我偶尔会遇到令人反感的现代图书馆硬布装的例子，但更多的时候所遇到的都是对早期装订风格的雅致大方的模仿，不过这并非想用来误导那些没有经验的收藏者。然而，还有一类中间的情形，就是从其他的书上把古旧的装订调换过来，科格诺森蒂（Cognoscenti）把这叫作"入位"①，而当它被识别出来的时候，和与之类似的原版装订的拷贝相比，书的价值会大大降低。

有了这么多关于书籍拍卖的间接经验，我最终决定要亲身体验一下。于是，在《普查》的手稿被送去出版之后，我就下决心到一次苏富比的拍卖会上，去观察一本竞拍中的《天体运行论》。因此，2001 年 11 月 16 日，我一大早就飞到纽约，那里有一个弗里德曼收藏品的拍卖。

收藏者是旧金山的医学博士迈耶·弗里德曼（Meyer Friedman），正是他使 A 型人格和 B 型人格的观念闻名于世。他不仅论证了相应的人格特质与心脏病发作的危险程度相关，而且还论证了 A 型人格的人，通过抑制一些急于进取的行为或攻击性行为确实可以降低他们心脏病发作的概率。而作为一个收藏家，弗里德曼博士收集了一些伟大的医学著作，比如安德烈亚斯·维萨留斯的《人体结构》，一部伟大的插图解剖学著作；还有更为少见的威廉·哈维（William Harvey）的《心血运动论》（*De motu cordis*，1628），第一部对血液循环做出正确分析的著作。在他的收藏中同样也有纯粹的自然科学作品，例如哥白尼、牛顿以及爱

---

① remboitage，这是一个法语单词，通常的意思就是把某件东西放在一个空位里。

伦敦维多利亚－阿尔伯特博物馆中伪造的格罗利耶装订的《天体运行论》

因斯坦的著作。

我从未见过弗里德曼博士，因为当他的那本哥白尼拷贝还在他的前任拥有者——法国外科医生马塞尔·沙蒂永（Marcel Chatillon）手中的时候我就已经见到过了。沙蒂永曾在法属瓜德罗普服务，并收集地方艺术品和有关美洲的文化史料。《天体运行论》属于第二类范围，因为其中哥白尼提到美洲时说："根据发现它的那位船长的名字而命名。"由于完全依赖于马丁·瓦尔德泽米勒（Martin Waldseemüller）1509 年的《宇宙志导论》（*Cosmographiae introductio*）对新大陆信息的记载，所以在这一点上，波兰天文学家显然受到了误导。①不过，就是这一对阿梅里戈·韦斯普奇的简短提及，足以使他的书列于有关美洲的文化史料之中。

沙蒂永博士在巴黎向我展示了他手中的拷贝。每当回忆起我们的谈话我都觉得有些心里发怵：沙蒂永不讲英语，而我的法语又说得极为勉强。不过，当我检查他那本相当普通的拷贝时，我还是勇敢地使用了法语。我测量了页面的尺寸，记录了装订情况和勘误表页的位置，并把其中的评注匆匆翻了一遍。结果是，我遗漏了两个小边注，并且未能仔细研究书中最有趣的地方，也就是纸张有些风化的最后那张书页。

1978 年，沙蒂永博士卖掉了他的拷贝，这本拷贝进入了弗里德曼的收藏。在弗里德曼博士得到它的时候，第一版的拷贝还算好找，他为此付出了 65000 美元。在 20 世纪 70 年代到 80 年代期间，有 20 本拷贝在市场上流通过，但其中有 10 本为公共图书馆所购得，私人买家可得到的拷贝数量正在逐渐减小。到 2001 年，当苏富比拍卖行发布弗里德曼拍卖的时候，只有大约 20 本拷贝还属于

---

① 哥白尼在《天体运行论》第一卷第三章中说："特别是亚美利加（使用发现他的船长命名的，其大小不明，被视为新大陆）。"事实上，美洲的发现者应为哥伦布，在哥伦布 1492—1493 年首次登陆美洲之后，韦斯普奇（Amerigo Vespucci）也于 1497—1498 年成功地抵达了新大陆，但他首先意识到这是一个不同于亚洲的大陆，而前者至死都以为自己发现的是亚洲的印度。瓦尔特泽米勒在地图上不仅首次标出了当时刚刚发现的美洲以及太平洋，而且第一次使用了"亚美利加"（America）这个名称。该书发表后轰动一时，流传甚广，给哥白尼造成了误导。——译者注

私人收藏，而随着那些对科学技术颇感兴趣的新贵们手中发生在计算机时空的财富不断上涨，想要得到一本拷贝的竞争愈演愈烈。

苏富比拍卖行那个质朴而优雅的拍卖厅让我感到吃惊。现场参加竞拍者有25个人，大部分是书商，而除了他们所持有的拍卖目录外，全场竟看不到一本书。我认出这些竞拍者中有几个来自伦敦，另外几个则来自美国西海岸。在侧前方的台子上是为匿名竞拍者准备的九部电话机，而后面的一个长桌上有几台计算机，操作者在那里控制着前方的一个大屏幕，以显示拍卖品的编号和以十种货币表示的当前出价。在竞拍者陆续就座的同时，我向苏富比拍卖行的一位专家塞尔比·基弗（Selby Kiffer）进行了自我介绍。他马上询问我是不是想看看那本《天体运行论》。我当然点了点头，于是他从后面的房间里把拷贝取了出来。

在我看那本拷贝的时候，有几个书商围了过来。我仔细审视着拷贝的最后一张书页，有些破旧，一枚图书馆的印章被彻底清除了，代之以精心覆盖的纸补丁。很明显，这张书页是重新装订的，但我没有理由怀疑其合法性。我把书还给了基弗，然后在大厅中间排列成方阵的一百张便携式椅子中随便找了一张坐了下来。工作人员在电话机后各就各位。拍卖师戴维·雷登（David Redden）登上了前面聚光灯照射下的拍卖台，问道："我们开始吧？"

不同拍卖品的竞价按照加价标准持续而迅速地攀升，例如，对于低价品，最少加价是25美元，而价格达到5000美元以上时，差价是500美元。拍卖并没有因为某人用手挠鼻子而引起意外报价的事件，这点在目录中也已说明。出价者举起手，然后雷登重复指出是谁在叫价，满口的诸如"在第三排"或是"塞尔比的电话"之类的话。另外，雷登把自己的语言限制在拍卖品的编号和报价上，大约每分钟会报出一次编号，但很少会喊出拍卖品的书名或作者。

当拍卖接近第34号卖品，就是那本《天体运行论》的时候，在座的书商们感到有些震惊但更多的是好奇，因为他们意识到大约有80%的书都被一个被称为L020的匿名电话竞拍人得到了，而其余大部分竞拍品在经过一番电话斗法后，也为另一个匿名电话竞拍人L029所得。好几个珍贵的竞拍品都远远超出了估价的上限。

第34号拍品闪现在大屏幕上的时候，拍卖已经进行了差不多半个小时。我启动了秒表。由于太过兴奋，我已经记不清起价是10万还是20万美元了，但拍卖师说是15万美元。我后来感到很遗憾，因为我没有注册一个编了号的竞价牌，以便我能进行第一次出价过一把瘾，尽管我将不得不为此抵押我的房子作为支持。出价以一个疯狂的速度从起拍价以2.5万美元的差价一路暴涨。最初，出价的频率太快，以至于电话席根本无法加入竞争，直到45秒后，价格超过了40万美元的估价上限，匿名竞拍人才参与进来。当价格达到了55万美元时，它已经超过了以往任何一本第一版《天体运行论》拷贝的拍卖纪录。随后的争夺转到了三个匿名电话上。我能旁听到一位苏富比的代表说："现在是60万美元，您还要加吗？"接着，L020真的加了价。

片刻之后，竞价停止了。拍卖员在67.5万美元上落了锤。再加上苏富比的佣金，这本拷贝会花掉L020差不多75万美元。我停了秒表，竞价共持续了2分16秒。

拍卖厅里好奇的气氛触手可及。那些神秘的竞价者是谁呢？余下的拍卖只提供了有限的线索。在第一天的拍卖中，卖出了有1000本印数的达尔文《物种起源》的初版，因为这个版本并不是非常罕见，所以苏富比给出3.5万美元的估价上限是完全合理的。然而，两个电话中的决斗者竟然把价格抬到了高得离谱的15万美元。有经验的收藏者一定已经拥有了这本经典，也没有哪个公共机构会如此不计后果地花出他们的基金。显然，这两个竞价的收藏者是生手，想要迅速地建立收藏，并且急切地追逐着医学以及更加严格意义上的自然科学著作。

拍卖会后大家对结果有很多推测，但并没有有力的事实足以说明那些一掷千金的买家的身份。并且，对于哥白尼那本拷贝本身也有很多事后的评论。里克·沃森向我保证：“那本书的最后一张书页确实有问题。”在伦敦的书商中，里克是我可以信任的一个老朋友，他注意到了那张书页的链线与印刷的边缘并不平行，而这个细节是我没有注意到的。因为与它成对的书页在印刷上并没有发生倾斜，所以它一定是来自其他的某个地方。很显然，这是一本“老于世故的”拷贝。

我再次核查了我的记录。这本拷贝 1973 年曾经在德鲁奥拍卖行被拍卖，可以确定，那时它缺少了最后一张书页。它是否经过了舍勒工作室的加工呢？曾在加州理工学院的拷贝上添加了咖啡染色的那伙人，完全有可能通过一个假的补丁来覆盖一枚伪造的图书馆印章，这样就可以制造一张书页。这足以使几乎任何人对仿造的书页失去戒备。在我看来，这页书是符合常规的，因为它类似于我所见过的很多拷贝，即开始和最后的书页都磨损得相对比较厉害。我的笔记还显示，舍勒的店中从前有两本拷贝的最后一张书页都是仿制的。沙蒂永 - 弗里德曼拷贝中的真品书页可能就是来自于舍勒拷贝中的另外一本。毫无疑问，有一天，它们拥有者的名字会为人所知。然后呢，我当然就会抓住机会，更为彻底地仔细检查这些拷贝。

这期间，还会有那么几位收藏者迫不及待地等着花上百万美元去购买一本有着 16 世纪装订的“未经世故的”第一版《天体运行论》拷贝——当然最好是一本有着著名出处和清晰扉页的拷贝。

第十四章

铁幕前后

尽管日历上已是 4 月，一场柔和的雪还是飘然降至列宁格勒。从古老的阿斯托里亚饭店的房间窗口向外望去，我可以看到圣艾萨克大教堂，还有一位妇女正在打扫人行道上的积雪。苏联天文学史学家尼娜·涅夫斯卡娅（Nina Nevskaya）手捧鲜花到机场接我，但遗憾的是她不能获准与我一起乘苏联国际旅行社所提供的汽车回城，因为我来自奇怪而可怕的国度，是一个讲着异邦语言的外来者。那是 1976 年，勃列日涅夫正当权，而列宁格勒完全处于铁幕之后。

我的首要目标并不是哥白尼的书，而是那些世界上最为集中的开普勒手稿。自从那位多产的数学家莱奥哈尔德·欧拉（Leonhard Euler）在 1773 年劝说叶卡捷琳娜二世大帝的财政大臣为俄罗斯科学院购买了那些手稿以来，这份巨大的历史遗产就一直保存于圣彼得堡。本来我下飞机的地方离目前存放着 18 厚卷开普勒手稿的科学院档案馆并不远，走路即可到达，但不幸的是，在我从涅夫斯卡娅那里了解到档案馆的确切地址之前，热情过度的旅行社司机就带我离开了机场远离了目的地。于是，星期四早上，我步行穿过涅瓦河，经过罗蒙诺索夫博物馆，来到了分散着科学院建筑的小岛上，但那错综复杂的街道很快就令我迷路了。我停在了科学院图书馆，不知如何是好。从前为了看哥白尼的书我曾经来过这座图书馆，而这次我遇到了一个美国研究生，谢天谢地，他把我领到了档案馆。进了档案馆，在众多的资料中，触摸着开普勒火星研究的那卷手稿真是让人激动，我记得我曾经仔细研读过这卷手稿的微缩胶卷。

最终，我遇到了一些令人费解的取书限制。我每天取书的数量是要有限额的吗？当你不能够讲那种语言的时候，你就好像被流放到了天涯海角。好在尼娜·涅夫斯卡娅这时找到了我，并且做好了一切安排。我们首先坐电车去萨尔特科夫－谢德林公共图书馆填写一些表格之类的东西，这样我才能够在晚些时候去看那些哥白尼的拷贝。星期五是从列宁格勒市郊的普尔科沃天文台开始度过一天的。在那里我主讲了一个学术讨论会，用非常缓慢的英语尽量清楚地表达了我的观点。随后，我就有了一个去参观那里古老的图书馆的机会。那些伟大的作品（哥白尼和开普勒的著作）似乎已经全都转移到了科学院图书馆，这里只留下了大量较为次要的作品，但它仍然是我所见过的最完整、最迷人的16世纪普通教科书收藏之一。

这样就只能星期六去看哥白尼的书了。涅夫斯卡娅怕我再迷路，所以到饭店来接我。早上11点的时候我再次来到了科学院图书馆，拿到了那三本《天体运行论》的拷贝。正如我在以前的参观中所了解的那样，这些拷贝都是经过评注的。涅夫斯卡娅把我留在那里，于是我可以按照自己的步调工作，比起六年前，我对那些旁注做了更为细致的记录。首先是一本第一版拷贝，来自英国，由一位波兰贵族从伦敦购得，但它是如何从他在华沙的图书馆进入俄罗斯的，详情已不得而知。其中大部分评注是细致的19世纪的笔迹，抄自于现存华沙大学图书馆的一本第二版拷贝。另一本第一版拷贝包含有典型的16世纪学生笔记，它们直接抄自课本，所以相当乏味，而书末有一大段关于埃及人所了解的天空与几何学的记述(说真的，他们的了解并不多)。三本拷贝中，最有趣的是那本第二版的拷贝，其中对16世纪的教科书有相当多的参考和引用，并且，在扉页上提到了《圣经》中两个与地球的移动性相抵触的段落，还引述了一句托勒密的话，指出移动的地球将是多么可笑。

尽管绕了很多弯子，我还是完全独立地回到了萨尔特科夫-谢德林图书馆。回到饭店后，我享用了一顿巧克力加奶酪的午餐，那是旅程的前一站我从瑞典带上的。比起应付语言的障碍来点菜，自己吃可是容易多了。然后，我散着步，一路欣赏着涅瓦大街的风景又回到图书馆。在十月革命以前，萨尔特科夫-谢德林图书馆是俄罗斯最大的西式建筑图书馆，它的藏书之丰比起一些大型国立图书馆来说堪称惊人，但在莫斯科的列宁国立图书馆建成后，它的身份降到了次席。但即使是现在，萨尔特科夫-谢德林图书馆仍然是一个早期书籍的重要收藏地。我知道它的珍本藏书室在星期六是关闭的，所以，我在星期六下午3点独自去主阅览室，要想取得进展似乎是不可想象的。不过我还是试着采取了一些行动：排队寄存我的大衣，出示我的证件并得到一个通行证，然后穿过迷宫似的走廊来到阅览室，整个过程就像星期四涅夫斯卡娅带我所做的那次演习一样。我默默地递上我的通行证。接待员对我微笑示意，并很快找出两本哥白尼的书！它们被从珍本藏书室转到了主阅览室，以便我能检查它们！

我曾猜想这座图书馆可能有一本第二版的拷贝，事实也确实如此，不过这本拷贝着实没有什么意思。但他们的第一版拷贝就完全是另一回事了。我翻到扉页的时候，手写的格言“天文学之公理……”映入我的眼帘。这则格言很著名——至少对我来说如此，赖因霍尔德在自己的书上题写了它，而维蒂希又把它转抄在他自己那本现存于梵蒂冈的《天体运行论》上——那时，我还一直误以为是第谷转抄的。我快速地翻阅了列宁格勒这本拷贝，注意到了抄录在页边的那些熟悉的赖因霍尔德评注的段落。然而，书中还有三处地方出自另外一个人之手，其中带有“我（第谷·布拉赫）……”字样。这些第一人称的叙述至少表面上看起来与我当时所认为的第谷的笔迹是相符的。两个小时以后，当我步行回到阿斯托里亚饭店时，我几乎兴奋得有些眩晕了，因为我当时确信自己已捕获到了另一本第谷·布拉赫曾拥有过的《天体运行论》。

星期天我是准备去博物馆的。按照我在哥白尼追踪过程中的惯例，我总会在星期天安排一处有趣的地方，因为在安息日有机会看书的地方实在是太少了。

我先是独自流连在冬宫博物馆（Hermitage），然后下午又参观了前喀山大教堂中的宗教与无神论历史博物馆。哥白尼、伽利略和布鲁诺在博物馆里都非常显眼，但最精彩的还是杜莎夫人蜡像馆制作的宗教裁判所酷刑室的蜡像模型。

星期一一大早，我就带着我那个装有摄影灯的黑色箱子去了存放开普勒手稿的档案馆。一位能说些英语的助理看起来对此有些不知所措。

“我得请示我们的馆长。”她说。过了一会儿，我就被领到了馆长夫人的办公室，并给了我一张桌子，告诉我可以开工了。我给开普勒的手稿拍了一整天的照，这满足了我的一个心愿，我以此为基础制作一系列的彩色幻灯片，后来它们给我的讲座增色不少。

在萨尔特科夫－谢德林图书馆我也摆开架势准备拍摄他们的《天体运行论》，但那里的回答是“不可以”。我热火朝天地把我的发现介绍了一番后，结果，对方决定他们自己来出版。但就在他们这样做了的时候，我已经发现那笔迹并非第谷的，所以他们的说明显然有点弄巧成拙。这本书仍然是普查中的谜团之一，但不管怎么说，它显然反映了某本有第谷亲笔评注的拷贝尚下落不明。

此时，档案馆的助理对我如何能够把未冲洗的胶卷带出苏联表示出深深的忧虑。而更麻烦的是在来苏联的路上，我从开罗和乌普萨拉也带来了一些拍好但尚未冲洗的胶卷。离开前的那个晚上，我思前想后，彻夜未眠。好在第二天涅夫斯卡娅和那位档案馆助理为我准备了一份官方的证明材料，还用科学院的小轿车把我送到机场。最后，那个海关官员似乎被我的证明弄得很不耐烦，什么也没有打开检查就放我通行了。

有一天，当我在观片桌前随便翻看幻灯片时，在我拍摄的那些早期书籍的影像中，有三个手写的大写字母突然引起了我的注意。那三个字母是EWL，用花体写在一本1515年的关于行星位置的书《新历》(*Almanach nova*)的扉页上。这让我想起了在开普勒自己拥有并评注的《天体运行论》扉页上，也有这三个尚未确定身份的大写花体字。我们知道，在天主教反宗教改革运动期间，开普勒的藏书被临时锁了起来，他也深受打击，但我们对于他的藏书中有些什么所知甚少，因为几乎还没有一本出自他藏书的书得到确认。难道我就要确认第一本这位德意志天文学家的长期失踪的藏书吗?

当然，仅仅是三个大写字母EWL实在不足为凭。但当我用放大镜仔细近身观察的时候，我认出了那里还有另一个拥有者的署名，西罗尼穆斯·施赖伯(Hieronymus Schreiber，即Jerome Schreiber)，而这个名字同样出现在开普勒那本哥白尼拷贝的扉页上。看起来幻灯片上的这本书很可能也属于那个很少在自己藏书上署名的开普勒。这个幻灯片是我在弗罗茨瓦夫(以前叫布雷斯劳，属于德国）大学图书馆拍摄的，所以我马上就想到，是否那里还有另外一些书也来自那个几乎消失得无影无踪的开普勒藏书呢？

由于 1973 年的一系列哥白尼纪念活动及其后续事宜，在那几年间，我曾相当频繁地出入华沙，并且学到了一些窍门，甚至足以应付不寻常的事件——譬如由于组织有些混乱，竟没有一个人到机场去接我。后来，沃伊切赫·雅鲁泽尔斯基（Wojciech Jaruzelski）将军在 1981 年年底建立了军人政权，以镇压来自曾经强大一时的“团结运动”组织的反对力量。这之后我一直不愿再去波兰。但是，我仍然对弗罗茨瓦夫的那些拷贝充满好奇，对那里的同行放心不下。于是，在 1984 年，我决定重返波兰，再访弗罗茨瓦夫。

在弗罗茨瓦夫大学的图书馆，我花了大半天的时光，在索书单上写出了所有我能够想到的可能为开普勒所拥有的 16 世纪天文学著作。有一个细节让我有些不安：在目录中我找不到雷蒂库斯《初讲》的卡片，这本书是在《天体运行论》出版的前三年印行的，是第一次印刷出来的关于崭新的日心说宇宙论的报告。就在几个月前，这本书在私人手中唯一已知的拷贝刚在纽约以 40 万美元的价格被拍卖。不难想象，这样一个天文数字的价格足以使另外的拷贝从隐秘之处来到市面上。一些从事图书交易的朋友问我是否知道一个叫“抹大拉的马利亚（Maria Magdalene）之屋”的图书馆，因为一本在巴黎神秘现身的拷贝中有一枚拉丁文的印章“Aed Maria Magd.”，而我们唯一能够做出的结论就是它就算有也已经不存在了。

因为以前我到弗罗茨瓦夫的时候曾经见到过那本《初讲》，并且仍然有它的索书号，所以尽管目录中找不到它的卡片，我还是把它列到了待取的书单上。

几小时后，在我面前已经摆了一大堆的书，差不多有上百部著作了。先是一个好消息：我发现在那本写着大写的 EWL 和施赖伯签名的《新历》中，隐藏着一页完整的以前未知的开普勒手稿。[①]我的直觉是对的，这本有关行星位置的书确实曾属于开普勒。但还有个坏消息：并没有其他的书来自于开普勒的藏书。不管怎么样，我还是一本接一本地继续寻找书上的“Aed Maria Magd.”印记。最让人感到不安的是，那本《初讲》似乎并不在我索取的那满满一车书中。要去吃午饭时，我告诉管理员，雷蒂库斯的书一定是被漏掉了。

下午，我吃完饭回来时，发现那个管理员脸色苍白。《合集》（*Sammelband*）是一个按说包含那本《初讲》的装订在一起的小册子集，事实上，这本东西已经为我取来了。但是雷蒂库斯那本小书不在其中，它被小心地拿掉了，只是窃贼狡猾地将这本书更紧地压在一起，所以它的缺少并没有被发现。我不在的时候，那个忧心忡忡的管理员还查看了这本书上一次被索取的记录，然后他集中了那次被同时借阅的其他书册，结果证实还有另外两本小书也不见了。

“让我猜猜，”我说，“一本是哥白尼关于三角学的小册子，另一本是雷蒂库斯的《两篇演说》（*Orationes duae*）。”

管理员的惊讶是不言而喻的。我怎么可能知道呢？我告诉他：“很简单，那两本不寻常的书也出现在巴黎的拍卖会中。你们最好立刻与国际刑警组织取得联系。”显然，窃贼在古旧图书方面有着渊博的知识，并且聪明地用取走目录卡片的方式掩盖图书被盗的痕迹。

我提出这个忠告，要比那个图书管理员采纳它容易得多，因为那时没有任何的学术界人士愿意和波兰军人政权的官僚机构扯上关系。另外，图书管理员本人也会因为没有在相应的方面采取恰当的保护措施而惹上麻烦。如果被告知真相，全世界图书管理员的内心

---

① 我当时自以为如此。但后来我发现那位令人尊敬的天文学目录学家厄恩斯特·津纳曾经注意过开普勒的这个手稿，只是没有继续研究它。

反应都是倾向于将其过失保持为黑暗中的秘密。

回家以后，又过了几个月，我意识到，在国际上并没有发生任何与那些被盗图书有关的事情。一次偶然的机会，我在哈佛的本部校区遇到了波兰科学院的院长，我就对他讲了我所知道的有关图书被窃的事。从那以后，权力机构突然采取了行动，法国和美国都介入了，国际刑警组织也积极地参与此事。作为国际刑警组织的代表，联邦调查局波士顿办事处派了一个探员与我会面，我告诉了他我所知道的有关那些书在巴黎被出售的情况。

接下来我听到的事情是：一个律师跑到巴黎的波兰大使馆，扔下一个包裹和一句话，“我的委托人不再需要这个了”，然后转身就走了。大使稀里糊涂地在包裹中找到两本旧书，就把它们用船送到了华沙的科学史研究所，那时我的朋友耶日·多布任斯基即将接任那里的所长之职。耶日和他的同事认出了那两本书是《初讲》和《三角形的边与角》，并迅速把它们送回了弗罗茨瓦夫。

而那第三本书，雷蒂库斯的《两篇演说》又在哪里呢？它曾被卖给列支敦士登的一个书商，随后那个商人又把它转手卖给了雷蒂库斯在奥地利出生地的一家图书馆。由于那个列支敦士登书商拒绝合作，而弗罗茨瓦夫图书馆又没有足够的资金提起国际诉讼，所以被盗的《两篇演说》至今仍然没有回家。

在铁幕之后的普查工作总是陷于相当大的压力之中，常常有一些始料未及的戏剧性因素。米里亚姆和我还特别记得我们最后一次到哈雷－维滕堡大学（以前的维滕堡大学被合并于此）的情景。更早一次到达这个东德城市的时候，我曾发现图书馆目录上列出的第二版《天体运行论》不见了。在接下去的几年，我有两个与哈雷大学藏品相关的有意思的发现。首先，我在莫斯科的列宁国家图书馆发现了哈雷大学丢失的《天体运行论》，题赠表明哈雷大学校长作为礼物把它题赠给“解放”了他们的俄罗斯将军。其次，我还发现哈雷大学图书馆似乎还有另外一本《天体运行论》的拷贝，于是我决定去看一看。

在1987年第二次去哈雷大学的时候，我被一个担任助理图书管理员的共产党员拒之门外。事实表明，他是一个很难对付的看门人，根本不打算让我看那些图书馆中的珍本。他坚持对我进行了关于共产主义的训导，还是用德语，并补充说一些老教授还在相信上帝，而年轻一代则进步多了。他最后直接问我：“关于这书，你想知道些什么，是不是我可以看了以后告诉你呢？”在紧张的谈话中，我把我有限的德语口语发挥到了极致，终于明白了，他之所以极力拒绝给我看那本书，是图书馆的拷贝中有一本不见了。

“啊，但我知道你们丢的那本拷贝在哪儿。”我用生硬的德语宣布着，连词尾变化都没有。

这时，那个执着的马克思主义者来了精神。他想知道我的答案。我告诉他，我曾在列宁国家图书馆看到过那本拷贝，它是哈雷大学校长当作礼物送给作为解放者的苏维埃军方的。

“绝对不可能！”他大叫，“没有大学评议会的正式批准，大学校长是没有权力把书送出去的。你弄错了。”

“可它就在莫斯科，”我反驳说，“而且是和约翰内斯·斯塔迪乌斯（Johannes Stadius）的《卑尔根星表》（*Tabulae bergenses*）装订在一起的。”

他哼了一声，跑出了办公室去看目录卡片，想看看那本丢失的拷贝是否和斯塔迪乌斯的书装订在一起。一会儿他就回来了，无法抑制地颤抖，就仿佛整个信心都崩溃了。目录证实了，丢失的哥白尼拷贝确实与斯塔迪乌斯的书装订在一起，于是我的消息可以说基本上被证实了。他有气无力地把我们带进了阅览室，拿出了剩下的《天体运行论》拷贝给我们看，这期间的种种举动，几乎打破了他强迫我阅读的每一项图书馆条例。他拿着哥白尼的书，用他的钢笔做记录，还说英语。在他的身后，其他图书管理员在对我们眨眼睛。而我的妻子米里亚姆——这件事中沉默的观察者——几乎忍不住就要笑出来，特别是当她观察到其他工作人员脸上表情的时候。

后来，我收到了一封来自那里负责人的道歉信，说他那时并不知道我们的到访。现在我常常想知道，在 1989 年 11 月柏林墙被推倒之后，那位助理图书管理员境遇如何。

东西德的重新统一给位于德国、波兰和捷克斯洛伐克三国交界处一隅的东德边境小镇齐陶的图书馆带来了虽然可能意想不到却令人愉快的好处。我猜想几乎没有美国人曾经深入这里的克里斯蒂安－魏泽（Christian-Weise）图书馆，所以，当我在 1976 年 8 月来到这里的时候，简直受到了名人般的待遇。工作人员不仅给我看了他们的第一版《天体运行论》，还向我展示了原版的牛顿的《数学原理》以及包括几乎开普勒所有重要著作在内的一系列珍本科学书籍。在这样一个相对淳朴并且毫无防范的小图书馆里一下子看到这么多珍贵的书籍，让我着实有些忐忑不安，十三年后，我的担心得到了极大的证实。

1989 年夏末，伦敦书商里克·沃森打电话给我，看我是否能够对即将在科隆拍卖的一本《天体运行论》拷贝的出处给出一些意见。他告诉我这本拷贝上有注明为 1733 年的题字，并且在第 194 对开页和第 195 对开页之间插入了一个勘误页。后面的这个信息使查询变得非常容易，因为我有一份关于那些少见的勘误页的单独记录，所以我几乎马上就确定，我所知道的在那两页间插入勘误页的拷贝只有一本，就是齐陶那一本。我的记录还表明，这本拷贝上有一个1733年的题字，显然，科隆拍卖的拷贝来自于齐陶，但这本书究竟是被偷走的还是合法出售的仍然是个问题。

我试着联络在耶拿大学的东德同行，但不巧得很，该大学的传真正好出了问题（也许是基础设施出了故障）。接着，我又尝试给我一个对天文学史颇感兴趣的朋友、东柏林的阿兴霍尔德天文台台长打电话，可是一位地方接线员又告诉我们无人接听。幸运的是，曾经帮助我们给台长打电话的那位德国天体物理学家记起有一个东德天文学家汉斯·豪博尔德（Hans Haubold）被派驻纽约的联合国总部，我们可以与他联系。

汉斯向我们证实，"我们的传真机没坏，是线路坏了"，但他保证会查一下齐陶那里的情况。拍卖的日子一天天临近了，我们却还没有从他那里得到任何消息。最后他终于给我们打电话说，齐陶确实是那本拷贝的拥有者，但他并不能确定书是否真的还在那里。

"当然不在了，"我再次重申，"它在科隆，如果齐陶的图书馆并没有将这个拷贝出售，那么他们最好马上发表一个声明。"

里克·沃森也同意把这个坏消息委婉地转告拍卖行，他也确实这么做了，但此后，我失去了这件事情的消息。后来，我得到了有关此事的两个互相矛盾的说法。头一个说，东德大使对那本哥白尼拷贝发表了一个所有权声明，但按照西德法律的某项要求，如果一本书已经登出拍卖广告，就像在科隆那样，那么它就不能够被撤销。据此，拍卖者声称，其拍卖的《天体运行论》所有权尚不明了，然后将此书的拍卖交给一个什么都不在乎的书商。

两个月后，我收到一封东德驻联合国大使的信，其中相当清楚地陈明，民主德国向联邦德国请求协助，并遭拒绝。而按照这第二个版本，东德当时已经聘请了一名律师，并且在拍卖前两天，书就被科隆地方的代理人查封了，可是书却还是没有物归原主。在当时分裂的德国，齐陶的图书馆并没有足够的硬通货币发起一场法律上的战争以使被盗的图书归还。大使向我表达了谢意，但书是否能够回到齐陶并不明了。

然而，在柏林墙倒塌之后，法律形势也很快地发生了变化。最终，在1992年初，我收到了一封来自齐陶的信，信中对我的介入表示感谢，并且告知我，那本有争议的拷贝已经在1991年11月安全地返回了克里斯蒂安－魏泽图书馆。“这已经是我们第二次暂时地失去这本拷贝了，”那个图书管理员还补充说，“在第二次世界大战期间，这本拷贝，还有很多其他珍贵的书籍都被带到了捷克斯洛伐克，直到1957年才被归还。”

就在1989年柏林墙被推倒后不久，苏联解体了，由此，那些被严守的秘密打开了一扇窗户。我偶然了解到—— 一位苏维埃图书管理员曾无意犯了一个错误，而这个错误证实了，莫斯科的列宁国家图书馆持有六本哥白尼的拷贝，第一版和第二版各三本。这个管理员把所有的六本拷贝都给一位来访者看了，而后者注意到了都有哪些拷贝有评注。我也曾经看过其中五本拷贝，但想尽办法也没能看到第六本，也就是三本第二版中的一本。我被告知，那本拷贝处于“修复中”，是不可借阅的，而每次我要求得到一个微缩胶卷的时候，图书馆就会爽快地给我一个，可内容却总是我所查看过的拷贝之一。最后，米里亚姆对我说：“你看这篇文章，一个美国学者列举了当俄罗斯人不想给你看什么东西时，他们所找到的各种理由。看来同样的事情也发生在你身上了！”

于是，我必须面对这样一个可能的事实，就是我的普查中不得不略去描述一本已知的含有相当丰富评注的拷贝。不过事情终于还是有了转机，在1990年和1991年之交的那个冬天，柏林墙倒下的一年之后，苏维埃帝国解体之时，我收到了来自莫斯科的一位天文学史学家的电报："如果你想要看那第六本哥白尼的拷贝，现在就来吧。在俄罗斯，你会是我们的客人。"

在1月份飞到莫斯科只为了去检查一本哥白尼的拷贝，这看起来有些小题大做，但那时也是一个特别引人关注的时间，可以去看看在前苏联正在发生着什么。在到达莫斯科的24小时之内，我就查看并拍摄了那本哥白尼拷贝。那是一本非常有意思的第二版拷贝，由一位经常与开普勒通信的巴伐利亚财政大臣赫尔瓦特·冯·霍恩伯格（Herwart von Hohenburg）做了详细的评注（彩图7c）。有一件事让我非常费解：显然，这本拷贝从来就没有过也不需要任何修复，但从前在我要求查看这个拷贝时，那个图书管理员以此为由拒绝了我。那个带我去图书馆的年轻博士后谈道，在他前一天到图书馆去确认那本拷贝是否可以借阅的时候，曾被盘问我是否真的得到了看那本书的许可。于是我意识到，这里面可能还会有些古怪。后来，我再三追问邀请我的俄罗斯学者，他有些为难地向我透露了真实的情况。

第二次世界大战结束后，苏联从东德的图书馆装载了数卡车的藏书以弥补战争给他们带来的巨大损失。然而，根据日内瓦公约，这些书作为文化财富应该被归还。尤其哥白尼的书还是来自于哈雷的一所古老的博物学学院——利奥波尔迪亚纳学院。在这种情况下，苏联人自然不想让外国人在他们的收藏周围转悠，并说些闲言碎语。后来我终于找了个机会，向美国国会图书馆的领导，一位俄罗斯问题研究专家提及此事，他承认，许多专家都一直对此抱有怀疑，但我的报告是第一个实实在在的证明。

当铁幕分崩离析后，我忽然意识到，有一个重要的收藏我还从来没有真正查看过，从某种意义上说，它是我整个哥白尼追踪故事的遥远背景。爱丁堡皇家天文台的克劳福德图书馆，是我偶然发现赖因霍尔德那本充分评注的《天体运行论》拷贝的地方，它曾受到一个非凡的俄罗斯收藏的鼓舞和启示。这所爱丁堡的图书馆是由一个苏格兰热衷于藏书的贵族世家的后代所建立的。亚历山大·威廉·林赛（Alexander William Lindsay），第二十五世克劳福德伯爵和第八世巴卡雷斯（Balcarres）伯爵，他在19世纪下半叶建立了当时欧洲第一流的私人图书馆。馆藏包括一个各种语言《圣经》的杰出收藏，有古腾堡版《圣经》，有路德翻译的德语《圣经》的所有早期版本，还有1663年在美国马萨诸塞州的坎布里奇印刷的极其罕见的约翰·埃利奥特（John Eliot）翻译的印第安语《圣经》。另外，博物学著作、经典名著以及多种东方语言的手稿都各自占有一席之地。伯爵的长子詹姆斯·卢多维克·林赛（James Ludovic Lindsay）迷恋上了天文学，他那设备精良的天文台成为整个苏格兰天文学家羡慕的对象。在这样的家庭环境中，天文台中有一个珍本天文学图书的收藏是再自然不过的了，而他敏锐的眼光及购买能力为他建立了这样一个令人难以置信的图书馆。不过，当他的兴趣逐渐转向游艇比赛和邮票收藏的时候[①]，在1888年，他将这些天文学藏书连同他的仪器一道捐赠给了苏格兰。

詹姆斯后来成为第二十六世克劳福德伯爵和第九世的巴卡雷斯伯爵，其收藏仿效了位于圣彼得堡南郊的普尔科沃天文台图书馆。那个图书馆引以自豪的是早期天文学著作的豪华收藏，尽管有克劳福德伯爵在后面极力追赶，但它仍然保留着世界上最好的有关彗星的论文汇编。在1875年，当普尔科沃天文台台长奥托·施特鲁韦

① 除了他以外，还没有一个人同时在皇家天文学会和集邮协会身居要职。

(Otto Struve）带着开普勒遗产（当时保存在普尔科沃）中的一张开普勒亲笔签名书页作为礼物来访的时候，克劳福德一定高兴坏了。

1994 年，苏格兰国家博物馆举办了一个克劳福德藏品的专展，此间我仔细思索了我曾经在书架间逐本书查看过的几个伟大的天文学收藏。“很难说它们哪一个更为出色，”我在展览目录上写道，“每一个都有其令人惊叹的独到之处，都等待着勤勉的学者们去做文献学上的发现。”然而，就在我对它们进行思考的时候，我意识到我还没有仔细查看过普尔科沃天文台的图书馆的那些伟大的收藏，其出版的藏书目录曾被克劳福德伯爵用来按图索骥，并加以扩充。

我知道，在 1941—1943 年列宁格勒被围期间，位于前线位置的普尔科沃天文图书馆曾经饱受战火的摧残，有大约四分之一的珍本天文学图书损失了。在这个悲剧性的损失发生十年之后，当时曾任代理馆长的亚历山大·多伊奇（Alexandre N. Deutsch）教授简短地描述了这一事件：

> 当我们沿着公园的林荫道爬上山的时候，天文台呈现出一派可怕的景象……一轮苍白的残月透过阴沉的雾气，照在天文台主建筑那已经无法辨认的墙上，墙上原来的窗子已经变成了黑黢黢的空洞，穹顶已经坍塌焚毁，其他屋顶也是如此……我们来到地下室的时钟间，在那个 5 米深的地方存放着普尔科沃图书馆的藏书。地下室中间部分的拱顶还算完整，但书籍一片混乱。我们艰难地找到了一个装有珍本图书和 1500 年以前古版图书的箱子。士兵们把箱子抬到了山脚下的一个卡车里。在接下来的两个晚上，列宁格勒的苏维埃政府组织了女民兵突击队，用若干卡车运走了图书馆里幸存的藏品。许多工作人员也自愿加入了这个行动。一次，[炮火袭来,] 人们被迫从卡车里跑出来，躺在公路边

的一个壕沟里躲避炮火。还好，敌人的炮弹落在了公路的另一侧，没有人受伤。

我知道作为开普勒物质遗产核心的那些珍贵的手稿算是被抢救出来了，但在这个曾经受人尊敬的图书馆里还剩下了什么其他的东西呢？为了搞清楚这些，我决定亲自去圣彼得堡看看。当我的一位老朋友，那时已成为普尔科沃天文台台长的维克托·阿巴拉金（Viktor Abalakin）得知我有此兴趣时，马上向我发出了邀请。于是，1996 年，我安排了一次赴圣彼得堡的夏季之旅。和我同往的还有一位专门研究开普勒的年轻学者詹姆斯·弗尔克尔（James Voelkel），他很想看一看我所见到过的那些手稿，它们在第二次世界大战前不久，被幸运地从天文台转移到俄罗斯科学院档案馆。

阿巴拉金在圣彼得堡机场迎接了我们，领我们出海关，然后就带我们去了位于机场正南方的天文台，它坐落在一片被广阔的森林覆盖着的迷人山脊上。对于一个天文台来说，普尔科沃着实非同一般，它有自己的宾馆，膳宿简朴但令人满意，我们很快就安顿下来。运气不错，有一个宇宙理论研讨会正在这里召开，因此备有可口的饭菜，还可以与那些谈得来的国际天体物理学家做伴。沿着缓坡轻松而上，穿过森林，就是历史悠久的天文台主建筑。现在，它已经根据 1839 年施特鲁韦（F. G. W. Struve）建造的天文台原型复原重建了。

施特鲁韦在 1808 年离开德国后，最初在多尔帕特天文台（爱沙尼亚的塔尔图附近）工作，后来被沙皇尼古拉一世请去建设新的天文台。他从慕尼黑订购了一架当时世界上最大的望远镜，是一架口径 15 英寸的折射望远镜，把它安装在中央穹顶下。施特鲁韦还开始建立一座第一流的图书馆，并在 1845 年天文台的第一卷《年

海尔－波普彗星划过普尔科沃天文台的上空

鉴》中将其编目造册。他的运气好极了，买下了因发现了第二颗和第四颗小行星而著名的德国天文学家奥尔贝斯（H. W. M. Olbers）的藏书，而其中收藏了几乎全部的有关彗星的文献。施特鲁韦四处购书，从莱比锡的书商魏格尔（Antiquariat Weigel）和伦敦的书商博恩（Bohn）那里购进了大量图书，并且他还劝说圣彼得堡的俄罗斯科学院将它们从两位在18世纪曾经为科学院工作过的爱好藏书的天文学家那里得到的天文学著作转让给自己。不仅如此，科学院同时还让出了开普勒的那些手稿。从1862年开始，施特鲁韦的儿子奥托开始担任天文台的主管，他曾在1860年出版过一套上下卷的增补版目录。这些目录上的书构成了施特鲁韦图书馆的核心，而印刷本的目录也成为了克劳福德伯爵的指南。

在重建的中心建筑的主层，我找到了阅览室，空无一人而透着神秘。上了锁的半地下书库是存放天文台的施特鲁韦图书馆那些旧书的，很快就有人为我把它打开。我迅速扫视了一下那些书架，发现大部分的旧编号都是连续的，但在其中的一些地方有重要的间断。1939年8月和9月间，第二次世界大战的前夕，详细的清查编目开始进行，战争刚一结束，工作再次开展，所以在这样的对比下，很容易确定哪些主题的图书被保存得几乎完好无缺，而哪些又遭受了重大的损失。

施特鲁韦图书馆藏有的开普勒印刷本著作曾经给人留下深刻的印象，它共有二十四部著作（或不同版本），基本上包含了他所有的重要著作。但不幸的是，大量开普勒的印刷本著作在战争中严重受损。结果，只有十四部保留了下来。老年的施特鲁韦最引以为骄傲的就是他拥有上下两卷的约翰内斯·赫维留斯的豪华插图本《天文仪器》（*Machina coelestic*，1673—1679），因为大部分的此书下卷在发放之前就在格但斯克的赫维留斯住处焚于大火了，这两卷珍贵的书描述了赫维留斯在格但斯克天文台中的天文仪器和望远镜，它们在施特鲁韦这里还侥幸地躲过了第二次世界大战的炮火。而令我最激动的是，同时还找到了《天体运行论》的第一版和第二版拷贝，因为我曾认为普尔科沃天文台的拷贝已经被拿到了城里的科学院图书馆，并且就是我曾经在那里看到过的那两本，但情况并不是这样，它们是另外的两本。这两个版本的拷贝，都是由他们的16世纪拥有者最初在维滕堡购得的，与众不同的是，它们都标有购买时的价格，分别是18和19格罗申，而当时的大学学费只不过是6—10格罗申。

在我参观的最后一晚，图书管理员在夜间开放了书库，这样我就得以最大限度地利用我的时间。由于吉姆·魏格尔并没有获得在科学院档案馆夜间观看开普勒手稿的特许，所以他也跟着我一起去看那些书，不久他就发现了一些我所没有注意到的东西。主通道另一侧的纸板文件盒里就是那些早期论文与彗星小册子的著名收藏，它们显然是完好无缺的。那些小册子按照年代顺序排列，关于1618年的彗星有43本，略少于竞争对手克劳福德收藏的52本。然而，施特鲁韦图书馆中却拥有若干爱丁堡没有的极为重要的小册子。为此，我真希望能多花两天的时间研究一下这些彗星收藏。

在我对普尔科沃图书馆进行了考察的十八个月后，从圣彼得堡传来了坏消息。在1997年2月5日凌晨的夜色中，那些珍贵的收藏成了纵火事件的牺牲品。一名歹徒打破窗户，向图书馆的书库中投掷了一些燃烧着的浸过油的破衣物。消防员赶到灭火，那些还未烧着的书又被水淹了。虽然后来的新闻报道略有出入，但提供的信息仍然显示：大约上千本图书被焚毁，而剩下的也被灭火的水严重损坏。

在一些私下的交流中，我了解到了如下的情况：俄罗斯黑手党对于普尔科沃天文台优美和便利的地理位置垂涎三尺，他们早就想在这里建造一座度假饭店，而又在获取部分天文台土地的尝试中屡受挫折。他们曾经三次企图纵火焚烧图书馆，警力不足的圣彼得堡警方并无力采取足够的措施。尽管如此，古版本与一些其他珍贵的书籍，包括第一版的《天体运行论》等还是被转移到了一个安全的地方。而这次纵火事件发生的时候，台长阿巴拉金和副台长都不在城里。于是悲剧发生了，那批在第二次世界大战中侥幸逃生的珍贵书籍终于成为了当地黑社会和阴谋的牺牲品。

纸板文件盒中的彗星小册子尤其怕火，但它们似乎又逃过了那一劫。被水浸过的书转移到了俄罗斯科学院的图书馆。而在 1998 年，那里又发生过一场可怕的大火，它毁掉了 40 万册图书，而火灾所催生的结果就是：瑙克学院图书馆成为了世界上最好的受损图书修复中心之一。一本被精心修复的珍本图书也许并没有失去其学术研究价值，可它在珍本图书市场上的交易价值显然会受到重大影响。

不幸的是，这个普尔科沃悲剧还有一个更为糟糕的续篇。就在火灾后的混乱中，那本第二版的《天体运行论》也被盗了。拷贝的藏书标签被取下，然后送到了慕尼黑进行拍卖。德国政府迅速没收了这本拷贝，而我为《普查》汇编的记录又再次被用于鉴定其身份。不过尽管身份清楚了，但慕尼黑警方显然还是做出了如下的决定：鉴于俄罗斯人从德国盗走了太多的书籍，所以他们就不打算将这本拷贝送回俄罗斯了。因此，就我所知，这本拷贝现在仍然被扣留在德国的某个地方。

不管如何，在这些故事中，有一些被盗的图书还是偶然物归原主，得到了一个不错的结局。或悲或喜，我的哥白尼《普查》中都为它们编写了简要的历史线索。

第十五章

印刷台上的《普查》

柏林墙推倒后十年，在期待中又过了两年，2001年的春夏之际，《哥白尼〈天体运行论〉（1543年纽伦堡版和1566年巴塞尔版）的评注普查》一书终于进入了出版前的扫尾阶段。自从我开始进行伟大的哥白尼追踪以来，欧洲的版图已经发生了巨大的变化。而在我的清单中，我一直是按照国家和城市的字母顺序排列拷贝的，所以根据变化，我不得不多次重排那些条目。在我调查之初，欧洲被简洁地划分为东西两个部分，一条划分线，一堵类似监狱中的那种高墙蜿蜒着切开德国。而随着高墙的消失，我不得不按字母顺序重排东德和西德的清单，把它们合并为一份。这样一来，合并以后的德国几乎成为了第一版拷贝"收藏之王"的最有力的竞争者，他们有45本拷贝，仅次于美国的50本拷贝而屈居第二。就每一个国家来说，各个城市也是按照字母顺序排列的，而当列宁格勒恢复为圣彼得堡的称谓后，这份清单也就不得不重排。

最终，我排下了俄罗斯的条目，它已经比调查开始时所在的苏联的位置前移了不少。接下来是西班牙和瑞典，然后是瑞士，它所占的篇幅与其数量很不成比例，这主要是由于开普勒的老师米夏埃多·梅斯特林，他那本现存于沙夫豪森的《天体运行论》拷贝中的重要评注描述起来就要占去了十页。在普查的整个研究过程中，我收集了一些关键书页的照片，以证明出自不同的手迹，比较页边画的图表，还可以让人直观地了解评注的整体风格。最后，我还收入了两张照片，完全是为了展示某些评注的笔迹是多么难以辨认。这两张照片来自于沙夫豪森的梅斯特林拷贝，上面所呈现的字迹小得可怜。我甚至怀疑他是不是有高度近视。

"英国（英格兰）"又是一个很长的部分，因为其中包含有32本第一版拷贝和38本第二版拷贝，然后就是整个《普查》中最有趣的一个序列，"英国（苏格兰）"。至今我仍然对苏格兰有幸拥有那么多重要的《天体运行论》拷贝感到不可思议。这一部分以阿伯丁开始，那里有三本拷贝，其中一本装订了插页，那居然是哥白尼《纲要》的三份早期手稿拷贝之一。接下来是爱丁堡，有亚当·斯密的拷贝、约翰·克雷格的抄有保罗·维蒂希旁注的拷贝、约弗兰库斯·奥弗修斯的初始拷贝，当然，其中最棒的还是那本拥有赖因霍尔德杰出评注的拷贝，对它的描述用去了十多页的篇幅。

然后是格拉斯哥，那里有三本第一版的拷贝。我尝试着给有维勒布罗德·斯涅耳（Willebrord Snell，1580—1626）手迹的那页拷贝做了个插图。他就是现在以斯涅耳定律而闻名的那位天文学家，该公式表现了光在出入玻璃透镜的时候是如何改变方向的。2001年，在我开始给《普查》编订现在的照排版时，仍然没有选定最后的插图，所以当我进入了跑道上最后冲刺的直道时，一个更大的惊奇还在等着我。斯涅耳拷贝第81对开页左页的底部，标有他亲笔所书的词头缩写"Ru Sn"，表明了这里的评注最初来自他的父亲鲁道夫·斯涅耳（Rudolph Snell）。但是当更仔细地查看这张照片的时候，我才发现，还有另外一个我尚未能明确身份的人，在左侧的空白处写下了一些注释。

与许多在这个故事中相对并不知名的天文学家——赖因霍尔德、维蒂希、奥弗修斯等不同，格拉尔杜斯·墨卡托（Gérardus Mercator）则由于他的地图投影法而有着显赫得多的知名度。他的那种经纬线的矩形网格，使得格陵兰看起来有美国那么大。墨卡托不仅是一位杰出的地图绘制者，还是文艺复兴时期的一位博学家：天文学家、星盘仪制作者、雕刻师以及手写体的改革者。当你把大写字母“E”写成“ε”的样子时，你正在使用的就是墨卡托推行的字体。

在比利时，墨卡托一直是一个颇受重视的名字，就在1994年，狂热的墨卡托迷在地方银行的帮助下还制作了一本奢华的大部头年谱来记述他的成就。这本书让我读起来兴致勃勃，但尤其吸引我眼球的还是其中一个记载他藏书的附录。在19世纪时，还可以找到一本收录墨卡托藏书的单行本，但是现在这本小册子已经找不到了。然而幸运的是，有人曾经做了一册手抄本拷贝，并且它已经被排印到那本精美的《格拉尔杜斯·墨卡托》中了。在藏书中，众多数学书之间有一本《天体运行论》，它“带有格拉尔杜斯·墨卡托的旁注”。

现在，参考一些早期的目录，我对相当多“失踪的”《天体运行论》拷贝已经有所了解。比如，我知道有两本拷贝是属于伊丽莎白一世时代的占星家约翰·迪伊的，他的私人图书馆是16世纪英格兰最大的图书馆之一，但图书馆的详细目录中并没有显示他是否对那两本哥白尼拷贝做了评注。类似地，沃尔特·雷利（Walter Raleigh）爵士在他的《世界史》（*History of the World*，伦敦，1614）中也曾谈及他拥有一本哥白尼著作的拷贝，但同样没有提及他是否在上面做了评注或题写了自己的名字。类似的情况还见于皇家天文学家约翰·弗拉姆斯蒂德（John Flamsteed）和埃德蒙·哈雷（Edmond Halley）。

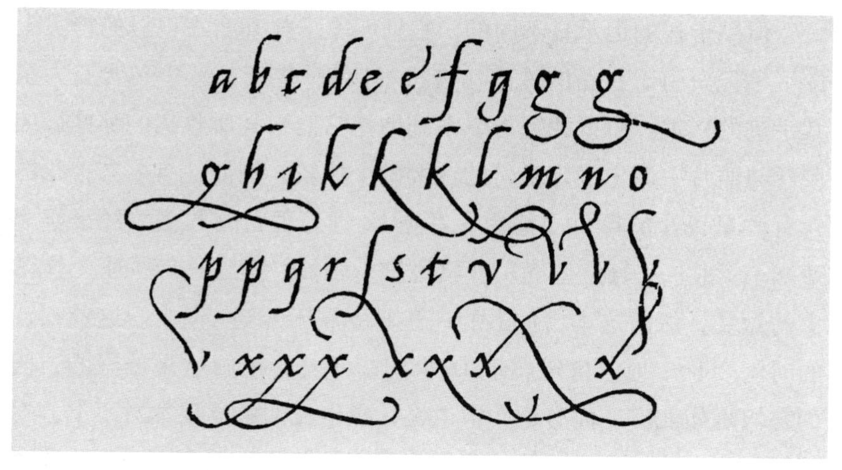

格拉尔杜斯·墨卡托的手写体小写字母表。出自他的《书信集》(*Litterarum*，卢万，1546)

Ab Hipparcho ad Ptol: anni 266, pag: 65.6.

Excētrot: Marhomeri

pag 69 8.

quibus ſub
Autumnal
â Bruma in
mæus, non
ſe inueniſſe
pus, ſumma
& eccentro
ſcrup. xxx
CLXXXII.
elicuit ecce
tro eſt 1000
tis ratione,
x. quod M
ante idem ſ
am adhuc ſ

墨卡托那本《天体运行论》拷贝第87对开页左页上手写的斜体旁注。现存于格拉斯哥大学图书馆但墨卡托的记录是不同的，它证明墨卡托确实在自己的拷贝上做了笔记。由于在新的这部《格拉尔杜斯·墨卡托》中包含有大量其手迹的样本，所以我就可以系统地把它们同我所收集的那些微缩胶卷与照片中尚未确定身份的注释做个比较。例如，有一本神秘的含有大量评注的拷贝，其拥有者是18世纪著名的苏格兰经济学家亚当·斯密，并且他也确实涉猎过这个领域，写过一篇关于天文学史的短文。然而这本拷贝上的评注并不属于亚当·斯密。这些评注的时间要早于他，肯定属于16世纪，我希望了解这是谁写的，因为它们是如此广泛而有趣。很遗憾，墨卡托的笔体根本对不上。对于另外几本神秘拷贝，我一度怀有很高的期待，但冷酷的事实让我意识到，墨卡托的笔迹样本并没有找到一个令人信服的归属。于是，在《普查》向着它的终点前进的时候，墨卡托看起来注定要成为另一个“无家可归的人”了。

我突然心血来潮，决定把斯涅耳拷贝第81对开页左页上那个尚未有所归属的笔迹与墨卡托的笔迹进行对照，我以前一直没有这么做是因为我错误地以为斯涅耳拷贝上的评注已经全部解决归属问题了。忽然，我意识到，我最终逮住了那本失踪的墨卡托拷贝。字母“g”的一个非常典型而特殊的小尾巴绝对可以令人信服：这些页边注释明显符合《格拉尔杜斯·墨卡托》一书中作为插图的许多信件中的手写草书。

但是谜团并未就此终结，我检查了从格拉斯哥的拷贝上拍摄的一组照片，竟发现了第三种笔迹，它不是鲁道夫·斯涅耳的，也不属于继斯涅耳之后拥有这本拷贝的法国财政大臣让－巴蒂塞特·科尔贝（Jean-Baptisete Colbert）。其评注显然是与墨卡托的评注有联系。我知道卢万天文学家杰马·弗里修斯是墨卡托的老师，但他的拷贝位置目前已知，位于荷兰北部吕伐登的弗里西兰图书馆，并且其笔迹是完全不同的。约翰内斯·斯塔迪乌斯以哥白尼的理论为基础计算了许多星历表，他是卢万圈子中的另一个成员，但他的拷贝也被找到了，目前保存于美国的西点军校图书馆。还有另一位荷兰的哥白尼信徒菲利普斯·兰伯根，他的拷贝很可能是多伦多的那一个，但它有着完全不同的评注。

这第三种笔迹到底出自谁的手笔呢？几天以后，对于失踪的墨卡托拷贝的身份确定和重新获得，我仍然感到兴奋不已，我向一个同行分享了我的发现，向他展示了拷贝的影印件和那部豪华的《格拉尔杜斯·墨卡托》。为了描述墨卡托是多么博学的一个人，我翻开了那些印有墨卡托做的星盘仪的书页，然后又翻到了带有墨卡托设计的斜体字母样子的书页。突然，我有了一个念头：把那些斜体字母与第三种笔迹做个比较会怎么样呢？对比的结果几乎马上就出来了。大写的“ε”以及小写的“h”和“p”最有特点，证明那第三种笔迹也是墨卡托的，只不过是用了他的新字体。尽管他的那些注释本身似乎并不是多么出色，但确定了墨卡托拷贝的身份，解开哥白尼追踪中尚存的谜团之一，的确是个令人满意的结果。

一天早上，我正埋头于《普查》的工作时，接到了乔纳森·希尔（Jonathan Hill）的一个电话。他是一个纽约的大书商，对我的整个计划都充满了强烈的兴趣，还提了很多有用的点子帮我用恰当的方式描述书的物理特征。他在电话中告知我：“我刚刚得到了一本很不错的第二版拷贝。”

“哦，我以前知道它吗？在《普查》中有吗？”

“我怎么可能知道呢？”他回答得很直率。于是我建议他把这本拷贝送到坎布里奇，这样我就可以进行查对了。他立即就这么做了。

这种事并不是没有先例的。1980年年底，我曾经把一本从旧金山书商沃伦·豪厄尔（Warren Howell）那里借来检查的第一版拷贝放在办公室差不多有六个星期，可我竟然没有意识到我以前曾经见过它。在我把拷贝送回加利福尼亚几乎两年以后，我接到了豪厄尔的一个电话，他请我把对他的拷贝所做的记录与我对芝加哥克里勒图书馆的拷贝所做的记录做个比较。因为我所有的调查记录都位于办公桌上的一大排文件夹中，所以我叫他别放电话，马上就给他查。我把电话听筒夹在肩膀上，在笔记中查阅着。芝加哥的拷贝和豪厄尔的一样，也是按照1620年罗马教廷指定的标准方式进行审查的。但我发现芝加哥的拷贝在第4对开页左页上有17行额外的手稿，真是让人吃惊，在我的记录中，豪厄尔的拷贝上也有同样的东西。并且它们的书页尺寸完全相同，不差分毫。

"怎么会这样，它们是同一本书！"我不假思索地脱口而出，带着几分惊奇，"我还不知道克里勒图书馆的哥白尼拷贝现在丢失了呢。"

"那正是我所担心的，"豪厄尔听起来很有些伤感，"我也不知道它失踪了。先不要告诉任何人，我已经想好了该怎么做。"

作为一个声名显赫的书商，珍本科学图书也是豪厄尔的经营领域之一。有一个名叫约瑟夫·帕特南（Joseph Putnam）的人曾经与豪厄尔接近，他自称来自东欧的流亡者，并称他从东欧秘密带出了一些书籍。他出售一些精彩的科学史经典，其中就包括《天体运行论》和更为罕见的威廉·哈维的《心血运动论》。而豪厄尔并不知道，帕特南曾对芝加哥克里勒图书馆的工作人员百般逢迎，以致他可以经常在无人看管的情况下进入珍本藏书室并擅自拿取那些极为罕见的珍本。他拿着一个大公文包，把那些他想要的书籍封在一个写好了地址的大信封里，就好像完成后要被寄出的研究计划一样，然后只是匆匆地被检查一下，就走出了图书馆。他这么做的同时，还会把目录中所有相关的卡片移出。直到有人询问到一部众所周知的只有克里勒图书馆才收藏的医学手稿时，他的肮脏行径才开始被揭露，而此时豪厄尔已经把手稿卖给了另一个书商，书最终到了柏林国家图书馆。与此同时，克里勒图书馆发现它的那本罕见的哈维著作找不到了，于是开始对书籍进行清查，结果表明，它们的损失还远远不止于此。而直到联邦调查局向豪厄尔出示了一份丢失书籍的清单时，他才意识到，自己成了一场大骗局的牺牲品。正是这时他打电话给我，想核查一下那本哥白尼拷贝是否真的来自克里勒图书馆。几星期后，大约是 1983 年 1 月的中旬，豪厄尔再次打电话给我，告诉我约瑟夫·帕特南已经在密尔沃基被捕了，从他的家中竟然找到了 300 多本来自于克里勒图书馆的珍本书。

豪厄尔竭尽全力从他的买主那里赎回书籍，并取得了部分成功，但一年后他抑郁而终，这真是一个悲剧，他是一个多么和蔼而又友善的好人啊。而帕特南被判有罪，要在联邦监狱里服刑两年。

乔纳森·希尔托付给我的那本第二版《天体运行论》辨认起来就要容易得多了。有人曾用黑色的签名笔在扉页的拉丁文题字中删掉了一个可以确定身份的单词，但利用计算机资料的检索很快就补齐了这句话，画掉的单词是拉丁文 Brunae，就是捷克的布尔诺(Brno)。我曾在布尔诺的国家科学图书馆中查阅过这本拷贝，但在 1993 年，捷克斯洛伐克分裂成两个部分，而图书馆就把这本拷贝归还给了它从前的拥有者——布尔诺城外的一个奥古斯丁教修道院。这是一家著名的修道院，声名卓著的遗传学家格雷戈尔·孟德尔（Gregor Mendel）就曾经在这里担任过院长之职。

现在的问题在于：修道院是否已经把这部拷贝出售以换取一

些所需的现金呢？希尔是从一位声誉很好的德国商人那里拿来这本拷贝试看的，而那位商人确信他的来源是合法的。互联网与电子邮件现在已经非常盛行，所以我在36个小时内就可以确定书的身份。结果是个坏消息。修道院并没有出售这本拷贝，它是随着一个临时工一起消失的。我猜想现在这本拷贝又回到了布尔诺的修道院，并且有人在那个消失了的窃贼那儿花了冤枉钱。至于冤大头是那个德国商人还是给他上保险的保险公司我就不知道了。而我所了解的就是：对于这种情况，现在很多商人都会去上保险。

但不幸的是，这样的情况太少了，在大多数案例中，被盗的书籍根本就找不到它们的回家之路。

对于112本现存美国的第一版和第二版拷贝进行计算机排版就相对容易多了，因为尽管美国是拷贝的最大拥有地，但除了极少数的例外，这些拷贝的描述和评注都非常简单。总的来说，美国的拷贝既没有大量丰富的评注，也不像一些欧洲拷贝那样有值得夸耀的未间断过的出处。至于为什么会是这样，恐怕就很难得到答案了。最引人注意的例外就是耶鲁拜内克图书馆的拷贝，对它的描述占了八页篇幅，其中包括五幅插图。除此之外，就没有描述超过一整页的拷贝了，虽然堪萨斯城的林达·霍尔图书馆的第一版拷贝倒是占了一页多的纸，但它只是一个简短的描述，外加原拷贝中所夹带的一个纸制小仪器的一整页插图。当然，除了耶鲁的那个是“三星”拷贝外，还有少数几个是“二星”拷贝，其中包括在俄克拉何马大学和密歇根大学的第一版的奥弗修斯拷贝。

终于，我排到了最后一个美国条目。这部弗吉尼亚大学的第二版拷贝，也许就是托马斯·杰斐逊（Thomas Jefferson）专门给图书馆订购的那一部。但是由于1895年的一场火灾，图书馆中的许多藏书都被焚毁了，所以现在已经不可能知道这个拷贝是否就是原来的那一本，或者早已是个替代品了。

由于南斯拉夫（Yugoslavia）已经被克罗地亚（Croatia）代替，它就失去了在字母排序上的终结者地位，而梵蒂冈城（Vatican City）又被并入了意大利（Italy）一组，所以“美国：得克萨斯—弗吉尼亚”（USA: Texas-Virginia）就成了条目的结束位置。①

然后就只剩下附录了，这是一个各种各样的表格所组成的部分，比如一个按年代列出的拍卖记录清单（这很好地证明了书的两个版本不断攀升的价格），还有与哥白尼有关的书籍的位置清单，也就是雷蒂库斯的《初讲》和他1542年编辑的哥白尼《天体运行论》的三角学部分，即著作《三角形的边与角》。尽管对于后者，我长时间来一直在收集有关它的位置的情况，但此时突然意识到，我从未系统地列出过一个清单。最后时刻的觉醒弄得我手忙脚乱，我决定，如果在两天之内我能够整理出藏有这部作品的大约四十条图书馆收藏的清单，那么我就把它收入附录中。

在我去图书馆寻找《天体运行论》的同时，我已经确定了超过两打的《三角形的边与角》拷贝的位置，还有差不多一打拷贝的情况是来自于《国家联合目录》和联机计算机图书馆中心。最有意义的收获来自于卡尔斯鲁厄虚拟目录，这个欧洲主要的计算机数据库足以使我超额完成任务。还有一个来源是意大利目录学家焦万那·格拉西（Giovanna Grassi）出版的欧洲各天文台图书馆的早期图书目录。我浏览着她所列出的哥白尼著作拷贝，目光从《三角形的边与角》游移到《天体运行论》上，忽然，我被惊呆了！尽管这

---

① 以上叙述是基于英语字母顺序的排序而言的，包括本章前面的很多叙述也是如此，但在译文附录中，为了读者直观查阅，已将国家和城市名称按照中文音序重排。——译者注

本目录在我的书架上已经有十多年了，也是我经常会查阅的参考资料，但不知什么原因，我从未对其中所列出的这部巨著的位置进行核查。格拉西列出了 15 本第一版拷贝，其中 14 本我是见过的，有一本对我来说是全新的。与此类似，她所列出的 15 本第二版拷贝中也有一本是新的。看来，那不勒斯和雅典的天文台都有我曾忽略的《天体运行论》拷贝。

通过长途电话和电子邮件，这个情况几乎立刻就被证实了。但消息还不止于此。那不勒斯天文台不仅有第一版拷贝，他们也有第二版。这三本额外的拷贝现在被收录在《普查》的补遗中，使得条目的总数达到了 601 条。这个总数中还包括了在第二次世界大战中被毁的三本德国拷贝，因为一些有关它们早期出处的有限信息幸存了下来。还有几本拷贝地处遥远，比如在立陶宛、科西嘉、克罗地亚和菲律宾，尽管我知道所有这些拷贝的信息，但我并没有亲自检查过。此外，梵蒂冈的图书馆员一直没能找到他们保存的拷贝之一，不过我为了完整，还是在没有任何细节的情况下把它列了出来。

还有多少现存的拷贝我未能列出来呢？显然，这是一个无法回答的问题。随着我探究的继续，新拷贝的发现越来越少，但我似乎感到这个数字会不断增大，因为并没有任何证据表明我已经接近了未知拷贝的尽头。当然，无限一定是个错误的答案，因为第一版拷贝可能的印数只不过是 400 到 500，而第二版也不过介于 500 和 600 之间。自《普查》出版以来，我又找到了一本第一版拷贝和六本第二版拷贝。如果一定要说一个数字，我估计顶多还有一打第一版拷贝和两打第二版拷贝未被发现。只有时间才能见证我的预言确切与否。

在我最初进行哥白尼调查的那些日子里，我曾与我的波兰同行协商并且与波兰科学院“哥白尼研究”丛书的主编保罗·恰尔托雷斯基达成共识，就是我的《普查》应该出版于他们的丛书之中。随着研究范围的不断扩大，我认识到全世界的图书馆员和藏书者都会对此书感兴趣，所以我认为，与一个西方出版社进行合作对保证该书的易于使用是很有价值的。最后，恰尔托雷斯基同莱顿的布里尔学院出版社签署了出版西方版“哥白尼研究”丛书的协定。布里尔学院出版社的工作做得非常漂亮，印刷精美，里面的 63 张铜版纸图片效果很好。

布里尔学院出版社的《普查》只印刷了 400 本，刚好与第一版《天体运行论》的最低估计印数相当，我们最初估计这些书要二十年才能卖完，这也与佩特赖乌斯版的《天体运行论》售完所花的时间大致相同。然而这个估计却是大错特错了，因为书几乎马上就脱销了。

只有少数的书籍曾经成为彻底普查的目标。当然，藏书家们都渴望着有一份对古腾堡《圣经》所有位置的调查资料。甚至晚近到 1996 年，一份以前从未记录过的只剩 177 页的该版《圣经》残本就在德国伦茨堡被发现，但这种事似乎不再可能发生。而相对来说，汇编一份约翰·詹姆斯·奥杜邦（John James Audubon）的《美洲鸟类图谱》（*Birds of America*）拷贝的普查就比较容易——不只是因为它有着巨大的全开本版式而不易遗漏，更主要的是它有一份原始订户清单。而“莎士比亚戏剧首版对开本”的所有已知拷贝大多数现存于华盛顿的福尔杰莎士比亚图书馆，一个世纪以前，有人曾做过这部书的普查。但所有的这些调查工作都没有像我的哥白尼《普查》那样，包含有对拷贝物理特征的详细描述和出处源流的列表。不过我知道，一个针对“莎士比亚戏剧首版对开本”的类似计划正在实施之中。

对于牛顿《数学原理》拷贝的保存位置，现在已经有了一个范围相当大的清单，但并不是最后的终结版。这本极为重要的著作将是一个很好的调查目标，它完全可以与哥白尼《天体运行论》的普查相媲美，但就我的经验看，要完成这样的工作并不轻松。最近，关于开普勒所有著作拷贝的位置，也出现了精心制作的清单，不过其中并没有尝试对私人收藏进行普查。开普勒1609年的《新天文学》是另一个进行评注普查的选择，但我的初步研究显示，由于其中有评注的拷贝要比《天体运行论》少得多，所以这一研究的乐趣和意义也就小了许多。

人们可以通过查对《普查》为每本拷贝所列出的一系列出处而找出哪一本拷贝的拥有者曾经是一位电影明星、一位圣徒或是一位异教徒，也可以找出哪一本拷贝的出处清单最长。很多拷贝只有一个出处，其原因很简单，就是我对它们的前任拥有者完全未知。当然，也存在着几个特例，拷贝仍然在16世纪它们最初被获得的机构中而未经流转。最后，还有一些拷贝有着不平凡的经历。

现存于巴黎天文台的一本第一版拷贝的旅程让我感到惊异。它最早的物主身份证明来自于16世纪下半叶，此时一位身份不明的拥有者从让·皮埃尔·德梅姆的拷贝中抄录了笔记；而德梅姆的大部分笔记则是在16世纪50年代晚期从他的老师约弗兰库斯·奥弗修斯那里抄来的。那位匿名拥有者还留下了他自己的一些笔记，其中包括对梅斯特林1580年出版的《星历表》中文字的一个引用。接下来的记录出自卡斯珀·波伊策尔，他曾是赖因霍尔德在维滕堡的学生，而后在1554年接替赖因霍尔德成为那里的天文学教授。尽管他是自己人，在1550年与菲利普·梅兰希通的女儿结为夫妻，

DE LATERI-
BVS ET ANGVLIS TRI-
angulorum, tum planorum rectilineorum,
tum Sphæricorum, libellus eruditissimus
& utilissimus, cum ad plerasque Pto-
lemæi demonstrationes intelligen-
das, tum uero ad alia multa,
scriptus à Clarissimo &
doctissimo uiro D. Ni-
colao Copernico
Toronensi.

Additus est Canon semissium subten-
sarum rectarum linearum
in Circulo.

Excusum Vittembergæ per
Iohannem Lufft.
Anno M.D.XLII.

雷蒂库斯编辑的《天体运行论》三角学部分：《三角形的边与角》（维滕堡，1542）

但由于其隐秘加尔文派[①]的身份，他还是被判监禁，在1574—1586年的十二年监禁中，他用自己的鲜血制作墨水以便坚持写作。波伊策尔后来复职以后，在第谷从丹麦去布拉格的途中，他热情地招待了那位丹麦天文学家。虽然这本拷贝是如何从巴黎来到维滕堡的在其历史上是一个空白，但可以肯定的是，波伊策尔在被释放以后得到了它。这本拷贝的下一个知名拥有者是约瑟夫－尼古拉·德利斯勒（Joseph-Nicolas Delisle），这位法国天文学家在18世纪的圣彼得堡建立了那里最初的天文台，他丰富的私人藏书后来汇入了海军史料部的藏书，继而又归于巴黎天文台，一直至今。我们可以这样设想：德利斯勒在德国找到了这本拷贝，把它带到俄罗斯，而最终又把它带回了巴黎，当然这纯属推测。他得到这本拷贝的确切时间和地点又是一个未知数。不管怎么样，这本拷贝经历了如此的旅行又回到法国还是让人有些吃惊。

还有一个更为断断续续的出处，不过它的考证却是我的得意之作。这个出处将现存于普林斯顿的沙伊德藏品中的第一版拷贝与米兰著名的布赖登斯国立图书馆建立了联系。沙伊德家族三代人建立的这个私人收藏，就收藏于普林斯顿大学图书馆中。收藏的创始人约翰·欣斯达勒·沙伊德（John Hinsdale Scheide）在1928年从颇具个人魅力的美国书商之首罗森巴赫（A. S. W. Rosenbach）那里花了785美元买下了这本《天体运行论》拷贝。拷贝中有一些难以辨认的大写字母，标注的日期是1710年3月12日，还有一个古老却与此无关的书架编号：S.15.11，此外就没有可以被确认的标记了。我在参观米兰的国家图书馆时，不仅对其存有的两本第二版拷贝——

① crypto-Calvinism，隐秘加尔文派。指16世纪追随梅兰希通的基督教徒，表面上信仰路德宗，暗地里却持加尔文论基督及圣餐之教义。——译者注

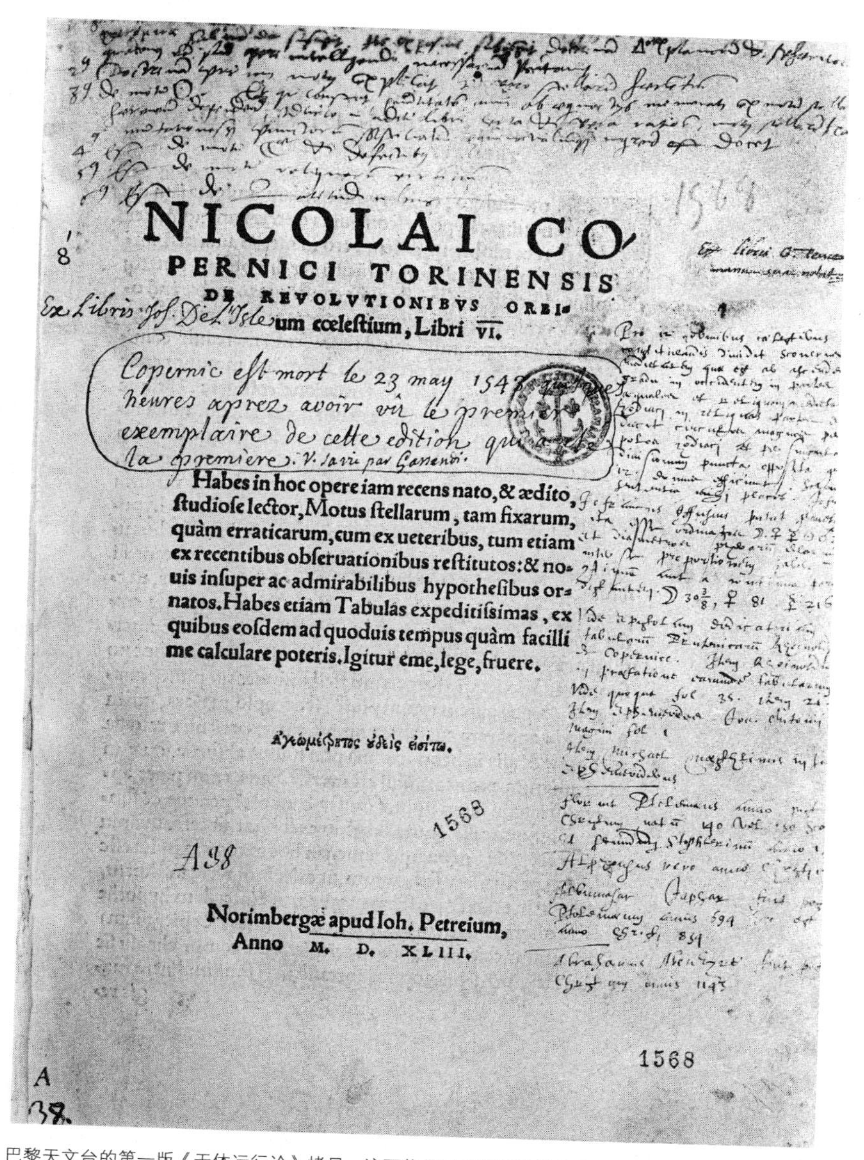

NICOLAI CO
PERNICI TORINENSIS
DE REVOLVTIONIBVS ORBI-
um cœlestium, Libri VI.

Ex Libris Jos. De L'Isle

Copernic est mort le 23 may 1543 ... heures aprez avoir vû le premier exemplaire de cette edition qui ... la premiere. V. sa vie par Gassendi.

Habes in hoc opere iam recens nato, & ædito, studiose lector, Motus stellarum, tam fixarum, quàm erraticarum, cum ex ueteribus, tum etiam ex recentibus obseruationibus restitutos: & nouis insuper ac admirabilibus hypothesibus ornatos. Habes etiam Tabulas expeditissimas, ex quibus eosdem ad quoduis tempus quàm facillime calculare poteris. Igitur eme, lege, fruere.

Ἀγεωμέτρητος οὐδεὶς εἰσίτω.

1568

A 38

Norimbergæ apud Ioh. Petreium,
Anno M. D. XLIII.

1568

A 38.

巴黎天文台的第一版《天体运行论》拷贝。这可能是已知的评注最多的扉页，有维滕堡大学赖因霍尔德的继任者卡斯珀·波伊策尔的笔记（右上），还有把这个拷贝带回巴黎的约瑟夫-尼古拉·德利斯勒的手迹（左中）

其中一本按照宗教裁判所的法令进行了审查，另一本则完全没有评注——做了记录，而且我还注意到图书馆的古旧手稿目录中记录着这个机构曾经拥有一本第一版拷贝，且书架编号就是 S.XV.XI（罗马数字 S.15.11）。过了一段时间，一天，当我在办公室里漫不经心地查对调查资料时，我突发奇想，把这个书架的标记与我在其他的收藏中所记录到的一些古老的数字进行比较，我几乎立即就找到了匹配的数字。无疑，沙伊德拷贝曾经保存于米兰图书馆，但它什么时候，又是如何离开的，可能会是一个永远难解的谜了。人们唯一能感到好奇的就是，作为一个不同寻常的精明商人，罗森巴赫是否会有任何关于它出处的线索。

我总是对古老收藏的那些印刷本目录感到好奇，一有机会，我就会进行查阅，看看其中是否有哥白尼的著作。不久，我就碰到了1783 年在米兰出版的一部多卷本藏书目录《菲尔米安藏书》。这个收藏是卡洛·朱塞佩·菲尔米安（Carlo Giuseppe Firmian）建立的，其中就有一本第一版《天体运行论》，很可能就是后来进入了布雷登斯（Braidense）收藏中的那本。尽管这次遇到《菲尔米安目录》的机会又为沙伊德拷贝确定了一个更早的出处，但沙伊德拷贝与巴黎天文台拷贝都还没能打破出处个数最多的纪录。保持领先的拷贝曾先后有过九个拥有者，这样的拷贝有两本，分别是弗罗茨瓦夫奥索林斯基研究所图书馆的一本第二版拷贝以及密歇根大学安阿伯分校的一本第一版拷贝。

坦白地说，那本波兰拷贝的九个出处并没给我太多的启发，因为它们大多无法确定身份，甚至有模糊的污迹，或者因边缘的裁剪而难以辨认。安阿伯的拷贝情况则要好一些，可是尽管它最初的评注者（身份未定）在 16 世纪 50 年代后期抄录奥弗修斯拷贝（现存于爱丁堡）的旁注使它有了一个很好的开端，但它最初的过程也是模糊不清的。稍后，这本拷贝进入了巴黎显赫的拉穆瓦尼翁（Lamoignon）家族的收藏，并且出现在他们1770年刊印的目录中。值得一提的是，这个目录本身就是相当稀有的，因为它只印了区区15本！最终，这个收藏被英国书商托马斯·佩恩（Thomas Payne）获得，他在1791年将其中的《天体运行论》进行拍卖。从1791年到1809年的十八年间，这本哥白尼拷贝的去向没有记录，直到1809年被牛津大学的天文学教授斯蒂芬·彼德·里戈（Stephen Peter Rigaud）得到。里戈死后，他的收藏被牛津大学拉德克利夫天文台悉数买下，到了1935年，天文台图书馆的藏书又被移交给了牛津大学图书馆，而后者因为重复收藏而对拷贝进行了拍卖。底特律的一位慈善家特雷西·威廉·麦格雷戈（Tracy William MacGregor）通过代理人以165英镑竞得了这本拷贝，三年后，他将之捐赠给了密歇根大学图书馆。

另外四本拷贝都先后有八位拥有者，其中两本拷贝的拥有者始于16世纪。一本是剑桥圣三一学院的第一版拷贝，我在第二章中曾做过描述。另一本是第二版，曾经有繁杂的经历，但现在已经相当合宜地归于弗罗茨瓦夫大学的图书馆。这是保罗·维蒂希评注过的几本拷贝之一，但并不在后来第谷买走的那三本之列，因为它显然逗留在弗罗茨瓦夫很长的时间，长得足够让同城居住的年轻同行塞比什详细地抄录他的评注。我用紫外线灯照射后辨清的题字表明，维蒂希的这本拷贝后来曾短暂地到过波林格学院图书馆（可能在巴伐利亚）。一个磨损相当严重的题字显示，1816年，此拷贝为俄罗斯男爵冯·坎斯塔特（Baron von Canstadt）所拥有，他当时曾待在慕尼黑很长时间。后来它进了那里的皇家图书馆，而最终因为重复收藏被处理了。之后，伦敦的皇家天文学会得到了它并进行了重新装订。由于通常的第二版《天体运行论》中都包括有雷蒂库斯的《第一报告》，而这本拷贝却没有，所以我推想它是被波林格学院拿掉了，因为雷蒂库斯在那里是一个被禁的作者。1949年，皇家天文学会把这本拷贝当作一本有缺陷的重复收藏而放弃，并没有意识到拷贝中包含有现存最重要的16世纪评注之一。在罗曼·乌米亚斯托夫斯基买走这本拷贝之前的数年间，它一直为厄恩斯特·魏尔所持有。乌米亚斯托夫斯基得到它以后，我不失时机地怂恿他说，对于弗罗茨瓦夫大学图书馆来说这是一个再好不过的礼物了，于是，在1982年，他真的把这本拷贝捐赠给了弗罗茨瓦夫大学图书馆。这本拷贝具有双重的意义，因为维蒂希正是来自弗罗茨瓦夫，并且现在塞比什的拷贝也在那里。

我的《普查》对拷贝的拥有者们来了个壮观的大检阅。拷贝的拥有者中有埃斯科里亚尔宫的建筑师赫雷拉、天文学家兼地图绘制者墨卡托、威尼斯音乐理论家朱塞佩蒂·扎利诺（Giuseppe Zarlino）、普勒阿得斯团体的诗人蒂亚尔、人文主义学者约翰内斯·桑布库斯和彼得罗·弗朗切斯科·詹布拉里（Petro Francesco Giambullari）、古董收藏家约翰·奥布里和威廉·卡姆登（William Camden），还有银行家约翰·雅各·富格尔。法国的亨利二世、西班牙的菲利普二世、英格兰的乔治二世、波兰的西吉斯蒙德二世、埃格蒙特伯爵、选帝侯奥托·海因里希（Otto Heinrich）等都收藏有这本书的拷贝；在沃尔芬比特尔，拥有18世纪早期欧洲最好的图书馆的奥古斯特公爵同样也有这样的藏品。此外，在那些早期的拥有者中还包括圣阿洛伊修斯·贡扎加（Saint Aloysius Gonzaga）、布鲁诺、约翰·迪伊、托马斯·迪格斯、第谷、伽利略、开普勒，还有许多名声稍逊的医学博士和占星家，甚至业余爱好者，譬如新近的好莱坞影星吉恩·赫肖尔特（Jean Hersholt），他那本第二版拷贝现在保存于美国国会图书馆。

当然，并不是所有这些拥有者都真正读过这本书。那些王室成员并不在他们的拷贝上做任何评注，但是另外一些人这样做了，他们为后人留下了珍贵的遗产，也证明了在科学的文艺复兴时期，这本书曾被人们阅读，被人们感受和理解。显然，当克斯特勒断言《天体运行论》是“一本没有人读过的书”和“有史以来销量最差的书”的时候，他就犯了错误。他真的错了。

大错特错。

尾　声

“这儿怎么了？出了什么事儿？”问话的是唐·戈德史密斯(Don Goldsmith)，我的密友，有时也是一个充满智慧的辩论对手。2000年的一个下午，我在办公室刚刚送走两个来访者，唐就从伯克利不期而至。

“哦，”我并没有回答，反问他，“你觉得这里发生了什么特别的事情吗？”

“噢，很简单，通常你那些学术界的来访者不会在衣服口袋里露出左轮手枪的形状。”

那天我被要求保密，因此我只能暗示了一下。他的推测是正确的，来访的是联邦调查局的人。无疑，他已经觉察到此事与珍本书有关，很可能就是《天体运行论》，但我当时并不能透露细节。

几个月前，伦敦的佳士得拍卖行宣布他们要拍卖一本第一版的《天体运行论》，估价是50万到80万美元。在拍卖前差不多一年，一个“读者”在基辅大学图书馆，借了一大摞珍本书，过了一会儿，他把自己的夹克留在那些书边上出去抽烟。但直到闭馆，他也没有再回来，而那摞书中刚好缺少了一本1543年的《天体运行论》。六个月后，一桩手法类似的盗窃案发生在克拉科夫科学院图书馆。忽然之间，佳士得拍卖行发现他们处于言论的围攻之中。波兰媒体上有关克拉科夫的《天体运行论》要在伦敦被拍卖的消息铺天盖地，当局也表示这本拷贝应该是属于他们的。我向佳士得的专家们保证，他们拍卖的那本拷贝我以前从未见过，所以并不在最近被盗的拷贝之列，并且根据我对克拉科夫拷贝的详细记录，我可以证明，两者不是一回事儿。拍卖行把我的说法转给波兰方面，但没什么用。两个波兰图书馆馆员飞到伦敦，亲自检查了那个拷贝，才确信那并不是他们的。然而，他们也并不是一无所获，在拍卖目录中，他们发现了一本被盗的伽利略的《星际使者》。

就在拍卖的前两天，伦敦警察厅报告说又有人提出了对这个哥白尼拷贝的所有权，这次是阿尔巴尼亚。这让我感到有些摸不着头脑，因为我怎么也想不起来有哪个阿尔巴尼亚的图书馆会有一本哥白尼的拷贝，特别是因为它曾经是一个极其封闭的国家，贫穷而几乎没有什么这类知识上的珍品。事实证明确实与阿尔巴尼亚不相干，因为这条信息搞错了，其实是乌克兰提出了他们丢失了基辅拷贝的声明。我再次向佳士得的专家们保证，对于基辅的拷贝我也有相应的记录，它同样不是他们要出售的拷贝。然而，就在拍卖前不足 24 小时，一封来自麻省理工学院的律师函声称，那本要出售的拷贝可能是他们的。终于，佳士得感到这本书会招来不少麻烦，所以他们取消了这本拷贝的拍卖。

我的研究以一种奇怪的方式使麻省理工学院图书管理员天真地认为这是一条合理的主张。佳士得拍卖行的拷贝 18 世纪曾为路易斯·戈丁（Louis Godin）所拥有，这位法国天文学家曾经到秘鲁测量子午线的弧长，后来成为西班牙加的斯海军学院的院长。我曾经告诉佳士得拍卖行的专家，戈丁还有一本第二版的《天体运行论》

现存于麻省理工学院的迪布纳科学史研究所。随后，佳士得拍卖行在第一版拷贝的拍卖品描述中写到戈丁所曾拥有的另一本拷贝位于麻省理工学院，只是没有提及那本拷贝的明确位置。

眼尖的麻省理工学院图书管理员马上检查了他们的目录，但并没有找到这样一本拷贝，因为迪布纳科学史研究所在麻省理工学院的校园中是一个独立的机构，它对于珍本科学书籍的收藏并没有列入麻省理工学院主图书馆的目录中。但是，稍做核查，那些图书管理员就发现了一个令人不安的事实：1924 年，麻省理工学院曾经得到一本第一版拷贝，它被放在了开放架上，而到 1932 年，这个拷贝已经不见了。就像一个沉睡巨人刚刚醒来，学院发出了昏昏沉沉的一击，矛头直指佳士得的拷贝。然而当他们完全醒来，特别是当图书管理员有机会浏览了我关于 1932 年到 2000 年间所拍卖的第一版拷贝的所有记录后，他们意识到那个声明确实有些欠考虑。八个月后，佳士得拍卖行终于成功地卖出了它那本曾经属于戈丁的第一版《天体运行论》，价格是 50 万美元。

这时，又有几家国际拍卖机构接到一个俄罗斯代理人的询问，问他们是否有兴趣拍卖另一本《天体运行论》拷贝。现在佳士得拍卖行的工作人员显然已经有了上次拍卖带来的足够教训，所以他们回答说，除非经过我的预先检查，他们是不会考虑的。很快，我就通过电子邮件接收到了这本第一版拷贝中的几页数码图像。这种业余的照片实在是够模糊，不过我还是尽可能地勉强认出了写在扉页上的一些早期拥有者的名字。多年以来，我一直在头脑中记忆着我所看到过的每一本《天体运行论》拷贝的样子，然而这种精神上的图像却是会逐渐模糊的。当然，最终全部的资料都被输入计算机里面，这使我的研究获得了更快的速度并更为可靠。检查过我的文档，很快我就确定了，我曾经在列宁格勒的俄罗斯科学院图书馆对这个拷贝做过检查。于是，两位持枪的联邦调查局探员造访了我的办公室。

由于并没有证据表明被盗的拷贝已经离开了俄罗斯，所以那里风平浪静。大概是俄罗斯的有关当局得到了通报，却不了了之。两个月后，我联系了一个圣彼得堡的天文学家，向他询问那本科学院拷贝的情况。于是不到一个星期，国际新闻中爆出这样的消息：俄罗斯科学院图书馆的珍品储藏室中丢失了 20 部珍本书。显然，管理者并没有意识到发生了盗窃，因此这明显带有内部作案的味道。丢失书籍的具体情况并没有公开，这虽然令人惊奇，但并非没有先例。然而，联邦调查局很快就把清单带给了我。我震惊地发现，不是一本而是两本第一版拷贝位于被盗之列。

算起来，两年内共有四本拷贝不见了。另外两本的被盗发生得较早，它们都是第一版拷贝，是我曾分别在斯德哥尔摩的米塔－莱夫勒研究所和乌尔班纳－香巴尼的伊利诺伊大学图书馆所见到过的。糟糕的是，这些拷贝都还没有被找到，于是这就带给了我令人遗憾的差别，因为我翻阅过的第一版的数目比目前能确定位置的数目要多。

对哥白尼《天体运行论》拷贝超过四分之一个世纪的调查研究是一项快乐的奇遇。1974 年，我对意大利外省的图书馆做了一系列的旅行考察，其中就包括帕尔马的帕拉蒂纳图书馆。在那里我看到了一本第二版《天体运行论》，而其第一版的拷贝却怎么也找不到。图书管理员甚至带我查看了书架上的缺口，证明那书之前还在。我以为是图书馆其他的部门正在用着，就没多想。过了一段时间，我偶然向罗伯特·韦斯特曼提起了那本失踪的拷贝，非常奇怪的是，他说，在我去那里之前的一年，他就到过那里想去看那本拷贝，而那时书已经找不到了。这个信息激起了我对那本拷贝的极大兴趣，于是我写信给帕尔马的图书馆，向他们索求一份他们目录上对那本书的描述。我模糊地记得，目录中把奥西安德尔的序言错误地当成16世纪伟大的古典主义者约阿西姆·卡梅拉留斯的手笔。当真的描述送到的时候，我才意识到，那次我到帕尔马的时候读得太草率，竟然理解错了。那个句子的真正意思是说：该书有一篇出自卡梅拉留斯之手的希腊文手写诗歌作序。

我知道有一本与此描述相符的拷贝，它无疑是私人收藏中最具传奇色彩的拷贝。第二次世界大战刚刚结束时，它曾神秘地出现在伦敦的图书市场。我猜想这本拷贝很可能是被一个盟军士兵或是一个饥肠辘辘的图书管理员“解放出来”的吧。因为这本拷贝当时的购买者、杰出的收藏家海文·奥莫尔（Haven O'More），这一年正有一段时间住在马萨诸塞州的坎布里奇，于是我向他询问，是否可以带着他这本珍贵图书到我在天文台的办公室来。他同意了。于是1981年3月的一个下午，我把这本拷贝拿到了一个暗房中，在紫外线灯下做了仔细的检查。除了有过墨迹的地方，16世纪版本所用的碎布浆纸张会在紫外线的照射下发出荧光。即使墨迹已经被小心地清洗掉，荧光性还是会受到影响，那些曾经书写的东西在发出荧光的纸张背景下还是会清楚地显现。类似地，移除标签后留下的胶水标记也会有痕迹显现出来。然而，这本拷贝上什么也没有。这本有着卡梅拉留斯手写诗歌的拷贝看起来拥有一张健康证书——并没有拥有者身份标记被抹去或是清洗。尽管如此，但由于帕拉蒂纳图书馆目录上的描述与此极为相似，所以我还是认为那天下午带到我办公室的拷贝就是丢失的意大利拷贝。

几年以后，一个意外的事件教会我在做出这类推断时要更为谨慎。一位杰出的法国书商皮埃尔·贝雷斯（Pierre Berès）告诉我他有一些关于哥白尼的有趣的东西。于是，我一有机会去巴黎，就去登门拜访。当时，贝雷斯讲述了下面这样一个奇怪的故事。贝雷斯接到一个匿名的电话，可能是意大利人，他在电话中询问贝雷斯是否对一些古旧书感兴趣，其中就包括一本第一版的《天体运行论》。得到了肯定的回答后，那个神秘的声音说："你不要同我们接触，但我们会再联系你。"贝雷斯说，几天以后，他收到了一个没有回邮地址的包裹，其中大部分是一些扉页的影印件，而关于《天体运行论》的则是两张复印的希腊文手写诗歌。他把这两张给我看了。我马上就意识到，这是有卡梅拉留斯诗歌的另一本拷贝，于是我向他说明了帕拉蒂纳图书馆的情况。

"这肯定是那本被盗的帕拉蒂纳图书馆拷贝。"贝雷斯迅速地做出了结论，并且他还声明，他将放弃对这本拷贝的追逐。于是，那件事情没有了下文，而我则被置于难以抉择的境地：是在我的《普查》中印出那两页复印的诗歌，以提醒那些可能的买主这是一本赃物，还是压下这个信息以免使窃贼狗急跳墙，毁掉可以证明拷贝身份的那两页希腊诗呢？

十年过去了，而就在我必须做出最后决定的时候，那本有卡梅拉留斯手写诗歌作序的拷贝又露面了。这次是一个纽约书商听到风声，并且迅速地通知了我。我再次说："要警惕！"

几周后，我接到了米兰的苏富比拍卖行专家的一个电话。那本《天体运行论》没有装订，状况不佳，由一户帕尔马人家带到了拍卖行。那家人的父亲现在已经故去，他是当地一位有声望的藏书家，他得到这书的时候显然对书的来源没有产生任何怀疑。而苏富比的专家想要知道，我有什么证据能证明这本拷贝就是属于帕拉蒂纳图书馆的那一本呢？

我解释了那个目录中的描述。很显然，我所说的目录并不是公众随便能看到的，所以苏富比拍卖行的代表对我的信息感到很新鲜。不过，这位代表说，他们已经调查并发现送到苏富比拍卖行的图书即使不是全部，也绝大部分都位列于帕拉蒂纳图书馆的目录上，但是事实上这些书已经不在图书馆。有力的旁证表明了这些书真正的主人，然而，缺少确凿的物证使事情变得棘手起来。

这个问题搁置了几个月。然后，在2000年1月，我收到了一个简洁的电子邮件通告："哥白尼回到了帕拉蒂纳图书馆。"尽管这到底是如何发生的我并不清楚，但是，哥白尼对于流行了千余年的天文学取得了最具革命性的科学进步，而对于16世纪天文学家们面对这种进步所产生的热烈反响，我三十年来坚韧不拔的、充满冒险的，甚至几乎是堂吉诃德式的追寻能以此作为结束，我还是甚感欣慰的。

尾声后续（2016）

2004年，正当《无人读过的书》将付梓之际，一本长期不见踪迹的《天体运行论》的重要拷贝出现在米兰的苏富比拍卖行。正如我在原书“尾声”中所解释的，这本珍贵的拷贝即将被归还给意大利帕尔马的帕拉蒂纳图书馆。然而令我惊奇的是，我最终发现，这本书丰富批注本还拥有着不为人知的传奇身世。

自然，我很渴望去检视这本刚刚收回的被盗拷贝，因为它的扉页上包含了手写的希腊文诗歌。2004年，我很高兴有机会去意大利观测“金星凌日”的现象[①]并参加接下来在帕多瓦召开的讨论会，在此期间，我抽空乘火车去了距此不远的帕尔马市。

但是帕拉蒂纳图书馆似乎并不欢迎我的到来，尽管电子邮件中说“《天体运行论》已经回到帕拉蒂纳图书馆”，但是实际上书不在这里。图书管理员解释说，书的主人对此持有疑问，因此提起了上

① 金星凌日是罕见但可以预测的天文现象，以243年的周期重复相同的模式。金星凌日是“成双成对”的，相邻的“一对”之间相隔8年，最近两次的金星凌日是2004年6月8日和2012年6月5—6日。之前的一对是1874年12月和1882年12月，而下一对的金星凌日会发生在2117年和2125年的12月。——译者注

诉，案件尚未审理，因此书还被扣押着。

我感到非常愤怒，不是因图书馆，而是为如此颟顸的法律问题。因此，当我回到家中时，脑海中形成了一个大胆的计划。当时我的书的意大利文版即将印刷，于是我为“尾声”加了一篇后记，无可争议地指出这本拷贝属于帕拉蒂纳图书馆，这将使意大利当局感到相当尴尬。

几个星期后，意大利文版开始发售，我几乎立刻就收到了来自帕尔马的好消息，附件里有书的照片，证明拷贝已经归还给了帕拉蒂纳图书馆。

现在我更加渴望见到这本哥白尼的著作，幸运的是我又收到了热那亚书展的邀请函。热那亚是一个历史悠久的城市，并且离帕尔马并不远，于是我和妻子又乘火车抽空前往。

就物理状态而言，这本拷贝破败不堪，并且分散四处的评注严重褪色。我问图书馆是否有紫外线灯，因为它常常能使几乎看不见的笔迹变得清晰可读。管理员马上就拿来了一盏。紫外线能让纸张中的棉纤维发光，但是有老旧评注的地方荧光则会中断。我系统地记录下这些评注，它们大多数都是勘误表中标出的改正之处。

突然，我在第96对开页上僵住了。这一章的内容是哥白尼对宇宙中心的思考：是太阳实体本身，还是地球轨道的中心点（它与太阳稍微偏离）？页边拉丁文评注写道：“关于这一点，我们已经在《初讲》中讨论过，但我的老师略过了它。”《初讲》无疑是指哥白尼唯一的学生格奥尔格·约阿希姆·雷蒂库斯的那本《初讲》——没有雷蒂库斯，哥白尼根本不会在生前出版他的著作。我以前也曾看过类似的话，但绝不是在雷蒂库斯本人的拷贝中。多年来我一直徒劳地寻找着雷蒂库斯所拥有的拷贝，如今它赫然就在我的眼前。真是踏破铁鞋无觅处，得来全不费功夫。我的妻子形容说，我当时兴奋得快要晕过去了！

但是雷蒂库斯的拷贝如何到了意大利呢？扉页上充满了题签，很可能是历任主人留下的。但是它们污损严重，以至于借助紫外线灯只能认出一个单词“hieronymus”，我的大脑对此毫无反应，空白了足有五分钟。然后，我突然想起来，《天体运行论》出版后，雷蒂库斯去了一趟意大利，见到了16世纪的一位顶尖数学家卡尔达诺（Hieronymus Cardanus）[1]。现在看来，雷蒂库斯很可能把自己的评注本当作礼物慷慨地送给了卡尔达诺。

雷蒂库斯无疑会拥有多本《天体运行论》拷贝，也许有一天，他本人的另一本拷贝会浮出水面，我对此无比期待！

欧文·金格里奇

2016年7月于马萨诸塞州坎布里奇

---

① 这是卡尔达诺的拉丁语拼写，其意大利语拼写为Gerolamo（或Girolamo，Geronimo）Cardano，法语拼写为Jérôme Cardan，英语拼写为Jerome Cardan。卡尔达诺是据意大利译出，据英语又译为卡当。——译者注

附录 I

从等分点到小本轮

“天体运动是永恒的”，哥白尼在其《天体运行论》第四章中的标题这样写道。而唯有圆周运动既没有起点，也没有终点，如此周而复始地重复着它的轨迹。尽管天体的视运动是复杂的，但是“天体不可能在单一天球的推动下做不规则运动”。但仅仅是推动它的动力的不断变化就能导致这种复杂运动的产生，这种期望令人“心惊肉跳”。虽然哥白尼在这里并没有指明挑战托勒密的等分点，但显然他正是这样想的。

托勒密的等分点提供了一种相对于携带着行星本轮的圆周轨道内的假想点的匀速运动，它引起本轮在圆周轨道上的运动速度在一侧快，另一侧慢。今天我们已经认识到，等分点理论巧妙地逼近于自然界中最基本的法则之一：角动量守恒定律。如果没有这种设计来解释观测结果的话，那么，诸如火星位置等的预测将会错位很多度。

对于亚里士多德这位地心说的中坚人物来说，地球牢牢地矗立在宇宙的中心，而推动整个天体运动的原动力则源于该体系的外缘。上帝以其爱心拨转了外层天球，而传动力在从天球间传递的过程中逐渐趋缓，所以携带月球的内层天球运行一周差不多要 25 个小时，而恒星则以更快的速度，即24个恒星时运行一周。而开普勒，坚定的日心说主义者，比他的波兰老师更清楚地看到了一些迹象：水星，即离太阳最近的星球，围绕着太阳旋转的速度是最快的，所以推动的动力应该是从内部传出的，它以某种方式存在于太阳本身之内。由于地球在冬天的时候离太阳最近，它那时应该更有效地吸收了动力而运动得更快。开普勒并没有因为发现这种不断变化的动力而心惊肉跳，他认为这在物理学上是符合逻辑的。

当哥白尼修正了有关天体运动的几何设计蓝图时，他处于一个具有决定意义的转折点上，但他并不能理解这种彻底重排的物理意义。按照他的审美洞察力，哥白尼不得不把观测到的变速运动归结为匀速圆周运动的组合。由于哥白尼天文学说中的这一部分被证实在物理学角度上是解释不通的，所以虽然它在《天体运行论》中占了相当大的篇幅，但是现代的二手资料都倾向于忽略该书中这一相当复杂的部分。尽管如此，至少对16世纪的天文学家而言，这部分内容却是哥白尼著作中最有吸引力、最有思想的一部分。

哥白尼偶然发现了通过“双小本轮的同心圆轨道”或者“单一小本轮的偏心圆轨道”来生成托勒密的等分点运动的方法，对此我们不知道其过程和地点，但这种方法的下面隐藏了一座冰山。20世纪50年代中期，伊斯兰科学史学家爱德华·肯尼迪（Edward S. Kennedy）及其学生在贝鲁特的美国大学（当时我也在那里任教）考证发现，在13—14世纪曾经有一系列穆斯林天文学家在波斯和大马士革提出了与哥白尼所用的完全相同的小本轮的安排，虽然他们并没有把它继续发展成为日心说宇宙论。事实上，除了以某种尚不得知的方式发生于哥白尼的头脑中之外，小本轮与日心说这两种符合美感的设计思想从未发生过联系。自从肯尼迪的著作出版以后，就产生了一个重要问题：哥白尼是独自发明了小本轮的安排吗？如果不是，那么他究竟是如何发现的呢？（对于这个问题，没有可用的出版资料，很明显也没有拉丁文手稿。）一个很有意思的猜测是，哥白尼是在曾经编纂星历表的约翰内斯·英格尔(Johannes Engel ）的著作中发现这个设计的，英格尔相当喜欢使用这个可能源自于穆斯林天文学家的小本轮设计，而哥白尼本人大概并不知道这些伊斯兰前辈。

“双小本轮的同心圆轨道”是哥白尼在写作他的《纲要》时所采用的体系，并且是《天体运行论》中所谓的“第二种方法”。而“单一小本轮的偏心圆轨道”则是《天体运行论》中所谓的“第三种方法”，并且是该书中真正运用的方法。哥白尼暗示，不管用哪一个都无所谓，因为这两个一流的安排所得出的结果是一致的，并且因此它们两个中必定有一个是真的—— 这真是一个错误逻辑的完美体现！不管怎样，有句谚语叫作“百闻不如一见”，下面就让我们通过示意图来说明哥白尼的单一小本轮和托勒密的等分点之间的等效之处。

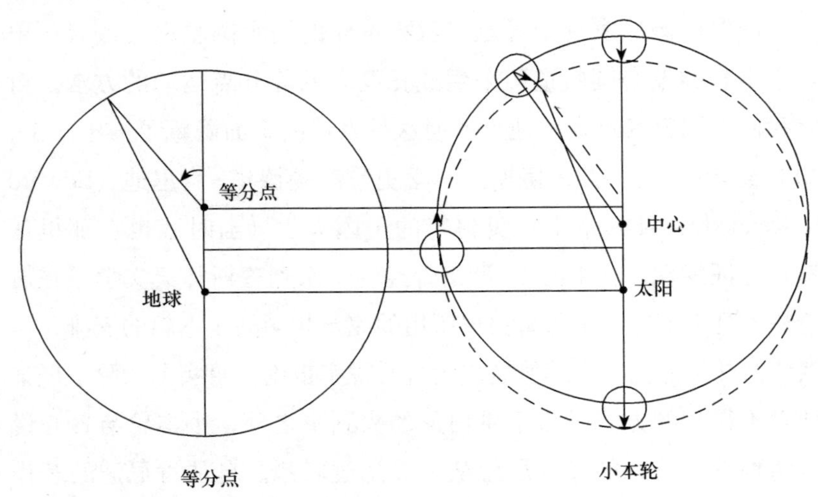

哥白尼通过一对匀速圆周运动来取代托勒密的等分点，小本轮在运动过程中总是呈现等腰梯形

请注意：小本轮的自转运动要参考其圆心到大圆圆心连线的移动而定，并且大圆中心的夹角和小本轮中心的夹角是随时相等的，也即大圆转过一周，小圆自转两周。由于小本轮的半径是太阳到大圆圆心距离的三分之一，所以一个等腰梯形就出现了，而图中的虚线刚好与（左图中）围绕等分点的匀速运动相吻合。

由此产生的路径，如虚线圆周所示，由于在边上轻轻地弓起一部分，事实上它并不是一个正圆，而是一个椭圆，但它与开普勒的椭圆弓起的部位正好相反。

附录Ⅱ

《天体运行论》拷贝的现存位置

下面列出的两个清单与《哥白尼〈天体运行论〉评注普查》中的并不完全一致，因为在这里有一些私人收藏被忽略了，同样被忽略的还有一些被卖给匿名藏家的拷贝，以及一些在第二次世界大战中毁掉的拷贝。

在每个清单中，拷贝按所在国家的汉字音序排列，同一个国家中则按照所在城市或者州的汉字音序排列。

第一版《天体运行论》（纽伦堡，1543）拷贝现存位置

爱尔兰

都柏林，Trinity College

奥地利

维也纳，Österreichische Nationalbibliothek

维也纳，Vienna，Universitätsbibliothek

维也纳，Universitätssternwarte

比利时

布鲁塞尔，Bibliothèque Royale Albert Iᵉ（2 本）

布鲁塞尔，Observatoire Royale

列日，Bibliothèque de l'Université

波兰

波兹南，Biblioteka Raczn' skich

波兹南，Poznanskie Towarzystwo Przyaciоł Nauk

弗罗茨瓦夫，Biblioteka Uniwersytecka（2 本）

弗罗茨瓦夫，Ossolineum

华沙，Biblioteka Narodowa

科尼克，Biblioteka Kórnicka

克拉科夫，Biblioteka Jagiellońska（2 本）

克拉科夫，Biblioteka Polskiej Akademii Nauk（拷贝被盗）

克拉科夫，Muzeum Narodowe（Czartoryski Library）

普沃茨克，Towarzystwo Naukowe Płockie
（Płock Scientific Society）
托伦，Biblioteka Uniwersytecka
托伦，Książnica Miejska im. Kopernika

丹麦

奥尔胡斯，Statsbiblioteket
哥本哈根，Universitetsbiblioteket（2 本）

德国

阿沙芬堡，Stiftsarchiv-Bibliothek
埃尔兰根，Universitätsbibliothek
波茨坦－巴伯斯贝格，Sternwarte
波恩，Universitätsbibliothek
波梅尔斯费尔登，Schönbornsche Bibliothek
不伦瑞克，Stadtbibliothek
布莱斯高地区弗赖堡，Universitätsbibliothek
茨维考，Ratsschulbibliothek
达姆施塔特，Hessische Landes-bibliothek（2 本）
德累斯顿，Sächsische Landesbibliothek（2 本）
蒂宾根，Universitätsbibliothek
多瑙河畔迪林根，Studienbibliothek
哥达，Forschungsbibliothek（2 本）
格丁根，Universitätsbibliothek
海德堡，Universitätsbibliothek
基尔，Universitätsbibliothek
吉森，Universitätsbibliothek
卡尔斯鲁厄，Badische Landesbibliothek（2 本）
莱比锡，Universitätsbibliothek
林道，Stadtbibliothek（2 本）
罗斯托克，Universitätsbibliothek
美因茨，Stadtbibliothek
明斯特，Universitätsbibliothek
慕尼黑，Bayerische Staatsbibliothek（2 本）
瑙姆堡附近舒尔普福塔，Oberschule Pforte
内勒斯海姆，Bibliothek der Abtei
纽伦堡，Landeskirchliches Archiv
帕绍，Staatliche Bibliothek
齐陶，Christian-Weise-Bibliothek
施韦因福特，Stadtbibliothek
斯图加特，Robert Bosch Stiftung
斯图加特，Württembergische Landesbibliothek
维尔兹堡，Universitätsbibliothek
魏玛，Herzogin Anna Amalia Bibliothek
沃尔芬比特尔，Herzog August Bibliothek（2 本）
乌尔姆，Stadtbibliothek
耶拿，Universitätsbibliothek（2 本）

俄罗斯

莫斯科，Russian State Library（3 本）
莫斯科，University Library St. Petersburg，
Academy of Sciences Library（2 本，拷贝被盗）
圣彼得堡，National Library of Russia
圣彼得堡，Pulkovo Observatory

法国

埃夫勒，Bibliothèque Municipale
巴黎，Biblioteka Polska
巴黎，Bibliothèque de l'Arsenal（2 本）
巴黎，Bibliothèque de l'Institut
巴黎，Bibliothèque de l'Observatoire（2 本）
巴黎，Bibliothèque Mazarine
巴黎，Bibliothèque Nationale（3 本）
巴黎，Société Astronomique de France
贝桑松，Bibliothèque Municipale
波尔多，Bibliothèque Municipale
波瓦第尔，Bibliothèque Universitaire de Poitiers
布雷斯特，Bibliothèque de la Marine
第戎，Bibliothèque Municipale
格勒诺布尔，Bibliothèque Municipale

拉罗切利，Bibliothèque Municipale
里昂，Bibliothèque Municipale
里尔，Bibliothèque Municipale（2 本）
马赛，Bibliothèque Municipale
梅斯，Bibliothèque Municipale
斯特拉斯堡，Bibliothèque Nationale et Universitaire
苏瓦松，Bibliothèque Municipale
特鲁瓦，Bibliothèque Municipale
图卢兹，Bibliothèque Municipale
维埃纳，Bibliothèque Municipale

梵蒂冈城

梵蒂冈城，Biblioteca Apostolica Vaticana（3 本）

菲律宾共和国

马尼拉，Santo Tomás Universidad

荷兰

阿姆斯特丹，Bibliotheca Philosophia Hermtica
阿姆斯特丹，Universiteitsbibliotheek
聚特芬，St. Walburgskerk Librarij
莱顿，Universiteitsbibliotheek
吕伐登，Provinciale Bibliotheek van Friesland

加拿大

蒙特利尔，McGill University，Osier Library

捷克共和国

奥洛穆茨，Státní Vědecká Knihovna
布拉格，Knihovna Národního Muzea（National Museum Library）
布拉格，Strahovská Knihovna

立陶宛

维尔纽斯，Vilnius University Library

美国（得克萨斯州）

奥斯汀，Texas，University of Texas（2 本）

美国（宾夕法尼亚州）

伯利恒，Lehigh University
哈弗福德，Haverford College
匹兹堡，Carnegie-Mellon University，Hunt Library

美国（俄克拉何马州）

诺曼，University of Oklahoma

美国（哥伦比亚特区）

华盛顿，Library of Congress
华盛顿，Smithsonian Institution

美国（加利福尼亚）

贝弗利希尔斯，Irwin J. Pincus 私人收藏
洛杉矶，Dr. M. N. and Dr. P. M. Beigelman 私人收藏
洛杉矶，University of California，Biomedical Library
洛斯阿尔托斯，John Warnock 私人收藏
帕萨迪纳，California Institute of Technology
圣地亚哥，San Diego State University，Malcolm A. Love Library
斯坦福，Stanford University，Green Library

美国（康涅狄格州）

纽黑文，Yale Historical Medical Library
纽黑文，Yale University，Beinecke Library

美国（肯塔基州）

路易斯维尔，University of Louisville Library

美国（罗德岛州）

普罗维登斯，Brown University，John Hay Library
普罗维登斯，D. G. Siegel 私人收藏

美国（马萨诸塞州）

波士顿，Boston Athenaeum
波士顿，Boston Public Library
坎布里奇，Harvard University，Houghton Library（2 本）
威廉斯敦，Jay Pasachoff 私人收藏
威廉斯敦，Williams College，Chapin Library

美国（密歇根州）

安阿伯，University of Michigan Library

美国（密苏里州）

堪萨斯城，Linda Hall Library

美国（纽约州）

布法罗，Buffalo and Erie County Public Library
纽约，Columbia University
纽约，Morgan Library
纽约，New York Public Library
斯卡奈塔第，Dudley Observatory West Point，U.S. Military Academy
伊萨卡，Cornell University

美国（新泽西州）

普林斯顿，Institute for Advanced Study
普林斯顿，Princeton University Library（2 本）
普林斯顿，Princeton University，Scheide Collection

美国（亚利桑那州）

图森，University of Arizona

美国（伊利诺伊州）

厄巴纳 - 尚佩恩，University of Illinois Library（拷贝被盗）
芝加哥，University of Chicago Library（2 本）

美国（印第安那州）

布卢明顿，Indiana University，Lilly Library
圣母，Notre Dame University Library

墨西哥

瓜达拉哈拉，Biblioteca Publica

葡萄牙

波尔图，Biblioteca Pública Municipal
里斯本，Academia das Ciências
里斯本，Biblioteca da Ajuda

日本

大阪，近畿大学
东京，明星大学
福岛，磐城明星大学
广岛，广岛经济大学
金泽，金泽工业大学
京都，京都产业大学

瑞典

于什霍尔姆，Institut Mittag-Leffler（拷贝被盗）
斯德哥尔摩，Ingenjösvetenskap-sakademiens
韦斯特罗斯，Stadsbibliotek，Diocese Library Collection

乌普萨拉，Universitets Bibliotek（2 本）

瑞士

巴塞尔，Universtätsbibliothek

伯尔尼，Stadt- und Universtätsbibliothek

日内瓦，Bibliotheca Bodmeriana

沙夫豪森，Stadtbibliothek

圣加仑，Kantonsbibliothek Vadiana

苏黎世，Eidgenösische Technische Hochschule-Bibliothek

乌克兰

基辅，National Library of the Ukraine（拷贝被盗）

利沃夫，University Library

西班牙

埃斯科里亚尔，Biblioteca de San Lorenzo

巴伦西亚，Biblioteca de Universidad

马德里，Biblioteca Nacional

马德里，Placido Arango 私人收藏

马德里，Palacio Real

塞维利亚，Biblioteca de Universidad

圣费尔南多，Observatorio de Marina

匈牙利

布 达 佩 斯，Egyetemi Könyvtár（University Library）

德布勒森，Library of the Transtibiscan Church District

意大利

巴勒莫，Biblioteca Nazionale

比萨，Biblioteca Universitaria

博洛尼亚，Biblioteca Universitaria

都灵，Biblioteca Nazionale Universitaria（3 本）

佛罗伦萨，Biblioteca Nazionale Centrale

拉韦纳，Biblioteca Classense

罗马，Accademia Nazionale dei Lincei

罗马，Biblioteca Nazionale Centrale（2 本）

罗马，Osservatorio Romano

那不勒斯，Biblioteca Universitaria

那不勒斯，Osservatorio Astronomico di Capodimonte

帕多瓦，Biblioteca Universitaria

帕尔马，Biblioteca Palatina

威尼斯，Biblioteca Nazionale Marciana

维琴察，Giancarlo Beltrame 私人收藏

英国（苏格兰）

阿伯丁，University Library（King's College）（2 本）

爱丁堡，National Library of Scotland（2 本）

爱丁堡，Royal Observatory，Crawford Library

爱丁堡，University Library

格拉斯哥，University Library（3 本）

圣安德鲁斯，University Library

英国（英格兰）

查茨沃斯，Duke of Devonshire Collection

迪尼帕克，E. Brundenell Collection Eton，Eton College（2 本）

格林尼治，National Maritime Museum

剑桥，Christ's College

剑桥，King's College

剑桥，Peterhouse

剑桥，Trinity College（3 本）

剑桥，University Library

利物浦，University of Liverpool（2 本）

伦敦，British Library（2 本）

伦敦，Polish Institute Library

伦敦，Royal Astronomical Society

伦敦，Science Museum
伦敦，University College Library
伦敦，University of London Library
伦敦，Victoria and Albert Museum
伦敦，Dr. William's Library
曼彻斯特，John Rylands University Library（2 本）
牛津，Bodleian Library
牛津，Christ Church
牛津，Magdalen College
牛津，Merton College
牛津，Wadham College
牛津郡，Shirburn Castle 私人收藏

第二版《天体运行论》（巴塞尔，1566）拷贝现存位置

爱尔兰

都柏林，Trinity College（2 本）
梅努斯，St. Patrick's College

爱沙尼亚

塔图，Tartu（Dorpat）University Library

澳大利亚

墨尔本，State Library of Victoria
悉尼，University Library

奥地利

格拉茨，Universtätsbibliothek
梅尔克，Stiftsbibliothek
维也纳，Osterreichische Nationalbibliothek
维也纳，Universtätssternwarte
因斯布鲁克，Universtätsbibliothek

比利时

布鲁塞尔，Bibliothèque Royale Albert le
根特，Bibliotheek der Universiteit

波兰

奥尔什丁，Muzeum Warmii i Mazur（2 本）
波赞，Biblioteka Uniwersytecka
波赞，Pozanańskie Towarzystwo Przyjaciół Nauk（2 本）
波兹南，Biblioteka Raczyńskich
弗龙堡，Muzeum M. Kopernika
弗罗茨瓦夫，Biblioteca Uniwersytecka（2 本）
弗罗茨瓦夫，Ossolineum（4 本）
格但斯克，Biblioteka Gdańska
华沙，Biblioteka Narodowa（3 本）
华沙，Biblioteka Uniwersytecka（6 本）
华沙，Główna Biblioteka Lekarska（Main Medical Library）
科尼克，Biblioteka Kórtnicka
克拉科夫，Biblioteka Jagiellońska（3 本）
克拉科夫，Biblioteka Polskiej Akademii Nauk
克 拉 科 夫，Muzeum Narodowe（Czartoryski Library）
克拉科夫，Muzeum Narodowe Zbiury Czapskich
克拉科夫，University Astronomical Observatory
罗兹，Biblioteka Uniwersytecka
什切青，Biblioteka Publiczna
托伦，Biblioteka Uniwersytecka
托伦，Ksia.znica Miejska im. Kopernika
托伦，Muzeum im，Kopernika
延杰尤夫，Muzeum im. Przypkowskich

丹麦

奥尔胡斯，Statsbiblioteket

哥本哈根，Universitetsbiblioteket

德国

爱尔福特，Wissenschaftliche Allgemeinbibliothek

奥格斯堡，Staats- und Stadtbibliothek

奥斯纳布吕克，K. Liebmann 私人收藏（2 本）

波恩，Astronomisches Institut

柏林，Deutsche Staatsbibliothek

不伦瑞克，Technische Universität

多瑙河畔迪林根，Studienbibliothek

多瑙河畔诺伊堡，Staatliche Bibliothek

弗赖贝格，Geschwister Scholl Gymnasium

符兹堡，Universtätsbibliothek（2 本）

格丁根，Universitätsbibliothek

哈雷，Universitätsbibliothek

基尔，Universitätsbibliothek

美因茨，Stadtbibliothek

明登，Kommunalarchiv

慕尼黑，Bayerische Staatsbibliothek

慕尼黑，Deutsches Museum

慕尼黑，Universitätsbibliothek

慕尼黑，Universitätssternwarte

纽伦堡，Germanisches Nationalmuseum

斯特拉尔松，Stadtarchiv

特里尔，Stadtbibliothek

维滕堡，Evangelisches Predigerseminar Bibliothek

沃尔芬比特尔，Herzog August Bibliothek

耶拿，Universitätsbibliothek（3 本）

俄罗斯

莫斯科，Russian State Library（3 本）

莫斯科，University Library

圣彼得堡，Academy of Sciences Library

圣彼得堡，National Library of Russia

圣彼得堡，Pulkovo Observatory

法国

阿雅克肖，Bibliothèque Municipale

埃皮纳勒，Bibliothèque Municipale

巴黎，Bibliothèque de l' Arsenal

巴黎，Bibliothèque de l'Observatoire

巴黎，Bibliothèque de la Sorbonne（2 本）

巴黎，Bibliothèque Mazarine（3 本）

巴黎，Biblioteka Polska

巴黎，Bibliothèque Sainte Genevieve

巴黎，Alain Blanc-Brude collection

巴黎，École Polytechnique

波尔多，Bibliothèque Municipale（2 本）

博格斯，Bibliothèque Municipale

凡尔登，Bibliothèque Municipale

格拉斯，Bibliothèque Municipale

卡庞特拉，Bibliothèque Municipale Inguimbertine

克莱蒙－费朗，Bibliothèque Municipale et Universitaire

勒芒，Bibliothèque Municipale

鲁昂，Bibliothèque Municipale

马塞，Bibliothèque Municipale

南特，Bibliothèque Municipale

圣奥姆尔，Bibliothèque Municipale

特鲁瓦，Bibliothèque Municipale

图卢兹，Bibliothèque Municipale

亚眠，Bibliothèque Municipale

梵蒂冈城

Biblioteca Apostolica Vaticana（3 本）

荷兰

莱顿，Biblioteca Thysiana

莱顿，Universiteitsbibliotheek

加拿大

多伦多，University of Toronto Library
蒙特利尔，McGill University Library
渥太华，University of Ottawa，Vanier Library

捷克共和国

布尔诺，Augustinian Monastery
布拉格，Národni Knihovna（Klementinum）（4本）
捷克克鲁姆斯，Zámecká Knihovna（Castle Library）
特普拉，Historická Knihovna Teplá-Kláster

克罗地亚

察夫塔特，Bogiši s Library
扎达尔，Naućna Biblioteka

罗马尼亚

布加勒斯特，Romanian Academy of Sciences

美国（艾奥瓦州）

埃姆斯，Iowa State University

美国（宾夕法尼亚州）

伯利恒，Lehigh University
大学公园城，Pennsylvania State University
费城，Library Company of Philadelphia
费城，University of Pennsylvania Library

美国（得克萨斯州）

休斯敦，Rice University Lubbock，Texas Tech University

美国（俄克拉何马州）

诺曼，University of Oklahoma

美国（弗吉尼亚州）

夏洛茨维尔，University of Virginia

美国（华盛顿特区）

华盛顿，Library of Congress
华盛顿，Vera Rubin 私人收藏
华盛顿，U.S. Naval Observatory

美国（加利福尼亚州）

伯克利，University of California，Bancroft Library
洛杉矶，Clark Memorial Library
洛斯阿尔托斯，Horace Enea 私人收藏
帕萨迪纳，California Institute or Technology，Millikan Memorial Library
帕萨迪纳，Edwin M. Todd 私人收藏
圣地亚哥，Clay K. Perkins 私人收藏
圣地亚哥，San Diego State University，Malcolm A. Love Library
圣马利诺，Huntington Library，Mt. Wilson Observatory Collection
斯坦福，Stanford University，Green Library
英格勒伍德，Elliott Hinkes 私人收藏

美国（康涅狄格州）

纽黑文，Connecticut，Yale Historical Medical Library

美国（肯塔基州）

路易斯维尔，University of Louisville Library
路易斯维尔，R. Ted. Steinbock 私人收藏

美国（罗德岛州）

普罗维登斯，Brown University，John Hay Library

普罗维登斯，D. G. Siegel 私人收藏

美国（马里兰州）

巴尔的摩，Johns Hopkins University Library

美国（马萨诸塞州）

波士顿，Boston Public Library

坎布里奇，Dibner Institute，Burn dy Library（2 本）

坎布里奇，Owen Gingerich 私人收藏（2 本）

坎布里奇，Harvard University，Houghton Library

威廉斯敦，Williams College，Chapin Library

美国（密歇根州）

安阿伯，University of Michigan Library

底特律，Public Library

美国（密苏里州）

堪萨斯城，Linda Hall Library

美国（南卡罗来纳州）

克莱姆森，Clemson University Library

美国（内布拉斯加州）

林肯，M. Eugene Rudd 私人收藏

美国（纽约州）

罗彻斯特，University of Rochester Library

纽约，Brooklyn Polytechnic

纽约，Columbia University

纽约，New York Academy of Medicine

纽约，Frank S. Streeter 私人收藏

斯卡奈塔第，Dudley Observatory

锡拉丘兹，Syracuse University，George Arents Research Library

伊萨卡，Cornell University

美国（新泽西州）

普林斯顿，Institute for Advanced Study

美国（伊利诺伊州）

厄巴纳－尚佩恩，University of Illinois Library

芝加哥，Adler Planetarium and Astronomy Museum

芝加哥，University of Chicago Library

美国（印第安那州）

布卢明顿，Indiana University，Lilly Library

美国（佐治亚州）

雅典，University of Georgia，Hargrett Rare Book Library

葡萄牙

波尔图，Biblioteca Pública Municipal

科英布拉，Biblioteca Geral da Universidade（2 本）

里斯本，Biblioteca da Ajuda

日本

东京，明星大学

神户，能福寺图书馆 Sewo Kumoi 收藏

瑞典

于什霍尔姆，Institut Mittag-Leffler

斯德哥尔摩，Kungliga Biblioteket

斯德哥尔摩，Kungliga Vetenskapsakademiens Bibliotek（2 本）

乌普萨拉，Astronomiska Observatorium

瑞士

艾恩西德尔，Stiftsbibliothek
巴塞尔，Universitätsbibliothek
拉珀斯维尔，Muzeum Polskie
卢塞恩，Zentral- und Hochschulbibliothek
洛桑，Bibliothèque Cantonale et Universitaire
日内瓦，Bibliotheca Bodmeriana
日内瓦，Bibliothèque Publique et Universitaire
苏黎世，Zentralbibliothek
索洛图恩，Zentralbibliothek

斯洛伐克

普雷绍夫，Štána Vedecká Knižnica（State Scientific Library）

乌克兰

哈尔科夫，University Library
基辅，National Library of the Ukraine
利沃夫，University Library

西班牙

埃斯科里亚尔，Biblioteca de San Lorenzo（2 本）
马德里，Biblioteca Nacional（2 本）
马德里，Palacio Real
萨拉曼卡，Biblioteca de Universidad（3 本）
塞维利亚，Biblioteca de Universidad
圣费尔南多，Observatorio de Marina

希腊

雅典，National Observatory of Greece

匈牙利

布达佩斯，Egyetemi Könyvtár（University Library）

意大利

阿雷佐，Biblioteca Comunale
巴勒莫，Biblioteca Nazionale
贝加莫，Biblioteca Civica
比萨，Biblioteca Universitaria（2 本）
博洛尼亚，Biblioteca Universitaria
布雷西亚，Universita Cattolicádel Sacro Cuore
都灵，Biblioteca Nazionale Universitaria
费拉拉，Biblioteca Comunale Ariostea
佛罗伦萨，Biblioteca Nazionale Centrale（2 本）
佛罗伦萨，Biblioteca Riccardiana
佛罗伦萨，Biblioteca Ximeniana
佛罗伦萨，Istituto e Museo di Storia della Scienza
卡塔尼亚，Biblioteca Regionale Universitaria
卡塔尼亚，Biblioteche Riunite Civica e A. Ursino Recupero
克雷默那，Biblioteca Statale
罗马，Accademia Nazionale dei Lincei
罗马，Biblioteca Casanatense
罗马，Biblioteca Nazionale Centrale（2 本）
罗马，Biblioteca Universitaria Alessandrina
罗马，Osservatorio Romano
马切拉塔，Biblioteca Mozzi-Borgetti
曼图亚，Biblioteca Comunale
米兰，Biblioteca Ambrosiana
米兰，Biblioteca Nazionale Braidense（2 本）
米兰，Osservatorio Astronomico di Brera
那不勒斯，Osservatorio Astronomico di Capodimonte
帕多瓦，Biblioteca Seminario Vescovile
帕多瓦，Biblioteca Universitaria（2 本）
帕多瓦，Osservatorio Astronomico
帕尔马，Biblioteca Palatina
佩鲁贾，Biblioteca Comunale Augusta
特雷维索，Biblioteca Comunale

威尼斯，Biblioteca Nazionale Marciana
维罗纳，Biblioteca Capitolare
维琴察，Giancarlo Beltrame 私人收藏
锡耶纳，Biblioteca Comunale

英国（苏格兰）

阿伯丁，University Library（King’s College）（2 本）
爱丁堡，National Library of Scotland
爱丁堡，Royal Observatory，Crawford Library
爱丁堡，University Library
格拉斯哥，University Library
圣安德鲁斯，University Library

英国（威尔士）

加的夫，National Museum of Wales Library

英国（英格兰）

查茨沃斯，Collection of the Duke of Devonshire
剑桥，Christ’s College
剑桥，Gonville and Caius College
剑桥，King’s College（2 本）
剑桥，Pembroke College
剑桥，Sidney Sussex College
剑桥，St. John’s College
剑桥，Trinity College
剑桥，University Library（2 本）
剑桥，Corpus Christi College
利物浦，University of Liverpool
利兹，Leeds University，Brotherton Library
林肯，Lincolnshire Central Reference Library
伦敦，British Library
伦敦，J. M. Jedrzejowicz 私人收藏
伦敦，Lincoln’s Inn Library
伦敦，London Library
伦敦，Royal Astronomical Society
伦敦，Royal College of Physicians
伦敦，Royal Society
伦敦，Science Museum
伦敦，University of London Library
曼彻斯特，Chetham’s Library
曼彻斯特，John Rylands Library
牛津，Bodleian Library（4 本）
牛津，Brasenose College
牛津，Christ Church
牛津，Corpus Christi College
牛津，Hertford College
牛津，Queens College
牛津，St. John’s College
牛津郡，Shirburn Castle 私人收藏

中国

北京，中国国家图书馆

附录Ⅲ
延 伸 阅 读

THE TITLE of this adventure is taken ironically from Arthur Koestler's *The Sleepwalkers* (London: Hutchinson, 1959), but actually *The Book Nobody Read* is the story of making my *An Annotated Census of Copernicus' De Revolutionibus (Nuremberg, 1543 and Basel, 1566)* (Leiden: Brill, 2002), a compendium that served as a constant reference in writing the present book. In the process of researching the *Census*, I wrote many essays on various aspects of the history of astronomy, and a number of these essays have been collected in an anthology, *The Eye of Heaven: Ptolemy, Copernicus, Kepler* (New York: American Institute of Physics, 1993). In the notes that follow, I cite some of the essays from the anthology rather than their original publications, which will often be rather more difficult to find.

Four other books were indispensable in writing *The Book Nobody Read*. The first is N. M. Swerdlow and O. Neugebauer's magisterial *Mathematical Astronomy in Copernicus's De Revolutionibus* (New York: Springer, 1984), which includes Swerdlow's concise and authoritative biography of Copernicus. Second, I found myself very frequently checking dates and details in Marian Biskup's comprehensive *Regesta Copernicana (Calendar of Copernicus' Papers)* (Wrocław: Ossolineum, 1973). Edward Rosen's *Three Copernican Treatises* (New York: Octagon, 1971) includes a helpful collection of detailed biographical chapters, and on matters pertaining to Rheticus, Karl Heinz Burmeister's *Georg Joachim Rhetikus, 1514–1574, Eine Bio-Bibliographie* (Wiesbaden: Guido Pressler Verlag, 1967), in three volumes, provided the basic reference source.

For many decades I have written weekly letters to my family; copies of these letters reminded me of many details that would otherwise have faded. In addition, the notes I made of the hundreds of copies of *De revolutionibus* are dated, which proved helpful in solidifying the chronology of these episodes. There are many other places in the text, however, where the curious reader may desire further information or the sources of some of the quotations, and this information is given in the following notes with no attempt to be definitive or comprehensive with respect to the literature.

第四章

Christopher Clavius' remark that Ptolemy's arrangement was not the only way to do it is found in the third edition of his textbook *In Sphaeram Ioannis de Sacro Bosco commentarius* (Rome, 1581), pp. 435–37. Kepler's comment about awakening from sleep is from the beginning of chapter 56 of his *Astronomia nova* (Prague, 1609), and his plaint about making at least seventy tries is in the middle of chapter 16.

My project beloved of the computer magazines was described in *American Scientist*, "The Computer versus Kepler," and is reprinted in *The Eye of Heaven*, pp. 357–66. The follow-up paper seven years later is "The Computer versus Kepler Revisited," in *The Eye of Heaven*, pp. 367–78.

Copernicus' comparison of the Ptolemaic system to a monster is found in the middle of his Preface and Dedication to Pope Paul III. Three English translations of *De revolutionibus* have been made. The first, by Charles Glenn Wallis, appears in *The Great Books of the Western World* (Chicago: Encyclopædia Brittannica, 1952). The second, by Alistair M. Duncan, was published as *Copernicus: On the Revolutions of the Heavenly Spheres* (New York: Barnes and Noble, 1976). The third, an extended project by Edward Rosen, was intended as volume 2 of *Nicholas Copernicus Complete Works* but was published unnumbered in a matching format as *Nicholas Copernicus: On the Revolutions* (Baltimore: Johns Hopkins University Press and London: Macmillan, 1978).

With regard to the epicycles-on-epicycles mythology, my first foray in print on this venerable misconception was "Crisis versus Aesthetic in the Copernican Revolution," reprinted in *The Eye of Heaven*, pp. 193–204. Melvin Tucker and I published "The Astronomical Dating of Skelton's *Garland of Laurel*" in the *Huntington Library Quarterly* 32 (1969): 207–20.

第五章

Astronomical details of the Tower of the Winds are found in Juan

Casanovas' "The Vatican Tower of the Winds and the Calendar Reform," in G. V. Coyne, M. A. Hoskin, and O. Pedersen, eds., *Gregorian Reform of the Calendar, 1582–1982* (Vatican City: Specula Vaticana, 1983), pp. 189–98 and color pictures of the frescoes are in Fabrizio Mancinelli and Juan Casanovas, *La Torre dei venti in Vaticano* (Vatican City: Liberia Editrice Vaticana, c. 1980).

Tycho's letter to Peucer, 13 September 1588, is found in *Tychonis Brahe Opera omnia*, vol. 7 (Copenhagen, 1924), pp. 127–41. My invited discourse for the International Astronomical Union's Extraordinary General Assembly in Warsaw is titled "The Astronomy and Cosmology of Copernicus" and appears in *The Eye of Heaven*, pp. 162–84.

See Samuel B. Hand and Arthur S. Kunin, "Nicholas Copernicus and the Inception of Bread-Buttering," *Journal of the American Medical Association* 214, no. 13 (1970): 2312–15.

Ernst Zinner's helpful list of seventy locations for the first edition of *De revolutionibus* is found in appendix E to his *Entstehung und Ausbreitung der coppernicanischen Lehre* (Erlangen: Sitzungsberichte der Physikalisch-medizinischen Sozietät zu Erlangen, vol. 74, 1943); Petrus Saxonius' list of his library, which contained many volumes from his teacher, Johannes Praetorius, is reprinted in appendix D.

Robert S. Westman presented two particularly influential papers during the quinquecentennial year, both published two years later: "The Melanchthon Circle, Rheticus, and the Wittenberg Interpretation of the Copernican Theory," *Isis* 66 (1975): 165–93, and "Three Responses to the Copernican Theory: Johannes Praetorius, Tycho Brahe and Michael Maestlin," in Westman, ed., *The Copernican Achievement* (Berkeley and Los Angeles: University of California Press, 1975), pp. 285–345.

第六章

The results of R. Taton and M. Cazenave's search for Copernican copies in France appear in "Le *De Revolutionibus* en France," *Revue d'Histoire des Sciences* 27 (1974): 318. Coryate's travels and the fanciful picture of the unicorn are found in *Thomas Coriate traveller for the English wits: greeting: from the court of the Grand Mogul, resident at the towne of Asmere, in Easterne India* ([London], 1616).

The closing quotation from Johannes Kepler is paraphrased from the very end of chapter 55 of his *Astronomia nova* (Prague, 1609).

第七章

The remark by Anthony à Wood, published more than a century after his death, is in *Atheniae Oxoniensis* (London, 1815), pp. 491–92. J. L. E. Dreyer's comment on Wittich concludes his paper "On Tycho Brahe's Manual of Trigonometry," *Observatory* 39 (1916): 127–31.

The monograph on Paul Wittich by Owen Gingerich and Robert S. Westman, *The Wittich Connection: Priority and Conflict in Late Sixteenth-Century Cosmology,* is published as *Transactions of the American Philosophical Society* 78, no. 7, (1988). Our "A Reattribution of the Tychonic Annotations in Copies of Copernicus' *De revolutionibus*" appears in *Journal for the History of Astronomy 12* (1981): 53–54. Owen Gingerich and Miriam Gingerich, "Matriculation Ages in Sixteenth-Century Wittenberg," is in *History of Universities 6* (1987), 135–37.

Edward Rosen's "Render Not unto Tycho That Which Is Not Brahe's" is in *Sky and Telescope 66* (1981): 476–77. His "Was Copernicus' Revolutions Annotated by Tycho Brahe?" is in *Papers of the Bibliographical Society of America 75* (1981): 401–12, and my rejoinder, "Wittich's Annotations of Copernicus," is in *Papers of the Bibliographical Society of America 76* (1982): 473–78.

第八章

For additional details on Ursus's attack on Tycho, see Nicholas Jardine, *The Birth of History and Philosophy of Science: Kepler's A Defence of Tycho against Ursus with Essays on Its Provenance and Significance* (Cambridge: Cambridge University Press, 1984).

Information on the editions and surviving copies of Thomas Digges's *A Prognostication Euerlasting* is found under almanacs in A. W. Pollard and G. R. Redgrave, second edition completed by Katharine F. Pantzer, *A Short-Title Catalogue of Books Printed in England, Scotland, and Ireland and of English Books Printed Abroad*, 1475–1640 (London: Bibliographical Society, 1986). Information about the piracy of the ship with Pinelli's library on board is found in a note in Agnès Bresson, ed., *Lettres à Claude Saumaise et à son entourage: 1620–1637* (Florence: L. S. Olschki, 1992), pp. 224–26.

For a clear and authoritative account of early printing practices, consult Philip Gaskell, *A New Introduction to Bibliography* (Oxford: Oxford University Press, 1972). Rich details of the Plantin-Moretus Press are found in Leon Voet, *The Golden Compasses: A History and Evaluation of the Printing and Publishing Activities of the Officina Plantiniana at Antwerp* (Amsterdam: Van Gendt, 1969–c. 1972).

A charming, largely anecdotal account of the problems of survival is William Blades, *The Enemies of Books* (London: Trübner, 1879). The quotation from John Bale is in his preface to John Leyland, *The laboryouse journey & serche . . . for Englandes antiquitees . . . by J. Bale* (1549) and is quoted in part in Francis Wormald and G. E. Wright, ed., *The English Library before 1700* (London: University of London, the Athlone Press, 1958), p. 156. The facsimile of the Frankfurt Book Fair catalogs by Georg Willers is published as *Die Messkataloge Georg Willers* (Hildesheim and New York: Olms, 1972–).

第九章

The Luther quotation is from his *Tischreden;* the English translation by Theodore G. Tappert, under the general editorship of Helmut T. Lehmann, is *Luther's Works*, vol. 54, *Table Talk* (Philadelphia, Fortress Press, 1967), pp. 358–59. The quotations from Andrew Dickson White, *A History of the Warfare of Science with Theology in Christendom* (New York: Appleton, 1896) are found in vol. 1 on pp. 130 and 127, respectively.

Edward Rosen's detailed detective work on "Calvin's Attitude toward Copernicus" appeared in *Journal of the History of Ideas* 21 (1960): 431–41. A few years later he examined as well "Copernicus on the Phases and the Light of the Planets," in *Organon* 2 (1965): 61–78. Both of these article are reprinted in Rosen's *Copernicus and His Successors* (London and Rio Grande, Ohio: Hambledon Press, 1995), Erna Hilfstein, ed.

The French scholarship cited in the footnote is by Richard Stauffer, "Calvin et Copernic," *Revue de l'Historie des Religions* 179 (1971): 31–40, and a follow-up discussion by Christopher B. Kaiser is "Calvin, Copernicus, and Castellio," *Calvin Theological Journal* 21 (1986): 5–31. Rheticus' little booklet is transcribed and translated by R. Hooykaas, *G. J. Rheticus' Treatise on Holy Scripture and the Motion of the Earth* (Amsterdam: North Holland, 1984).

For the cosmological impact of the Council of Trent, see Olaf Pedersen, *Galileo and the Council of Trent* (Vatican City: Specola Vaticana, 1991). Details of the Catholic censorship of *De revolutionibus* are found in appendix 3 of my *Census* and also in "The Censorship of Copernicus's *De revolutionibus*," in *The Eye of Heaven*, pp. 269–85.

第十章

My review of the East German facsimile of the princely Peter Apian book appeared as "Apianus' *Astronomicum Caesareum* and Its Leipzig Facsimile," in *Journal for the History of Astronomy* 2 (1971): 168–77.

Concerning celestial circles, see Harold P. Nebelsick, *Circles of God: Theology and Science from the Greeks to Copernicus* (Edinburgh: Scottish Academic Press, 1985).

The Maestlin quotation is from a letter to Kepler, 1 October 1616, in *Johannes Kepler Gesammelte Werke*, vol. 17, no. 744, lines 24–29. The Kepler quotation "Oh ridiculous me!" is from chapter 58 of his *Astronomia nova*; see Kepler's *New Astronomy*, translated by William H. Donahue (Cambridge: Cambridge University Press, 1992). Some details of the effects of Kepler's various improvements of the orbit of Mars are presented in "Giovanni Antonio Magini's 'Keplerian' Tables of 1614 and Their Implications for the Reception of Keplerian Astronomy in the Seventeenth Century" (with James Voelkel), *Journal for the History of Astronomy* 32 (2001): 237–62.

第十一章

See "The Master of the 1550 Radices: Jofrancus Offusius" (with Jerzy Dobrzycki) in *Journal for the History of Astronomy* 24 (1993): 235–53. For fresh information on Rheticus, I am indebted to the doctoral thesis of Jesse Kraai.

Geographical places of the sixteenth century may be conveniently checked on a CD Rom edition of Gerhardus Mercator's 1595 *Atlas sive cosmographicae meditationes* (Palo Alto: Octavo, 1999).

第十二章

For information on Herrera, his library, and the astrology of the Escorial palace, see René Taylor, "Architecture and Magic: Considerations on the *Idea* of the Escorial," in Douglas Fraser, Howard Hibbard, and Milton J. Lewine, eds., *Essays in the History of Architecture Presented to Rudolf Wittkower* (London: Phaidon, 1967), pp. 81–109.

The cluster of papers on Galileo's lunar observations and the Cosimo horoscopes include Guglielmo Righini, "New Light on Galileo's Lunar Observations," in Maria Luisa Righini Bonelli and William R. Shea, eds., *Reason, Experiment, and Mysticism in the Scientific Revolution* (New York: Science History Publications, 1975), pp. 59–76, and my response, "Dissertatio cum Professore Righini et Sidereo nuncio," pp. 77–88 in the same volume; also Guglielmo Righini, *Contributo alla interpretazione scientifica dell'opera astronomica di Galileo* (Monografia no. 2, Florence: Instituto e Museo di Storia delle Scienza 1978, no. 2). See also "From *Occhiale* to Printed Page: The Making of Galileo's *Sidereus nuncius*" (with Albert van Helden), *Journal for the History of Astronomy* 34 (2003): 251–67. The quotation from the dedication to Galileo's book is from the translation by Albert Van Helden, *Sidereus Nuncius or The Sidereal Messenger* (Chicago: University of Chicago Press, 1989).

第十四章

Thanks to Robert McCutcheon for the translation of the Deutsch memoir, which appeared in Russian in the *Astronomischeskii Kalendar* for 1953 (Moscow, 1952). F. G. W. Struve's proud description of the library appears in the *Description de l'Observatoire astronomique central de Poulkova* (St. Petersburg, 1845), pp. 237–46. For highlights of the Crawford Library, see *A Heavenly Library: Treasures from the Royal Observatory's Crawford Collection* (Edinburgh: Royal Observatory Edinburgh, and National Museums of Scotland, 1994).

第十五章

The splendid Mercator volume is Marcel Watelet, ed., *Gérhard Mercator, Cosmographe le Temps et l'Espace* (Antwerp: Fonds Mercator Paribas, 1994).

Concerning the Putnam thefts in Chicago, consult Jennifer S. Larson, "An Enquiry into the Crerar Library Affair," *AB Bookman's Weekly* 86 (22 January 1990): 280–310.

The other books for which serious attempts have been made to compile a complete census include the Gutenberg Bible, Shakespeare's First Folio, and Audubon's *Birds of America*. See Seymour de Ricci, *Catalogue raisonné des premieres impressions de Mayence (1445-1467)* (Mainz: Gutenberg-gesellschaft, 1911); Paul Schwenke, *Johannes Gutenbergs zweiundvierezigzeilige Bibel* (Leipzig: Insel-verlag, 1923); Gerhardt Powitz, *Die Frankfurter Guten-*

gesellschaft, 1911); Paul Schwenke, *Johannes Gutenbergs zweiundvierezigzeilige Bibel* (Leipzig: Insel-verlag, 1923); Gerhardt Powitz, *Die Frankfurter Gutenberg-Bibel* (Frankfurt: V. Klostermann, c. 1990); Roland Folter, "The Gutenberg Bible in the Antiquarian Book Trade," in Martin Davies, ed., *Incunabula: Studies in Fifteenth-century Books Presented to Lotte Hellinga* (London: British Library, 1999); Sir Sidney Lee, *The First Folio Shakespeare* [New York: *Literary collector*, April 1901]; Anthony James West, *The Shakespeare First Folio: The History of the Book* (Oxford: Oxford University Press, 2001–); Waldemar H. Fries, *The Double Elephant Folio: The Story of Audubon's Birds of America* (Chicago: American Library Association, 1973). Extensive lists of locations of other books have been prepared, generally without attempting to be definitive.

For an engrossing picture of A. S. W. Rosenbach as a wheeler-dealer, see Edwin Wolf 2nd with John F. Fleming, *Rosenbach—A Biography* (Cleveland and New York: World Publishing, 1960).

附录 I

The relevant papers by Edward S. Kennedy and his students, originally published in *Isis*, are reprinted in *Studies in the Islamic Exact Sciences* (Beirut: American University of Beirut, 1983). A possible avenue for the Muslim devices to have reached Copernicus is discussed in Jerzy Dobrzycki and Richard L. Kremer, "Peurbach and Marāgha Astronomy? The Ephemerides of Johannes Angelus and Their Implications," *Journal for the History of Astronomy* 27 (1996): 187–237.

新知
文库

01 《证据：历史上最具争议的法医学案例》[美]科林·埃文斯 著　毕小青 译

02 《香料传奇：一部由诱惑衍生的历史》[澳]杰克·特纳 著　周子平 译

03 《查理曼大帝的桌布：一部开胃的宴会史》[英]尼科拉·弗莱彻 著　李响 译

04 《改变西方世界的 26 个字母》[英]约翰·曼 著　江正文 译

05 《破解古埃及：一场激烈的智力竞争》[英]莱斯利·罗伊·亚京斯 著　黄中宪 译

06 《狗智慧：它们在想什么》[加]斯坦利·科伦 著　江天帆、马云霏 译

07 《狗故事：人类历史上狗的爪印》[加]斯坦利·科伦 著　江天帆 译

08 《血液的故事》[美]比尔·海斯 著　郎可华 译　张铁梅 校

09 《君主制的历史》[美]布伦达·拉尔夫·刘易斯 著　荣予、方力维 译

10 《人类基因的历史地图》[美]史蒂夫·奥尔森 著　霍达文 译

11 《隐疾：名人与人格障碍》[德]博尔温·班德洛 著　麦湛雄 译

12 《逼近的瘟疫》[美]劳里·加勒特 著　杨岐鸣、杨宁 译

13 《颜色的故事》[英]维多利亚·芬利 著　姚芸竹 译

14 《我不是杀人犯》[法]弗雷德里克·肖索依 著　孟晖 译

15 《说谎：揭穿商业、政治与婚姻中的骗局》[美]保罗·埃克曼 著　邓伯宸 译　徐国强 校

16 《蛛丝马迹：犯罪现场专家讲述的故事》[美]康妮·弗莱彻 著　毕小青 译

17 《战争的果实：军事冲突如何加速科技创新》[美]迈克尔·怀特 著　卢欣渝 译

18 《口述：最早发现北美洲的中国移民》[加]保罗·夏亚松 著　暴永宁 译

19 《私密的神话：梦之解析》[英]安东尼·史蒂文斯 著　薛绚 译

20 《生物武器：从国家赞助的研制计划到当代生物恐怖活动》[美]珍妮·吉耶曼 著　周子平 译

21 《疯狂实验史》[瑞士]雷托·U. 施奈德 著　许阳 译

22 《智商测试：一段闪光的历史，一个失色的点子》[美]斯蒂芬·默多克 著　卢欣渝 译

23 《第三帝国的艺术博物馆：希特勒与“林茨特别任务”》[德]哈恩斯－克里斯蒂安·罗尔 著　孙书柱、刘英兰 译

24 《茶：嗜好、开拓与帝国》[英]罗伊·莫克塞姆 著　毕小青 译

25 《路西法效应：好人是如何变成恶魔的》[美]菲利普·津巴多 著　孙佩妏、陈雅馨 译

26 《阿司匹林传奇》[英]迪尔米德·杰弗里斯 著　暴永宁、王惠 译

27《美味欺诈：食品造假与打假的历史》[英] 比·威尔逊 著 周继岚 译

28《英国人的言行潜规则》[英] 凯特·福克斯 著 姚芸竹 译

29《战争的文化》[以] 马丁·范克勒韦尔德 著 李阳 译

30《大背叛：科学中的欺诈》[美] 霍勒斯·弗里兰·贾德森 著 张铁梅、徐国强 译

31《多重宇宙：一个世界太少了？》[德] 托比阿斯·胡阿特、马克斯·劳讷 著 车云 译

32《现代医学的偶然发现》[美] 默顿·迈耶斯 著 周子平 译

33《咖啡机中的间谍：个人隐私的终结》[英] 吉隆·奥哈拉、奈杰尔·沙德博尔特 著 毕小青 译

34《洞穴奇案》[美] 彼得·萨伯 著 陈福勇、张世泰 译

35《权力的餐桌：从古希腊宴会到爱丽舍宫》[法] 让 – 马克·阿尔贝 著 刘可有、刘惠杰 译

36《致命元素：毒药的历史》[英] 约翰·埃姆斯利 著 毕小青 译

37《神祇、陵墓与学者：考古学传奇》[德] C. W. 策拉姆 著 张芸、孟薇 译

38《谋杀手段：用刑侦科学破解致命罪案》[德] 马克·贝内克 著 李响 译

39《为什么不杀光？种族大屠杀的反思》[美] 丹尼尔·希罗、克拉克·麦考利 著 薛绚 译

40《伊索尔德的魔汤：春药的文化史》[德] 克劳迪娅·米勒 – 埃贝林、克里斯蒂安·拉奇 著 王泰智、沈惠珠 译

41《错引耶稣：〈圣经〉传抄、更改的内幕》[美] 巴特·埃尔曼 著 黄恩邻 译

42《百变小红帽：一则童话中的性、道德及演变》[美] 凯瑟琳·奥兰丝汀 著 杨淑智 译

43《穆斯林发现欧洲：天下大国的视野转换》[英] 伯纳德·刘易斯 著 李中文 译

44《烟火撩人：香烟的历史》[法] 迪迪埃·努里松 著 陈睿、李欣 译

45《菜单中的秘密：爱丽舍宫的飨宴》[日] 西川惠 著 尤可欣 译

46《气候创造历史》[瑞士] 许靖华 著 甘锡安 译

47《特权：哈佛与统治阶层的教育》[美] 罗斯·格雷戈里·多塞特 著 珍栎 译

48《死亡晚餐派对：真实医学探案故事集》[美] 乔纳森·埃德罗 著 江孟蓉 译

49《重返人类演化现场》[美] 奇普·沃尔特 著 蔡承志 译

50《破窗效应：失序世界的关键影响力》[美] 乔治·凯林、凯瑟琳·科尔斯 著 陈智文 译

51《违童之愿：冷战时期美国儿童医学实验秘史》[美] 艾伦·M. 霍恩布鲁姆、朱迪斯·L. 纽曼、格雷戈里·J. 多贝尔 著 丁立松 译

52《活着有多久：关于死亡的科学和哲学》[加] 理查德·贝利沃、丹尼斯·金格拉斯 著 白紫阳 译

53《疯狂实验史Ⅱ》[瑞士] 雷托·U. 施奈德 著 郭鑫、姚敏多 译

54《猿形毕露：从猩猩看人类的权力、暴力、爱与性》[美] 弗朗斯·德瓦尔 著 陈信宏 译

55《正常的另一面：美貌、信任与养育的生物学》[美] 乔丹·斯莫勒 著 郑嬿 译

56 《奇妙的尘埃》[美] 汉娜·霍姆斯 著 陈芝仪 译

57 《卡路里与束身衣：跨越两千年的节食史》[英] 路易丝·福克斯克罗夫特 著 王以勤 译

58 《哈希的故事：世界上最具暴利的毒品业内幕》[英] 温斯利·克拉克森 著 珍栎 译

59 《黑色盛宴：嗜血动物的奇异生活》[美] 比尔·舒特 著 帕特里曼·J. 温 绘图 赵越 译

60 《城市的故事》[美] 约翰·里德 著 郝笑丛 译

61 《树荫的温柔：亘古人类激情之源》[法] 阿兰·科尔班 著 苜蓿 译

62 《水果猎人：关于自然、冒险、商业与痴迷的故事》[加] 亚当·李斯·格尔纳 著 于是 译

63 《囚徒、情人与间谍：古今隐形墨水的故事》[美] 克里斯蒂·马克拉奇斯 著 张哲、师小涵 译

64 《欧洲王室另类史》[美] 迈克尔·法夸尔 著 康怡 译

65 《致命药瘾：让人沉迷的食品和药物》[美] 辛西娅·库恩等 著 林慧珍、关莹 译

66 《拉丁文帝国》[法] 弗朗索瓦·瓦克 著 陈绮文 译

67 《欲望之石：权力、谎言与爱情交织的钻石梦》[美] 汤姆·佐尔纳 著 麦慧芬 译

68 《女人的起源》[英] 伊莲·摩根 著 刘筠 译

69 《蒙娜丽莎传奇：新发现破解终极谜团》[美] 让-皮埃尔·伊斯鲍茨、克里斯托弗·希斯·布朗 著 陈薇薇 译

70 《无人读过的书：哥白尼〈天体运行论〉追寻记》[美] 欧文·金格里奇 著 王今、徐国强 译

71 《人类时代：被我们改变的世界》[美] 黛安娜·阿克曼 著 伍秋玉、澄影、王丹 译

72 《大气：万物的起源》[英] 加布里埃尔·沃克 著 蔡承志 译

73 《碳时代：文明与毁灭》[美] 埃里克·罗斯顿 著 吴妍仪 译

74 《一念之差：关于风险的故事与数字》[英] 迈克尔·布拉斯兰德、戴维·施皮格哈尔特 著 威治 译

75 《脂肪：文化与物质性》[美] 克里斯托弗·E. 福思、艾莉森·利奇 编著 李黎、丁立松 译

76 《笑的科学：解开笑与幽默感背后的大脑谜团》[美] 斯科特·威姆斯 著 刘书维 译

77 《黑丝路：从里海到伦敦的石油溯源之旅》[英] 詹姆斯·马里奥特、米卡·米尼奥-帕卢埃洛 著 黄煜文 译

78 《通向世界尽头：跨西伯利亚大铁路的故事》[英] 克里斯蒂安·沃尔玛 著 李阳 译

79 《生命的关键决定：从医生做主到患者赋权》[美] 彼得·于贝尔 著 张琼懿 译

80 《艺术侦探：找寻失踪艺术瑰宝的故事》[英] 菲利普·莫尔德 著 李欣 译

81 《共病时代：动物疾病与人类健康的惊人联系》[美] 芭芭拉·纳特森-霍洛威茨、凯瑟琳·鲍尔斯 著 陈筱婉 译

82 《巴黎浪漫吗？——关于法国人的传闻与真相》[英] 皮乌·玛丽·伊特韦尔 著 李阳 译

83《时尚与恋物主义：紧身褡、束腰术及其他体形塑造法》[美]戴维·孔兹 著　珍栎 译

84《上穷碧落：热气球的故事》[英]理查德·霍姆斯 著　暴永宁 译

85《贵族：历史与传承》[法]埃里克·芒雄-里高 著　彭禄娴 译

86《纸影寻踪：旷世发明的传奇之旅》[英]亚历山大·门罗 著　史先涛 译

87《吃的大冒险：烹饪猎人笔记》[美]罗布·沃乐什 著　薛绚 译

88《南极洲：一片神秘的大陆》[英]加布里埃尔·沃克 著　蒋功艳、岳玉庆 译

89《民间传说与日本人的心灵》[日]河合隼雄 著　范作申 译

90《象牙维京人：刘易斯棋中的北欧历史与神话》[美]南希·玛丽·布朗 著　赵越 译

91《食物的心机：过敏的历史》[英]马修·史密斯 著　伊玉岩 译

92《当世界又老又穷：全球老龄化大冲击》[美]泰德·菲什曼 著　黄煜文 译

93《神话与日本人的心灵》[日]河合隼雄 著　王华 译

94《度量世界：探索绝对度量衡体系的历史》[美]罗伯特·P. 克里斯 著　卢欣渝 译

95《绿色宝藏：英国皇家植物园史话》[英]凯茜·威利斯、卡罗琳·弗里 著　珍栎 译

96《牛顿与伪币制造者：科学巨匠鲜为人知的侦探生涯》[美]托马斯·利文森 著　周子平 译

97《音乐如何可能？》[法]弗朗西斯·沃尔夫 著　白紫阳 译

98《改变世界的七种花》[英]詹妮弗·波特 著　赵丽洁、刘佳 译

99《伦敦的崛起：五个人重塑一座城》[英]利奥·霍利斯 著　宋美莹 译

100《来自中国的礼物：大熊猫与人类相遇的一百年》[英]亨利·尼科尔斯 著　黄建强 译